U0230151

中国企业环境治理的价值逻辑

边界、情感与行为

The Value Logic of
Environmental Governance in Chinese Enterprises
Boundary, Emotion and Behavior

芦慧　陈红｜著

社会科学文献出版社
SOCIAL SCIENCES ACADEMIC PRESS (CHINA)

前　言

　　节约资源和保护环境是我国的基本国策，也是全社会的共识。在我国生态环境破坏日益严重的背景下，环境治理刻不容缓，而企业及其利益相关主体（比如国家、企业以及企业员工所代表的居民）则共同构成了我国环境治理的关键主体。环境治理参与主体不同，其所代表的价值诉求也不相同。如何在厘清不同参与主体价值逻辑的基础上，深入探究多元主体在环境治理过程中所呈现的"边界差异－预期环境情感特征－环境行为自觉"（即"边界－情感－行为"）逻辑关联规律，是当前值得研究的重要课题。其中，边界差异所聚焦的是多元主体间边界、价值诉求边界；情感则落脚到具有真实情感的企业员工所代表的居民个体；行为主要强调了企业亲环境行为和企业员工所代表居民的亲环境行为。

　　具体来说，本书主要从两部分探讨了基于"边界－情感－行为"的我国企业环境治理中多元参与主体的内部价值规律和逻辑关联特征。第一部分即上篇"企业环境行为感知与员工组织公民行为的关系研究：基于职场精神力的影响"主要针对当前我国环保实践中企业环境行为所呈现的"价值迷思"，聚焦企业和员工两类主体，选取企业环境行为感知作为表征变量、员工组织公民行为作为组织内部价值的代理变量，来探讨二者之间的内部作用机理。第二部分即下篇"价值观契合视域下企业员工亲环境行为选择机制研究：预期环境情感的中介作用"主要围绕"国家、企业和群体等三个层面的环境规范是如何作用于企业员工亲环境行为自觉"这一问题而展开研究。该部分立足国家、企业、群体和个体等四类主体边界和价值边界，选取宣称亲环境价值观作为国家和企业层面的环境规范代理变量，执行亲环境价值观作为群体环境规范和员工个体环境规范代理变量，开发并检验基于"宣称－执行"亲环境价值观的"规范－价值观"结构体系和基于内外源的员工亲环境行为结构，将预期环境情感作为中介变量纳入概念模型，构建了基于"匹配-情感-行为"视角的企业员工亲环境行为选择模型，以深入探究影响企业员工亲环境行为自觉的内在作用机制。

本书内容体系全面呈现了理论、视角和模式等三类创新点。首先，从国家、企业、群体和个体等四类主体的"交互错位类型"和"错位程度"视角深化"规范-价值观"体系内部结构，开发基于"宣称-执行"亲环境价值观错位的"规范-价值观"体系结构，从内涵和结构两方面丰富了亲环境社会规范理论和亲环境价值观理论。其次，基于"边界-情感-行为"视角创新解读中国企业环境治理的价值逻辑，通过探索我国企业环境行为的内涵与结构以及"规范-价值观"体系内涵与结构，从有效包容多元主体亲环境价值观视角创新我国企业环境管理政策设计，转变政策对行为的驱动方式，实现多元主体环境行为自觉。最后，基于"普适性+创新性"的模式创新，形成"'规范-价值观'错位-驱动力视角的亲环境行为结构-亲环境行为选择机制-亲环境价值观建设-环境管理政策"的研究与实践模式，是对环境管理理论与应用的创新与拓展。

本研究工作得到了国家自然科学基金项目（71974189，71603255）、国家社会科学基金重大项目（16ZDA056）、国家社会科学基金重点项目（18AZD014）、绿色安全管理与政策科学智库（2018WHCC03）、中国矿业大学"十三五"品牌（培育）专业建设项目（人力资源管理专业）等课题的资助，特此向支持和关心研究工作的所有单位和个人表示衷心的感谢，特别是研究生刘霞、杜巍、邹佳星等为本书的出版付出了辛勤的劳动。还要感谢各位同人的帮助和支持。书中有部分内容参考了有关单位或个人的研究成果，均已在注释中列出，在此一并致谢。

芦慧　陈红

2019 年 9 月于南湖

目　录

上篇　企业环境行为感知与员工组织
公民行为的关系研究：基于职场精神力的影响

引　言

　　现阶段，"美丽中国·健康中国"建设正处于压力叠加、负重前行的关键期和攻坚期。虽然我国在资源节约、环境治理等方面已取得显著成效，但雾霾污染、资源浪费、高碳出行、垃圾围城等问题依旧是制约我国经济社会可持续发展的突出瓶颈。企业及其员工亲环境行为自觉作为节约资源、保护生态、增益健康的行为方式，是中国环境治理和节能减排的重要手段。近 10 年来，国家及各级主管部门先后颁布并实施了《中华人民共和国大气污染防治法》《中华人民共和国环境保护法》《节能减排全民行动实施方案》《公共节能行为指南》等 100 多部环保相关法律法规和政策，试图依靠政府法规和政策等正式层面的命令性规范来推动企业亲环境行为和员工亲环境行为的普及化和自觉化。但 2015 年中粮可口可乐甘肃工厂伪造排污数据、2016 年江西中安实业公司恶意偷排污水致镉超标事件以及中国公众或员工较低的亲环境行为实施水平（Lu et al.，2017）等问题表明，我国无论是企业层面还是员工个人层面的亲环境行为提升成效均不显著，存在企业环境治理中的企业环境治理"价值迷思"、各类环境规范与员工个体环境价值观呈现错位等突出问题，导致企业及其员工亲环境行为自觉难以实现。

一　企业环境行为"价值迷思"：内部视角与外部视角

（一）基于外部视角的企业环境行为"价值迷思"

　　企业环境行为（Corporate Environmental Behavior，CEB）指企业为实现商业与环境的管理逻辑对接而部署的一系列战略，是对外部压力的响应或减轻自身环境影响的主动措施（Blok et al.，2014），不仅能够帮助企业实现其应担负的社会责任等外部效应（Li et al.，2017），也能提升诸如经济绩效和企业竞争力等企业内部价值（Miroshnychenko et al.，2017；Chuang and Huang，2018）。随着国家各项环保法律法规以及各级地方政府污染物排放标准和监管办法的出台，环境监管体系不断完善与升级，对企业污染排放、生产设备升级、行业转型等多方面提出强制要求，并辅以环境部门的监督和行政处罚，以期实现对企业环境行为的"硬"提升。

然而，企业所感知到的"硬"提升是政府的行政命令和强制要求，是企业必须迎合的外部管制，可能会认为企业环境行为是政府要求实施的、有益于环境保护的公益行为，强调的是企业环境行为价值的外部视角。同时也会产生"企业环境行为对于企业自身没有任何直接内部价值"的想法，认为该行为甚至需要企业自身投入大量的经济成本。可见，大部分企业仍然对"企业环境行为是否真的能实现自身内部价值"持有疑问，还停留在"企业环境行为会消耗企业经济资源，增加企业经营成本"的认知阶段（Li et al.，2017），并在实践中表现出伪装性的、被动性的环保行为。在学术研究中，有关学者们主要从企业环境行为内部价值视角来探究上述现象出现的原因（Fuji et al.，2013；Li et al.，2017），但仅提供了"企业环境行为可以实现内部价值"的结论性答案，并没有深入回答"为什么实施环境行为能够提升企业内部价值"和"企业应该采取什么样的环境管理手段来提升企业内部价值"的问题，也就是说没有聚焦到"Why"和"How"的问题，导致无法有效说服并指导企业积极主动地采取环境行为。

（二）基于内外部视角的企业环境行为价值剖析

事实上，在中国企业环境治理体系中，政府主体、市场主体、企业主体和公众主体是主要的治理参与主体。在我国多主体参与环境治理体系中，相对于企业而言，政府主体与市场主体属于企业外部主体，而员工作为公众主体的主要构成，则属于企业的内部主体。那么，基于内外部视角的企业环境行为价值剖析其实就是企业外部主体和内部主体之间利益与作用的相互连接逻辑剖析。企业环境行为的本质是为了降低环境污染而采取的积极管理手段，是企业践行社会责任的行为表现，能够为企业带来良好的声誉和外部评价（穆昕等，2005），在达成改善环境目标的同时使员工感受到身为企业成员的荣誉感。就外部主体而言，政府主体、市场主体和企业主体之间的利益与作用逻辑关系共同形成了"基于外部视角的企业环境行为价值"剖析脉络，这里企业环境行为一方面符合了国家相关环境法律法规的要求，在获取政府对其环境行为认可与嘉奖的同时，也使得政府主体能够支持和鼓励企业的良性发展；另一方面政府对企业环境行为的认可也会促进消费者等市场主体对企业的认可，也就是说可以提升企业环境形象，有助于市场主体形成对绿色企业的市场选择偏好，两方面共同促进了企业环境行为的外部价值（见图1）。

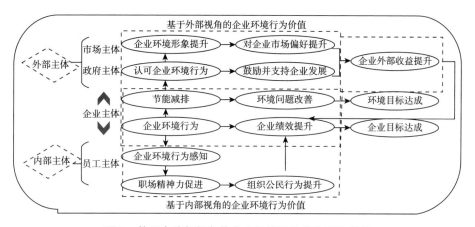

图1 基于内外部视角的企业环境行为价值理论剖析

针对内部员工主体（公众主体代表）和企业主体二者的利益与作用逻辑关系共同形成了"基于内部视角的企业环境行为价值"剖析脉络。企业环境行为在宣称和实施的同时，会向员工传达企业对自然、社会、环境、生命等共同体的人文关怀精神，使得员工切身体会到所属企业具有的深厚社会责任，有利于提升员工归属感。根据社会交换理论，基于所感知到的集体荣誉感和组织归属感，员工则会愿意通过工作行为及态度的改变主动回馈企业，以诸如组织公民行为等利他行为促进企业的发展和完善（吴梦颖等，2018）。组织公民行为（Organizational Citizenship Behavior，OCB）作为企业成员在自主意愿的驱使下所表现出来的、未在工作范畴中得以确认、不被企业主动奖励、却有利于提升企业绩效的个体行为（Podsakoff et al.，2000），是衡量企业经济绩效的关键因素。值得提出的是，职场精神力反映了员工在工作场所中对于"工作和组织对我意味着什么？"等价值命题的思考，是员工基于自身对组织的价值认同与归属所产生的一种超越自我的精神动力（Kale and Shrivastava，2003）。职场精神力作为一种内在动力会驱使员工自发地实施利组织行为，呼应其对于组织的价值认同和归属感（柯江林等，2015）。而这正与企业环境行为的实施相契合，即企业环境行为的实施能够激发员工对企业环境行为的积极感知，促使员工认识到企业对履行社会责任以及对于环境问题和可持续发展的重视，提升员工的企业荣誉感并对企业做出积极情感评价；促使员工与企业的积极情感链接进一步加深，并更加深刻认识到自身工作的意义以及能为企业做什么，从内部驱动员工积极地面对企业工作，刺激员工组织公民行为的产生，这一过程正与职场精神力的形成不谋而合。因此，有必要突破以往研究中以组织绩效等结果变量衡量企业价值的研究框架，利用员工组织公民行为这一过程性变量来衡量企业的内部价值，也就是说，将员工作为衡量企业内部价值的直接代理，来探讨以职场精神力为中介的企业环境行为影响员工组织公民行为的作用机制，以此回答"Why"和"How"的问题。

二　员工亲环境行为自觉："规范-价值观"错位的关键视角

《中共中央关于制定国民经济和社会发展第十三个五年规划的建议》明确指出，国家和政府机构应通过加强环境价值观教育，鼓励和引导公民绿色出行、绿色消费、减少废弃物产生和对生活废弃物进行分类放置等亲环境行为，推动全社会形成绿色生活方式，以改善生态环境质量。亲环境行为（Pro-environmental Behavior，PEB）是指人们使自身活动对生态环境负面影响尽量降低的行为（Lu et al.，2017），包括绿色购买、减少消费、绿色出行、回收行为等。企业通常被认为是应对环境问题的最佳代理，而员工每天至少有三分之一的时间处于工作场所中，员工日常亲环境行为将大大有助于工作场所负面环境影响的最小化（Blok et al.，2015），更有助于组织达到保护自然环境和资源的目标（Bissing-Olson et al.，2013；Lu et al.，2017）。可见，提升员工在工作场所中的亲环境行为是组织实现社会责任、促进人类生态文明健康发展的关键手段。因此，加强对企业员工亲环境行为的引导和干预，并将其真正内化到日常生活之中，是解决生态环境问题的重要途径之一。

　　毫无疑问，价值观是研究个体心理变化与行为关系的关键载体，学者在研究中也得出了"价值观对亲环境行为的正向预测作用"结论（Kennedy et al.，2009）。然而，环境价值观对于亲环境行为的预测作用并不完全有效。在社会情境下，个体亲环境行为将受到亲环境规范和价值观共同作用的影响（Culiberg and Elgaaied-Gambier，2016）。亲环境规范（Pro-environmental Norms）是社会成员应共同遵守的环境行为准则、习惯和规章制度等，对各类主体亲环境行为具有重要的引导、促进和控制作用（Reese et al.，2014）。按照规范焦点理论，可将亲环境规范分为命令性规范（国家或政府层面规定的法律法规和政策等，是国家或政府要求居民应遵循的环境行为准则）和描述性规范（特定情形中群体自发形成的环境行为规范）。那么，在企业环境治理情境下，企业环境相关的规章制度则属于企业层面的命令性环境规范，工作场所中员工群体所形成的环境行为规范则属于描述性环境规范。然而，有研究指出人们偏向于使用私家车出行的原因在于人们认为自身亲环境行为只是对他人或整个环境有利，不会直接有利于自我切身利益，因而可能选择方便程度高但会污染空气的利己性环境行为（Groot and Steg，2010）。究其原因，一方面，个体环境价值观与正式层面的亲环境规范存在"自我价值诉求"与"命令性规范"的矛盾与冲突，使得个体价值观主导的行为准则与规范要求的行为准则不一致，产生被动的亲环境行为或者非亲环境行为，即企业中的命令性规范因无法有效兼容员工的个人价值诉求而存在自身结构上的矛盾。另一方面，个体亲环境行为同时还会受到所在特定群体层面亲环境规范（描述性规范）的影响，甚至员工个体"价值诉求"与"描述性规范"不一致的负面影响更大（韦庆旺等，2013）。企业层面的员工也会面临诸如节约用水、双面打印纸张等命令性或描述性亲环境规范与个体价值诉求的一致或不一致问题。由此可见，正是基于命令性和描述性的企业亲环境规范与员工亲环境价值观不一致所形成的"亲环境规范-亲环境价值观"错位形态（简称"规范-价值观"错位，这里使用"错位"一词，源于其水平位移的本意，包含契合或分离两类形态），引发员工在两类准则不一致情境下的认知失调，产生亲环境行为选择问题（见图2）。

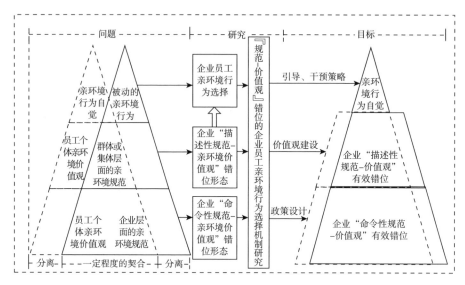

图2 "规范–价值观"错位与企业员工亲环境行为自觉理论关系

或许只有对企业员工亲环境行为产生主动和持续影响的错位形态才是"规范–价值观"有效错位形态，那么，员工亲环境行为的持续引导或控制问题，实际就是"规范–价值观"有效错位形态下的员工亲环境行为选择过程问题。因而，有必要从"规范–价值观"错位视角系统研究我国企业员工亲环境行为选择过程，从代表企业层面的命令性规范和代表工作场所群体层面的描述性规范两个层面揭示不同错位情境下企业员工亲环境行为选择规律，剖析"规范–价值观"有效错位形态，在此基础上为设计有效包容企业员工价值诉求的环境管理政策提供建议，明晰我国企业员工亲环境价值观建设的内容指向，推进我国企业员工主动、稳定和持久的亲环境行为。

三 企业环境治理的价值逻辑：边界、情感与行为

无论是基于内外部视角的企业环境行为价值理论剖析，还是"规范–价值观"错位与企业员工亲环境行为自觉的理论关系，皆折射出企业环境行为和员工亲环境行为在我国企业环境治理中承担的重要角色，也就是说，企业及其利益相关主体（比如国家和企业员工所代表的公众）共同构成了我国环境治理的关键主体。需关注的是，环境治理参与主体不同，其所代

表的价值诉求也不相同。如何在厘清不同参与主体价值逻辑的基础上，深入探究多元主体在环境治理过程中所呈现的"边界差异-预期环境情感特征-环境行为自觉"（即边界-情感-行为）的逻辑关联规律，是当前值得研究的重要课题。

（一）边界-情感-行为的研究释义

在中国企业环境治理中，边界差异所聚焦的是多元主体间的边界和价值诉求边界。企业是践行环保法律法规和塑造员工亲环境行为的重要载体，企业环境规范不仅反映出国家和政府宣称与倡导的环境相关法律法规等命令性亲环境规范，还包括企业内员工群体和个体所认同和执行的环境规范（涵盖了描述性亲环境规范和亲环境价值观等）。可见，企业环境规范其实是国家、企业自身、企业内员工群体、企业员工个体等四类主体的环境规范或价值观的缩影。也就是说，国家、企业、群体和个体共同形成了企业环境治理中的多元主体边界，而命令性亲环境规范、描述性亲环境规范与个体亲环境价值观则共同呈现出了企业环境治理中多元的价值诉求边界。

情感则落脚到具有真实情感的企业员工所代表的居民个体上。预期环境情感指通过前瞻性的预期（执行或不执行环保行为）所产生的积极或消极的情感，具有两种相反极性特征：预期环境自豪感和预期环境愧疚感。前者是积极情感，是个体在实际表现出会引发自豪感行为之前的经历；后者则属消极的情感，是个体在实际表现出会引发愧疚感行为之前的经历。虽然预期环境与可持续行为存在密切联系，但不同情感类型对行为的影响特征也不同。也就是说，两种具有极性情感特征形成的情感边界会对环境行为产生不同的影响。

行为主要强调了企业和企业员工所代表居民的亲环境行为方面。毫无疑问，企业主体和员工所代表的居民个体都是环境问题的重要责任主体，其在环保方面的主动参与和改进对环境治理和提升具有重要意义。然而，企业环境行为与员工环境行为因为主体特征不同，存在明显的主体行为边界：企业环境行为和员工环境行为。其中，企业环境行为作为国家环境规范实施的主要载体，具有实施国家相关政策和保证自身可持续发展的双重责任和目标；而员工亲环境行为作为企业环境规范实施的载体，具有遵从企业相关规范和追求自我价值诉求的双重责任和目标。这里，不同的责任和目标导向恰恰体现了不同的行为边界，故而需要从行为边界的层面进行研究。

（二）基于边界-情感-行为的中国企业环境治理价值逻辑

具体来说，本书主要从两部分探讨了基于边界-情感-行为的我国环境治理中多元参与主体的内部价值规律和逻辑关联特征，以此回答了"为什么实施环境行为能够提升企业内部价值以及企业应该采取什么样的环境管理手段来提升企业内部价值？"和"如何从规范与价值观的匹配视角来提升和促进企业员工亲环境行为自觉？"等当前企业环境治理亟须解决的两大问题。

第一部分即上篇："企业环境行为感知与员工组织公民行为的关系研究：基于职场精神力的影响"，针对当前我国环保实践中组织环境行为所呈现的"价值迷思"，聚焦组织和员工个体两类主体，选取组织环境行为感知作为表征变量，员工组织公民行为作为组织内部价值的代理变量，探讨二者之间的内部作用机理。首先，采用质性研究方法对组织环境行为感知内涵及结构进行调查和验证。其次，构建以职场精神力为中介变量的组织环境行为感知与组织公民行为跨层关系模型，并利用 SPSS 和 HLM 工具进行模型验证。最后，在研究结论基础上，根据表征变量的代表性作用，明确组织环境行为内部价值和外部价值的两重价值意义。

第二部分即下篇："价值观契合视域下企业员工亲环境行为选择机制研究：预期环境情感的中介作用"，主要围绕"国家、企业和群体等三个层面的环保规范是如何作用于企业员工亲环境行为自觉"这一问题展开研究。该部分立足国家、企业、群体和个体四类主体边界和基于"宣称-执行"的各类主体价值边界，选取宣称型亲环境价值观作为国家和企业层面的环境规范代理变量，执行亲环境价值观作为群体环保规范和员工个体环保规范的代理变量，运用质性研究、文献分析等方法创新提出融合国家、企业、群体和员工等多主体价值诉求特征的基于"宣称-执行"亲环境价值观的"规范-价值观"六维度结构，开发并检验了基于"宣称-执行"亲环境价值观匹配量表，进而从匹配视角探讨员工个体亲环境行为选择的特征与规律。同时，将预期环境情感作为中介变量纳入行为选择模型，构建了基于"匹配-情感-行为"视角的企业员工亲环境行为选择模型，以深入探究企业员工亲环境行为选择的内在作用机制。运用质性研究、调查研究、多元统计分析等方法进行企业亲环境行为量表的开发与验证、企业员工亲环境行为选择的实证研究、企业员工亲环境行为的调控策略等相关研究，为提升企业员工亲环境行为提供理论与实践借鉴。

企业环境行为感知与员工组织公民行为的关系研究：基于职场精神力的影响

第一章　文献回顾与评述

一　企业环境行为研究现状

（一）企业环境行为的定义

企业环境行为概念源自企业社会责任或企业公民责任。进入 21 世纪以来，随着研究愈加深入和细化，企业环境行为逐渐成为一个独立研究范畴，经常被称作企业市民行为或企业市民环境行为，至今尚未形成一致并被普遍接受的定义。"企业环境行为""企业亲环境行为""企业绿色环境行为""负责任的环境行为""生态行为"等一系列概念名词都在当前文献中频频出现，由于研究理论基础及维度的差异性，学术界对企业环境行为的定义也有所区分。

欧盟委员会（2002）认为，企业环境行为是指企业自愿承诺为促进社会和环境目标而采取的行动。Sarkar（2008）认为，企业环境行为是企业为了平衡环境和经济效益而推行的一系列战略措施，可能源自外界压力或是为了降低环境污染而采取的比较积极的管理手段。Mazurkiewicz（2008）认为，企业环境行为是与股东、员工、客户和供应商等利益相关者有关的公司经营责任和行为，包括良好的公司治理、产品质量、就业条件、员工权利、问责制、解决环境和社会问题的内部制度、培训和教育等。Daily 等（2009）提出企业市民直接环境行为的概念，认为在没有激励与约束的条件下，企业员工自由支配行为都应是环境友好行为，这样才能形成企业市民行为。员工自愿环境行为直接影响和导致了企业环境行为。此外，Wood 和 Logsdon（2002）提出了更广义的企业全球市民行为概念，认为企业的权利和责任应超越国家和文化的边界，全球企业公民行为是企业更高阶段的为全球环境负责任的行为。针对企业环境行为动机的研究，大量文献指出企业良好的环境表现是为了经济利益、市场价值和企业声誉。

具体来说，企业环境行为是指有利于节约资源、保护自然环境的企业实践（Wang et al.，2018），是企业承担环保社会责任的行为表现，能够帮助企业形成良好的声誉和社会地位（Hoffman，2001），也向其利益相关者包括员工展现了企业正向价值取向和正确道德认知（Parsa et al.，2015；Venhoeven et al.，2013）。

（二）企业环境行为的影响因素

在环境持续恶化的影响下，西方国家从 20 世纪 80 年代开始研究工业企业环境意识和行为，讨论影响工业企业环境行为的因素，以期引导企业适应本国可持续发展需要，降低环境污染。我国在该领域的研究和实践尚处于起步阶段，目前的相关研究主要集中在企业与外部环境压力的互适过程和变化的实证方面。

1. 外部环境压力对企业环境行为的影响

最初针对企业环境行为的研究可以追溯到庇古和科斯分别基于外部性理论和产权理论而提出的以征收排污税和排污权交易来限制污染排放的建议。该理论认为政府是保护环境的责任主体，应该由政府通过环境规制来改变企业的环境行为，从而达到环境保护的目的。在此观点的影响下，很长一段时间关于企业环境行为的研究思路都是将企业视为被动的经济主体，企业环境行为主要是为了满足政府的环境规制要求，因此研究内容主要集中在政府规制和企业遵从之间的关系。一些学者通过博弈论方法来研究企业在政府环境规制下的策略选择。如吴伟等（2001）从环境的污染和治理两个方面分析博弈的决策和决策的均衡问题；卢方元（2007）用演化博弈论的方法对排污企业之间、环保部门和排污企业之间相互作用时的策略选择行为进行了分析，认为要确保环境不被严重污染，就必须对不处理污染物的企业进行严惩。还有一些学者则是通过对企业环境行为的实证研究来衡量政府各种监察、处罚、政策等措施的实施效果。如 Parker 等（1999）观察了澳大利亚 999 家大型企业在消费者保护法规制下的企业环境行为，发现环境制度中的一些因素可以影响到企业的环境行为。上述研究表明，政府对于规制企业环境行为起到了一个基础性作用，强规制可以促使企业自觉规范其环境行为，而规范的环境行为则可为企业降低后续管制的投入。

随着环境的持续恶化和公众环保意识的提高，企业环境行为受到来自外界各方越来越多的压力影响。企业所在的社区是影响企业环境行为的因素之一，社区可以通过投票、选举、非政府组织以及提出公民法案等方式对企业施加压力。Huq 和 Wheeler（1993）在对孟加拉国的调查中发现，政府规制对 7 个大型国有肥料企业的影响非常小，但是其中 3 个由于受到来自社区的压力而采纳了良好的环境行为；Brooks 等（1997）研究发现那些位于有较大投票率以及拥有很多环境利益团体成员的社区企业，它们的有毒物释放量会大大降低；Florida（2001）研究证明企业采纳积极的环境行为有时确实是为了改善同当地社区的关系。这些研究均表明社区压力在改善企业环境行为方面起着十分重要的作用，并已成为污染控制的一个新手段。在市场压力方面，随着消费者环保意识的日渐提高，他们会通过购买环境友好型商品来激励企业追求积极的环境行为。如果企业不重视其产品的环保作用，将遭受消费者抵制或排斥。穆昕等（2005）表明高收入消费者愿意为环保友好型商品支付溢价，这样使得那些积极降低污染的企业愿意内在化其污染的不经济性，从而采用积极主动的环境行为；当高收入消费者愿意将环境友好型产品利益内在化时，企业就可以通过产品差异化策略来提升其竞争力。在财务压力方面，投资者可以通过金融市场对企业施加财务压力。对于投资者来说，企业实施积极的环境行为预示着来自环境的风险相对较低，因此更容易得到保险和商业贷款的青睐。Holder-Webb 等（2003）对 50 家美国企业环境行为信息公开的情况进行了研究，发现不同行业、不同规模的企业所发布环境行为信息的频率和所强调的重点是不同的，而这些信息会给企业带来不同的外部环境压力。

上述外部环境压力对企业环境行为的影响研究主要侧重于外界的单一因素对企业环境行为的影响，如政府规制、市场压力、财务压力等。

2. 企业自身因素对企业环境行为的影响

随着来自市场及社区的压力成为企业环境行为的主导驱动力量，企业开始将环境保护从原来的应付行为转变为自觉的主动行为。因此企业选择环境行为不再是对环境压力的被动反馈，而是在综合外部环境、自身因素的条件下进行的博弈抉择和主动反馈。企业所追求的是企业目标、实力和外部环境的相互协调，因此企业自身的一些因素也就与其环境行为有着密切的关系。企业由于其规模、行业、业绩、管理者环保意识和对环境造成的危害不同，对环境压力的感受是不一样的，从而也就造成了不同的环境行为和表现。

Hayami 等（1996）认为企业规模是企业改善环境行为的决定性因素，企业规模越大，采取更多清洁生产工艺的可能性也越大；Lepoutre 等（2006）认为公司规模小确实对企业环境行为有负面影响，但在不同条件下，企业环境行为也将会有细微差别。Hussey 和 Eagan（2007）针对制造业企业的调查表明全球中小制造业企业比大企业所采用的环境行为更为消极。

除了企业规模以外，企业所从事的行业不同、所有权性质不同、财务状况不同，都可能产生不同的企业环境行为。Ozen 和 Kusku（2009）设计出一个框架模型来解释行业特性及公司特性等因素对企业环境行为的影响。关劲峤等（2005）通过相关性和主成分分析对太湖流域印染企业环境行为影响因素进行分析，结果表明私营合资企业环保投入水平高于国有集体企业，中型企业环保投入高于小型企业。Earnhart 和 Lubomir（2002）研究了企业财务状况对企业环境行为的影响，认为企业财务状况好，则更易于采用积极主动的环境行为。Blanco（2005）分析了制造企业财务状况与环境行为主动性之间的关系，认为好的经济绩效对企业采取主动环境行为有正面影响。

企业成员尤其是企业领导人与管理层的环保意识、学习和认知过程、管理经验等同样影响着企业的环境行为。Andersson 等（2000）认为企业成员环保意识会影响企业环境行为，当企业成员的环保意识较强，特别是环保拥护者在企业中占有很大比例或者占据决策高层时，采用良好环境行为的可能性就比较大；Waldman 等（2008）认为在企业主动履行社会责任过程中，企业领导人扮演着一个非常重要的角色，但他质疑这些领导人在进行社会责任决策和活动过程中是否能够给予适当的驱动力。综上所述，规模大、管理者环保意识强的企业有更积极的环境行为和表现，而财务状况对企业环境行为的影响却并不是十分明显。

二 组织公民行为研究现状

（一）组织公民行为定义

美国印第安纳大学的 Organ 教授和他的同事于 1983 年首次创造性地提出

"组织公民行为"这一概念，认为任何组织制度都不是无懈可击的，仅仅依赖组织成员的角色内行为，很难顺利完成目标，所以需要借助角色外行为，而这种行为并没有在正式合同及奖惩制度中予以明确规定，它属于组织成员的一种自发行为。同时，将组织公民行为定义为：组织成员自愿表现出来的、还没有在薪酬体系中确认、却有助于提高整体绩效的一种个体行为。这个定义得到了大多数学者的接受和认可，也为学者们研究组织公民行为提供了参考。从组织公民行为的定义中，我们可以总结出以下几点。第一，它是组织成员自觉自愿表现出来的；第二，它是一种角色外行为，还没有在薪酬体系中确认，也就是说员工从事组织公民行为不会被组织奖励，不从事也不会被惩罚；第三，它是组织所需要的，且有助于提高组织的绩效。

（二）组织公民行为的测量

由于学者研究的文化背景不同、样本不同、时代不同、行业不同，对组织公民行为维度的研究至今也没有形成共识。Podsakoff 等（2000）在对组织公民行为研究的回顾中发现，组织公民行为的维度划分至少有三十多种，包括二维论、三维论、四维论、五维论、七维论、十维论。

国外学者研究中，Bateman 和 Organ（1983）的研究认为组织公民行为并非单一维度的，而是一个二维度的构念。他们把组织公民行为分为两个维度，即利他主义和组织服从，并开发出相应的量表，该量表共包括 16 条题项。但是此研究并未引起学术界的重视。而后，Organ（1988）在前期研究的基础上提出了在西方学术界影响最大的组织公民行为五维度模型。五个维度分别是利他主义、文明礼貌、责任意识、运动员精神和公民美德。同时开发出了一个包括 22 条题项的组织公民行为量表，该量表是目前西方组织行为学界研究组织公民行为使用最为广泛的量表。Podsakoff 等（1990）在 Organ 等（1988）的维度划分基础上开发出了组织公民行为的测量量表，共 24 条题项。Podsakoff 等（2000）在对前人的研究进行总结后指出组织公民行为大体上分为帮助行为、组织忠诚、刻苦耐劳、组织服从、积极主动、公民美德和自我提升七个维度。

国内学者在针对组织公民行为维度的研究中，樊景立（Farh）等人的研究得到了众多国内学者的认同。樊景立等（1997）的研究指出，中国文化背景下的组织公民行为分为公司认同、帮助同事、尽责性、人际和谐和保护公司资源五个维度，同时开发出了适合中国文化情境的组织公民行为测量量表，共包括 20 条题项，其中人际和谐和保护公司资源两个维度共 7 条题项为反向问卷。而后，为了继续深入研究中国文化背景下组织公民行为的结构维度，Farh 和 Organ 等（2004）合作对来自中国境内北京、上海和深圳的 158 名员工进行了系统的调研，得出了组织公民行为的十维度模型。这十个维度分别是帮助同事、积极主动、表达建议、积极参与活动、提升公司声誉、自主训练、热心公益、保护公司资源、保持工作场所清洁及人际和谐。

（三）组织公民行为的影响因素研究

1. 环境因素

影响组织公民行为形成的环境因素，大致可以分为组织承诺、领导支持、信任等因素。组织承诺，是组织行为学中体现个体对组织态度的重要因素之一。众多研究者都证实了组织承诺与组织公民行为具有正相关关系，如傅永刚等（2007）针对 IT 工作人员的研究，以及严鸣等（2018）以新员工为研究对象进行的研究都得出了该结论。在领导支持方面，Nahumshani 等（2011）研究发现领导风格会影响到员工的组织公民行为；Decoster 等（2014）发现自我服务型领导会对员工组织公民行为产生积极的影响；Belschak 等（2018）也发现伦理型领导能够积极影响员工的组织公民行为。国内研究中，杨春江等（2015）研究表明组织公民行为的产生受到变革型领导、交易型领导的显著影响；郎艺等（2016）指出授权赋能型领导也会积极影响员工的组织公民行为。

2. 个体因素

影响组织公民行为的个体因素有工作满意感、感知公平、心理资本、个性特征等方面。大多数的研究表明工作满意感是促进组织公民行为形成的关键因素之一。工作满意感是成员对组织的一种情绪反应，良好的工作满意感促进了成员对组织的认同。Hudson 等（2012）研究结果表明，工作满意产生了一种积极情绪，这种积极的情绪能够使组织公民行为中出现利他行为。感知公平，一般研究表明，组织成员通常把个人与组织之间的关系看作一种社会交换关系。Organ（1988）的研究表明了组织成员感知的组织对于自身是否公平能够影响组织公民行为形成，且相较于工作满意影响组织公民行为形成的相关关系要更强。心理资本，Luthans（2007）在其著作中阐明了"心理资本是组织创造价值的重要来源，可以帮助组织获得竞争优势和持续发展的动力"。个体特征方面，林正琴等（2005）研究了五大人格与心理契约之间的关系，发现了五大人格特质与心理契约两个变量之间存在调节变量：公平敏感度。

三　职场精神力研究现状

（一）职场精神力的概念、测量与理论

职场精神力是员工在工作场所环境下思考生命的意义（Krishnakumar and Neck，2002）。精神力是过去几十年西方组织行为学者最为关注的研究领域之一，精神性领导、精神性组织与精神资本等相关概念蓬勃发展。2008年，在 Amazon 网站上的精神力图书超过了 3140 种，出现了专业期刊 *Journal for the Study of Spirituality*。在实务界也产生了精神力运动，美国西南航空、英特尔等很多西方公司相继实施培养员工职场精神力的计划。有些公司成立了圣经、古兰经研究小组以及自愿性的祷告群体，还有为员工提供静默练习计划以及启动仆人式领导力开发项目。

研究者最初认为精神力来自宗教，然而有学者认为宗教必然与精神力相关，但精神力却不一定与宗教相关。总体而言，现在的学者基本认同职场精神力反映了个体对其在组织中存在意义的信念。Pfeffer（2003）认为职场精神力是人在工作中所展现的生命力以及可以强化这个生命力的成分，良好的职场精神力有如下特征：①个人潜能与价值的完全发挥或充分的自我实现；②工作本身有不凡的意义与目的；③工作带给个人属于团体并与别人联结的归属感；④感受到组织用心服务顾客、关心员工、贡献社会的崇高理想与价值。Duchon 等（2005）将 Pfeffer（2003）的四个方面加以整合并操作化，提出职场精神力最重要的三个组成要素：内在生命、有意义的工作与团体归属感。Milliman 等（2003）则基于 Ashmos 等（2000）的研究，认为超越性等因素对个人生活的影响更大，因此选择了与工作和组织联系比较密切的三个维度：有意义的工作、团体归属感以及与组织价值观一致。Rego 等（2008）进行了综合，列出了五个具有良好信度的维度，即团体归属感、组织与个体价值观相和谐、团体贡献感、工作享受感、内在精神受到尊重。国内学者柯

江林等（2014）基于经典的三维结构（工作意义、团体感、与组织价值观一致），开发了一份包含 27 个测量项目的本土职场精神力量表，分析结果在证明经典三维结构跨文化有效性的同时加入了感恩、牺牲等元素，显示了中国员工职场精神力具有更高层次的超越性。

（二）职场精神力的作用与影响因素

在组织层次上，研究者发现员工职场精神力比较好的组织会有更高的增长速度、效率以及投资回报率（Jurkiewicz and Giacalone，2004）。Dent 等（2005）对 87 篇职场精神力论文进行回顾，发现绝大多数论文假定或发现员工的职场精神力对组织绩效有正向影响。在团队层次，Daniel（2010）以组织文化为中介变量构建了一个团队成员总体职场精神力对团队效能正向影响的理论模型。在个体层次，Pfeffer（2003）指出如果职场精神力特性得以发挥，就能够引发组织成员的高度认同以及向心力。Rego 等（2008）对 361 位受访者进行访谈，结果发现当员工的组织精神力特质越明显的时候，员工就会发自内心的与组织情感结合，并且会对组织存有义务及忠诚。除此之外，许多学者也都有类似观点或发现。Garcia-Zamor（2003）认为，有一些组织生产力表现不佳，原因就是组织的员工没办法把他们的精神力与组织的工作相结合。相对地，一旦具有精神力的人进入一个与理想相符的职场，他们就会和同事相处愉快，并且在工作上有所表现。Lee 等（2003）发现，如果企业员工表现出较高的精神力，员工将会表现出更卓越的绩效、更多的组织伦理行为以及更高的工作满意度。而其他学者也发现，员工职场精神力与创造力、员工满意度和组织承诺之间正相关。我国台湾学者李俊达、黄朝盟（2010）发现政府人员的职场精神力对工作绩效有积极作用。可见，当前有关职场精神力的研究主要集中在测量以及作用上，对于影响其形成的因素研究很少。总体看来认为员工职场精神力受个体与组织因素多重作用，但是严谨的实证研究尚未出现。

四　研究综述

（一）企业环境行为研究评述

长久以来，国内外相关学者从不同的视角和关注点对企业环境行为的内涵进行了多样化的尝试和探索，但一直没能得到一致或是能够被普遍接受的内涵定义。通过对相关学者的研究定义进行梳理可以发现，虽然不同学者因为研究视角和关注点的不同，对企业环境行为内涵的定义不尽相同，但在对于企业环境行为的实施目的和形成根源上有着相似的认知，即企业环境行为的目的在于降低污染和改善环境，是企业践行自身社会责任的行为表现，是企业社会责任在环境行为方面的表达和呈现。因此我们可以认为，企业环境行为是企业在社会责任感知促进下，履行环保导向社会责任的特定表现，是体现企业社会责任的一个重要方面，是对企业社会责任定向化和具象化后的行为表达。

关于企业环境行为的维度构成，由于不同学者的研究切入点的不同，其维度划分的依据、结果都不尽相同，目前尚未有能够得到学者普遍认可的结论。与此同时，以往相关研究的视角大多聚焦于工业企业主体，对于维度划分和相关影响因素也大多集中在经济市场、政府管制等外部性的宏观层面，认为企业环境行为是外部压力下的企业被迫选择行为，忽视了企业环境行为内驱性的可能，而在环保实践中也暴露出外部视角缺乏持续有效性的弊端。在这样的背景下，逐渐有学者将研究视角内化，通过量化企业在不同环境行为下的外部收益，构建企业环境行为期望收益模型。虽然此类研究逐步开始内化企业环境行为，为企业在与外部相关利益人博弈过程中如何自主选择行为策略提供建议，但其本质上仍将环境行为视为影响企业外部收益和内部成本变动的参数，没有深入组织内部驱动的视角，忽视了企业自发实施和提升环境行为的可能性。

（二）职场精神力研究评述

在职场精神力形成方面，目前主要认为会受到个体内在因素以及外部环境因素的影响。具体来说，影响主要体现在：①由内而外的观点，该观点认为员工个体职场精神力是个人精神及其价值观在组织背景下的延伸和应用；②认为职场精神力的形成与组织及领导相关，组织及领导能够通过组织内的各项管理、调节、宣传等手段为员工营造出具有精神性的工作环境（如文化、氛围），而员工通过感知工作环境，能够体验到组织精神性，从而促进组织成员个体精神性意识和精神性价值观的形成，有助于组织成员职场精神力的形成；③认为职场精神力的影响来自组织个体与组织环境的匹配，个体和组织作为组织范围内的两个重要主体，其精神价值观会在二者的互动中时常发生匹配和交互的关系，而二者精神价值观的差异性就决定了二者在交互过程中所可能发生的冲撞和顺从，也进一步影响了职场精神力的形成。

（三）组织公民行为研究评述

从特征来看，首先，组织公民行为是组织成员受到组织影响后自愿表现出来的行为选择；其次，它是一种非组织强制或通过薪酬鼓励的行为；最后，组织公民行为是组织所需要且有利于降低组织成本并提升组织绩效的好行为。因此，本书选取组织公民行为作为因变量，通过探讨和分析企业环境行为感知对组织公民行为的影响，从企业内部利益相关人的视角出发，探究企业环境行为内驱性的可能。

针对前因变量，通过整理和汇总以往研究将其归为三类，即个体个性特征因素、个体态度特征因素以及环境特征因素。个体个性特征因素是指那些由于个体人口统计变量特征及偏好特征差异所形成的因素；个体态度特征因素是指个体对于组织和组织工作的认知和感受所产生的带有个人态度和主观评价色彩的情感和认知因素；环境特征因素则是指由于组织或工作本身，以及组织与个体的交互中组织行为所产生的影响方面。依据本书研究的着重点，主要从环境特征因素入手，分析企业环境行为感知对员工组织公民行为的影响作用和相关关系。

第二章 企业环境行为感知维度
开发与结构验证

一 企业环境行为感知内涵研究

回顾以往研究发现，鲜有学者对于企业内部相关利益人与企业环境行为关系进行探究，以往大多数研究将焦点置于组织宏观层面的污染治理和减排，通过外部调控手段及成本收益模型等外部视角，试图对企业环境行为进行调节，而我国环保实践经验中所凸显的企业环境行为内驱性欠缺则恰恰说明了研究企业内部视角的重要性。因此，本部分围绕企业环境行为的内驱性，选取企业内部相关利益人——企业员工为对象，以企业环境行为感知作为企业环境行为的表征变量，基于企业环境行为与员工环境行为感知的同步关系，探究员工感知到的企业环境行为对企业员工组织公民行为的影响，在表征变量的作用下明确企业环境行为能否通过内部路径的影响提升企业绩效和经济收益，并在此基础上，联合相对成熟的外部视角下企业环境行为研究，构建起视角更为全面的企业环境行为概念。

结合以往研究对企业环境的定义，具体到本研究的内部视角切入点及研究实际，本研究将企业环境行为感知定义为员工所感知到的企业为实现有效改善环境问题和提升企业绩效的双重目标，以及在企业环保战略导向、社会责任承担、环保实践等方面所实施的积极行为，包括制定企业环保相关战略及环保绩效目标、对员工的环保培训和节能倡导、实施清洁生产、环境社会责任承担、污染事件防治等一系列行为。需要说明的是，在当前世界经济和技术背景下，工业企业及其环境行为特征在企业群体中的比重已经减少到了一个较低的水平，因而其企业性质和对应环境行为内涵具有高度的针对性和局限性，无法被其他类型企业主体复用，因此，本书在进行企业环境行为研究时，充分考虑到企业主体及其环境行为特征的通用性和普适性，结合工业企业、信息技术企业、金融企业等多类型企业特征，以能源及资源合理使用、清洁生产、环保宣导等多类型企业主体所共识的环境行为为参照，确认企业环境行为感知的内涵范畴。

此外，企业员工作为企业内部相关利益人，对于企业环保行为、环境战略宣传、环保倡导与教育等方面都具有更为直观的接触和认识，在被试者匿名评分的处理原则下，员工是企业环境行为的直接观察者。虽然作为主观评价可能与实际企业环境行为实践有一定的差异，但考虑到在企业环境行为的表征变量中，员工感知是最为直接和紧密的联系变量，相较于外部视角下的排污数据，在测量维度、测量真实性等方面都更具有参考意义。因此，本书在该部分选取企业内部视角下的员工个体作为数据来源，请员工对其所在企业的环境行为表现进行评分，以员工企业环境行为感知作为企业环境行为的感知变量，辅助实现对企业环境行为的测量和研究。

二　企业环境行为感知结构研究

本研究将基于 Churchill（1979）量表开发范式，结合中国本土文化背景及实际调研情况，拟在文献研究得出的初步维度架构的基础上，通过资料分析和深度访谈来提炼、完善企业环境行为感知的概念构架，以此进行问卷条目的编制，以期构建出有效、可用的企业环境行为测量量表。

（一）企业环境行为感知的维度初始结构研究

为了更好地实现其维度与测量研究，本研究通过梳理国内外相关企业环境行为研究，发现国内外学者主要的结构划分观点如下。

首先，较为常见的观点是将企业环境行为视为企业生产和经营过程中所体现的单一维度行为，是企业在内外部环境压力下所体现的环保相关绩效表现，在内容上包括水资源使用、空气污染排放、污染处理、绿色材料使用、技术升级等方面的主张，但在企业环境行为本身结构上视其为单一结构的行为指标。比如，Johnstone（2007）提出企业环境行为是企业在生产过程中与环境交互所进行的与能源及资源利用、污染排放相关的一系列绩效表现。Stanford（2002）在企业环境行为是单一维度的行为绩效变量的假设基础上，研究美国环境保护局（EPA）关于企业有毒废物管理系统的新法规及执法手段的影响。需要说明的是，由于企业环境行为的研究演进一直以从宏观扩展到微观的脉络进行发展，研究大多集中在宏观层面的测量分析上，且在企业环境行为测量的设计和实践上，也较多沿用了单一维度结构的构成假设，相关研究结果和量表均以企业环境行为为整体变量进行分析和调研（Leal 等，2003；Kusku 等，2007；Becker 等，2004；Clark 等，2005；Child 等，2006）。

其次，基于影响因素分类，很多学者在考虑企业环境行为与内外部影响因素的相关关系时，较常见的是使用多项式的形式将企业环境行为表示为一系列内外部影响因素的和值，即将企业环境行为按其受影响源不同分为不同类别，通过度量不同影响因子类别下可能出现的企业环境行为表现来预测企业环境行为整体水平，这是一种基于水平维度的分类方式。具体来说，Chen 等人（2014）认为可以依据主要影响因子特征将企业环境行为分为政府管制下企业环境行为（Government Regulation）、消费者压力下企业环境行为（Customer Pressure）以及自有条件下企业环境行为（Corporate Characteristic）三类，通过度量三类影响因子的作用大小，可以表征企业整体环境行为。He ZX 等人（2016）在 Chen 等人（2014）的研究基础上，通过比对实际调研中所发现的其他相关利益人的显著影响，将社会压力和股东压力纳入企业环境行为的显著影响因素，并将企业环境行为的度量转化为对五类影响因素下企业环境行为的变动度量，即通过定义和量化五类影响因素下企业环境行为的正负变动，经过权重分配实现对企业环境行为的度量。

此外，还有学者依据企业环境行为的内涵，即企业环境行为是企业在内外部压力下，结合企业自身战略、所在行业、规模等特征，将其转变为企业环境保护实践的行为响应，根据企业环境行为内涵中折射出的行为内容和流程对其进行维度结构的设计。具体来说，比较常见的分类是依据 ISO 14031，即环境绩效评估（Environment Performance Evaluation）所设定的评估指标分类进行维度划分，在企业环境行为相关评价研究中经常被学者参考和使用（Morhardt et al.，2002；Scipioni et al.，2008），主要选取环境管理绩效、环境运营绩效、环境现状及一般补充项 4 个维度。其中，环境管理绩效主要包括环境相关制度和项目实施、环境一致性、财务绩效、社区关系质量 4 个方面；环境运营绩效主要包括材料、能源、服务、物理工具和设施、浪费和排放物 6 个方面；环境现状包括空气、陆地、水源、人数和文化 5 个方面；一般补充项包括潜在财务风险、环境保护偏好以及正当偏好 3 个方面。另外，GRI 2000，即全球倡议报告也较为常用，GRI 2000 是 2000 年由联合国环境规划署制定，该报告基于全球环境的可持续发展目标，以环境治理和能源节约为主要目标，相对弱化财务绩效和社区关系指标在评价指标的权重和指标项，最终选取了通用组织特征、环境绩效表现、经济绩效表现和社会绩效表现 4 个维度 139 个项目。国内研究方面，周曙东（2012）认为企业环境行为由环境战略、环境制造、环境营销和环境文化（绿色文化）4 个方面所构成：环境战略是指一个企业解决环境问题的总体规划和导向性策略；环境制造是指提升企业的生产经营水平，使其不再仅仅停留在满足政府环境保护的有关法律法规要求的水平上，而是应实施环境型制造，称之为环境制造；环境营销由绿色产品、绿色价格和绿色促销组成；环境文化是指企业在实行环境战略、环境制造及环境营销中形成的资源节约、环境友好的理念并成为企业全体职工所认同和遵循的行为准则和行为习惯。

通过对比研究实践，该部分主要参考企业环境行为内涵进行维度划分，发现在企业环保实践、环境保护战略关注、社会责任关注等方面存在共识，因此，该部分将企业环境行为感知初步划分为环保战略、环保管理促进以及企业的社会影响三类。本部分从拟定的员工感知视角，要求在跨层研究的指导方向下分析企业环境行为感知对于员工行为的影响作用，因此，我们需要对现有分类在环境制度、环境战略、环境行为等多个层面进行针对性的提炼和抽象，以员工感知角度为导向，提炼出员工更易感知到的维度。

（二）基于企业环境行为感知维度及测量的访谈提纲编制

结合当前企业环境行为相关研究的理论基础构建初始访谈提纲，通过同行审议及预访谈实现对访谈提纲最终结构的确定，按照质性研究方法实施及撰写的要求，我们将访谈提纲设计为以下四个环节：第一，通过对国内外相关企业环境行为内涵及结构研究的理论成果进行梳理和分析，结合本土企业实际特点与员工视角研究切入点的特征，设计初始访谈提纲；第二，采用初始访谈提纲在同行间进行预访谈，检验访谈各个程序是否恰当、访谈题目的表达以及顺序是否符合预想结果，以确定建构访谈题目的适宜程度；第三，选择代表性企业进行预访谈，搜集反馈信息对提纲做进一步的修改；第四，在进一步修订的基础上形成企业环境行为正式访谈提纲。

1. 初始访谈提纲设计

我们以"企业环境行为"和"Corporate Environmental Behavior"为主题进行精确搜索，通过阅读并甄别不同研究的方法和重点，筛选出 38 篇中文文献及 26 篇英文文献进行阅读和研究，选择 15 项相关企业环境行为访谈提纲设计的问题和描述。同时受人的心理、时间等多种因素的影响，以第三方视角进行工作情境下人员日常行为的观察会有诸多限制，比如观察到的或许是人员的伪装性行为而非习惯性行为，因此针对企业环境行为的词条提炼我们选用访谈方式进行。为提高访谈信息获得的真实程度，在访谈内容方面，我们主要设置几个问题作为索引，引导被访谈者表达，不断追问挖掘。结合并对比本研究的实际侧重点和研究特征，最终选取 14 项问题形成初始访谈提纲。

2. 对同行和代表性企业采用初始访谈提纲进行预访谈

为了检验访谈各个程序是否恰当、访谈题目的表达以及顺序是否符合预想结果，以确定建构访谈题目的适宜程度，需要进行同行间的预访谈，通过预访谈发现有些题目的表达方式不够恰当，在专家的指导下对相应题项予以修改。比如，"您认为企业环境行为包括哪些方面？"在预访谈期间，专家认为直接使用"企业环境行为"一词容易导致被访谈者无法正确理解问题，建议改为"您所在企业为了环境保护实施了哪些措施和努力？"等，调整之后得到 14 项新的初始访谈提纲。

利用修正后的初始访谈提纲对三家公司员工进行试访谈，共选取 5 位员工作为试访谈对象，其中 LX 集团 2 人、SYZG 集团 2 人、HXJR 1 人，所有访谈均采取面对面访谈形式，每次访谈控制在 45 分钟左右。拟在访谈提纲中删去"您平时在公司是否会注意垃圾分类，为什么？"及"您平时在公司是否会注意资源和能源的节约，为什么？"两道题目，因为从访谈的实际反馈来看，员工及调查人员都无法明确这两种行为归因为员工自身还是企业要求。

3. 正式访谈提纲形成

对代表性企业试访谈结果进行进一步修订，经过对初始访谈提纲进行修改和删除等一系列调整工作，最终形成正式访谈提纲，具体见表1。

表 1　正式访谈提纲

调研目标	调研方式	访谈题目
企业环境行为感知内涵及结构	访谈	您所在企业为了环保，实施了哪些措施和努力？
	访谈	您会如何评价您所在企业的环保行为，评价依据是什么？
企业环境行为感知结构	访谈	针对您所在企业实际的环保行为，您认为哪些方面做得比较好，哪些方面需要提升，请举例说明
	访谈	您所在企业的高层管理者是否重视环保，请举例说明
	访谈	您所在企业是否有污染环境的问题，能否做到清洁生产，请举例说明
	访谈	您所在企业是否重视通过技术、设备和工艺升级降低污染，请举例说明
	访谈	您所在企业是否有针对环保的员工培训，请举例说明
	访谈	您所在企业是否经常强调能源和资源节约，请举例说明
	访谈	您所在企业是否会设定企业的环境绩效目标并努力实现，请举例说明
	访谈/新闻搜索	您所在企业是否获得过相关环境保护的荣誉，请举例说明
	访谈/新闻搜索	您所在企业是否发生过环境污染事故，请举例说明
	访谈	您所在的企业还有哪些与环境保护相关的措施，请举例说明

（三）企业环境行为维度结构开发

1. 企业环境行为感知正式访谈及分析

本部分采用理论抽样方式选取被调查者，于2016年11~12月在环境意识普遍较强的北京、天津、河北等地的代表性企业中选取了13位企业人员作为对象，围绕企业环境行为及其构成进行实地、网络或电话访谈，实地访谈均采用一对一的访谈方式，用文字记录以及手机录音。访谈结束后，分别对13位访谈对象的访谈结果进行编码、分析和提炼。同时遵循独立性、系统性等原则，将含义相同或相近以及具有包含关系的词条进行整合，并分析词条的普遍性程度（重复出现的频次）来决定是否将其归纳在企业环境行为感知结构内。整理、分析、提炼之后的相关词条及出现频次如表 2 所示，将频率小于总数一半，即小于 7 的予以剔除。

表 2　访谈数据词汇频次

序号	词条	频次
1	重视生产环节的环保监督	13
2	强调节约用水	13
3	重视日常办公中的环保倡导与监督	13
4	环保导向的企业战略	13
5	实施清洁生产	13
6	环保相关的技术投入	12
7	生产及办公垃圾的分类及处理	12
8	环保培训和督导	12
9	环保设备引进	11
10	企业文化对生态的关注	11
11	环保绩效目标设定与完成	9
12	绿色企业/节能企业称号	9
13	排污丑闻的负面影响（R）	9
14	设立环保管理部门	8
15	环境责任承担	8
16	维护周边社区环境安全	8
17	清晰的社会责任意识	8
18	只重视经济利益忽略环境安全（R）	8
19	生产及办公资源循环利用	7
20	污染事件的防治	7

2. 国家环境保护制度驱动的企业环境行为

本部分选取与环境保护相关的法律法规，对包括《中华人民共和国环境保护法》（自 2015 年 1 月 1 日起施行）、《中华人民共和国大气污染防治法》、《中华人民共和国水污染防治法》、《中华人民共和国节约能源法》（2016 年 7 月修订）、《中华人民共和国水法》（2016 年 7 月修订）、《中华人民共和国环境影响评价法》、《中华人民共和国循环经济促进法》在内的 7

部国家环境保护相关法律法规进行逐条分析，对词条频次进行统计，把词条提炼过程中出现频次小于 7 的予以剔除，最终整理形成表 3。

表 3 国家环境保护制度驱动的企业环境行为词条

序号	词条	法律法规名称
1	资源及能源目标责任制	
2	水资源节约与合理利用	
3	资源及能源使用监督	
4	年度环保计划及目标设计	《中华人民共和国环境保护法》（自 2015 年
5	减少环境污染和生态破坏	1 月 1 日起施行）、《中华人民共和国大气污
6	资源及能源利用技术升级与创新	染防治法》、《中华人民共和国水污染防治
7	环境保护相关知识培训	法》、《中华人民共和国节约能源法》（2016
8	污染事件处罚	年 7 月修订）、《中华人民共和国水法》
9	企业环境保护战略统筹	（2016 年 7 月修订）、《中华人民共和国环境
10	新工艺流程及设备引进	影响评价法》、《中华人民共和国循环经济
11	严重污染环境的工艺流程及设备的淘汰制度	促进法》
12	降低能源消耗和污染排放	
13	污染物排放达标并记录	
14	环境绩效考核评价考核监督	
15	维护周边社区环境安全	
16	环保理念共享	
17	公众参与	
18	权责对等	
19	合作共赢	

3. 代表性企业文化驱动的企业环境行为

企业环境保护文化/价值观作为企业针对环境保护行为形成的"软"环境，体现了企业对于环保的态度和认识，也会反映企业对环境问题的责任与行为表现。我们选取 13 家企业的企业文化（如 LX 集团、SYZG 集团、YGBX 集团等）进行词条提炼，从这 13 家企业的官网、其他相关网站搜集文化建设的相关资料，比如宣传口号、组织活动、管理制度等，进行词条提炼，把一家企业反复出现的词条在频次中记为 1 次，如果有相似词条，则把它们归到一类，该类词条记为 1 次。考虑到所选择 13 家企业文化建设的共性和差异性，初步拟定把 5 家企业共同认同的企业环境行为词条作为参考依据，把频次小于 5 的词条忽略，我们先对所有词条进行删除、整合，最终得到 17 项词条，具体见表 4。

表 4　代表性企业文化驱动的企业环境行为词条

序号	词条	频次	调研企业名称
1	可持续发展	12	
2	环保技术创新	11	
3	环保管理创新	11	
4	节约利用资源	10	
5	社会责任	10	
6	环境关心	10	
7	成本控制	8	SYZG 集团、ZGSH 集团、LX 集团、YGBX 集团、BJYH、ALT 国际咨询公司、ZGHY 集团、BDWX 科技有限公司、地铁运营有限公司等 13 家企业
8	绿色消费与清洁生产	8	
9	员工环保责任明晰	8	
10	保障周边社区环境安全	8	
11	主动学习环保知识技能	7	
12	组织项目实施与环境标准执行同步	7	
13	预防控制与应急	6	
14	环境信息公开透明	6	
15	企业声誉与形象建设	6	
16	修旧利废	5	
17	敬畏生命	5	

4. 企业环境行为感知维度结构修正

根据企业环境行为感知的初始结构，结合企业实地调研驱动、国家环境保护制度驱动、代表性企业文化驱动的企业环境行为进行正式访谈及分析，综合对比并分析各部分所得出的词条提炼结果，发现以下问题。

（1）企业环境行为感知初始维度结构中的环保战略、环保管理促进（节能减排、技术升级与改进、环保培训等）等维度，与正式调研、制度驱动及企业文化驱动三方面所得出的维度结构中均有重叠，可以保留在企业环境行为感知维度结构中。

（2）社会责任维度在最初通过文献研究分析所得的初始维度结构中只是作为环保管理促进的一个词条，但从实际调研、制度驱动与企业文化驱动三方面所整理的词条结果及内涵来看，社会责任在三方面调研结果上均有重叠，且重要性较高，因此在结构上应该将社会责任调整为与环保管理促进同等的地位，划入企业环境行为感知维度结构中。

（3）生态关注维度同时出现在实际调研及企业文化驱动所得的维度结构中，虽然没有出现在制度驱动的维度结构中，但可以看出制度驱动的相关词条中均能体现对于生态关注的重视，因此将生态关注纳入维度结构。同时，生态关注与社会责任在内涵和内容上具有一定的重叠性，考虑到生态关注的实际词条比重及含义，将其纳入社会责任维度。

（4）企业环境行为感知初始维度结构中的企业社会影响维度，实质上是指企业在社会公众中的环境形象，从实际访谈及资料的分析结果来看，企业的社会影响出现在实际调研及企业文化驱动所得的维度结构中，考虑到环境形象建设对于员工组织认同的重要性，将其保留在企业环境行为感知维度结构中。同时为了便于理解，将其更名为环境形象建设维度。

（5）部分词条如敬畏生命、成本控制、公众参与、权责对等均只单独存在于企业调研、制度驱动或是企业文化驱动所得的维度结构中，考虑到选择维度及词条的有效性要求，均做删除处理。此外，部分词条如重视日常办公中的环保倡导与监督、重视生产环节的环保监督、强调节约用水、修旧利废、绿色消费、员工环保责任明晰、环境关心、环保知识共享、环境管理创新、绿色消费等可以和其他词条合并，例如重视日常办公中的环保倡导与监督、重视生产环节的环保监督与环保督导，强调节约用水和资源与能源的合理使用等在内涵上具有相近或包含关系，因此作合并处理。

5. 企业环境行为感知修正后结构

通过以上分析，企业环境行为感知修正后的结构拟定为四个维度，分别是环保战略、环保管理促进、社会责任和环境形象建设。此外，通过归纳、合并及对比修正后的维度结构与访谈调研、制度驱动及企业文化驱动的词条数据，确认企业环境行为感知维度结构的下层词条，此后由课题专家组讨论确认与最初设计框架偏离的题项，最后剩下 25 个条目，具体见表5。其中，1 代表基于国内外企业环境行为文献研究得到的初始维度结构；2 代表源自企业实地调研驱动的企业环境行为感知维度结构；3 代表源自国家环境保护相关制度驱动的企业环境行为维度结构；4 代表源自代表性企业文化驱动的企业环境行为维度结构。

表 5　修正后的企业环境行为感知结构

维度名称	词条
环保战略 5 项	环保目标与企业战略相统一 1234（包括组织项目实施与环境标准执行同步、企业环境保护战略统筹）
	环保绩效指标设定与完成 23（包括资源及能源目标责任制、年度环保计划及目标设计、环境绩效考核监督）
	生态导向的企业文化 124（包括环境关心）
	环保导向的资本投入 123
	强调可持续发展 1234
社会责任 5 项	合作共赢 34
	社会责任意识 1234
	维护周边社区环境 1234（包括维护周边社区关系）
	环境责任承担 1234
	经济利益与环境安全平衡 234
环境形象 建设 4 项	排污丑闻的负面影响（R）234（包括污染事件处罚）
	绿色企业/节能企业称号 124
	防止污染事件发生 24（包括预防控制与应急）
	企业声誉与形象建设 124
环保管理 促进 11 项	资源及能源的合理使用 1234（包括水资源节约与合理利用、强调节约用水）
	实施清洁生产 1234
	生产及办公资源循环利用 1234（包括修旧利废）
	设立环保管理部门并明确职责 23（包括员工环境责任明晰、环境绩效考核监督）
	工作及生产环保行为督导 1234（资源及能源使用监督、重视日常办公中的环保倡导与监督、重视生产环节的环保监督、环保理念共享）
	环保意识与技能培训 1234（包括主动学习环保技能、环保培训和督导、环保理念共享）
	环保设备及工艺引进 1234（包括严重污染环境的工艺/设备的淘汰制度）
	环境信息公开透明 134
	环保技术创新 1234（包括资源及能源利用技术升级与创新）
	环保管理创新 234
	降低能源消耗和污染排放 1234（包括绿色消费、减少环境污染和生态破坏、污染物排放达标并记录）

（四）企业环境行为感知维度结构研究与验证

1. 企业环境行为感知初始量表编制

根据企业环境行为感知修正后得出的 25 个词条，请有问卷设计经验的教师、博士生就项目内容的适当性与准确性提出建设性意见，完成企业环境行为感知预试问卷的条目编制，对应的测量项目统计与编码见表 6。

表 6　测量项目编码

维度	项目数（项）	编码
环保战略	5	V11～V15
社会责任	5	V21～V25
环境形象建设	4	V31～V34
环保管理促进	11	V41～V411

此外需要说明的是，本部分以企业员工作为数据来源，以企业内部视角对其所在企业的环境行为表现进行评价，即员工感知视角的企业环境行为，通过测量员工对于企业环境行为感知实现对企业环境行为表现的测量。

2. 企业环境行为感知初始问卷发放

对所形成的企业环境行为感知 25 个条目进行编号，采取 Likert 5 点量表调查企业环境行为表征的重要性程度，由非常重要到非常不重要来测量每个项目。再补充研究名称、目的、注意事项等来形成完整预试问卷（问卷见附录 1）。预试通过网络和实地调研的方式进行问卷的发放，采用理论抽样方法，将环境意识普遍较强的北京、天津、河北等地的代表性工商企业人员作为对象，共发出问卷 200 份，回收 180 份，有效问卷 166 份，有效率达 83%。对预试问卷的数据进行条目分析、探索性因子和信度度量的统计分析，并结合质性研究方法对条目内容与形式进行考察，在此基础上对企业环境行为感知初始结构进行修改并形成正式结构，为后续的企业环境行为感知的调查问卷设计提供结构基础。

3. 企业环境行为感知初始问卷探索性因子分析

通过对企业环境行为感知问卷进行项目区分度分析可以发现，对企业环境行为感知问卷中的 V21 及 V48 题项未能通过独立样本 t 检验（显著性水平 0.01），予以删除，其余题项的 t 值均通过了显著性检验，能够有效区分不同受试者的心理反应，可以予以保留。此后，本研究采用主成分分析法对剩余的 23 个条目进行探索性因子分析，选取特征根大于 1 来确定条目和因子。实证数据的 KMO 值达到 0.839，大于 0.80；Bartlett 球形检验的显著水平为 0.000，说明样本非常适合进行因子分析。

从表 7 可以看出，在对企业环境行为感知预试问卷进行探索性因子分析时，经过公共因子的提取后确定因子个数为 4，我们可以认为探索性因子分析的结果很好地印证了企业环境行为感知的四维度结构设计，说明该量表是具有一定效度的。同时，针对载荷分布结果进行数据处理和条目删减，从整体问卷条目载荷结果上看，除了题项 V410 出现了双重荷载及 V41 载荷数较小外，其余题项均能够较为独立归属于某个因子，且剩余的题项旋转后的因子荷载均大于 0.5，将予以保留。

表 7　企业环境行为感知因子分析结构

项目编码	成分			
	1	2	3	4
V11		0.886		
V12		0.842		
V13		0.864		
V14		0.805		
V15		0.860		
V22			0.820	
V23			0.856	
V24			0.860	
V25			0.770	
V31				0.738
V32				0.856
V33				0.571
V34				0.880
V41	0.419			

项目编码	成分			
	1	2	3	4
V42	0.780			
V43	0.813			
V44	0.792			
V45	0.810			
V46	0.856			
V47	0.732			
V49	0.802			
V410	0.859	0.579		
V411	0.779			

4. 验证性因子分析

本部分用于进行验证性因子分析的题项来源于上述章节中企业环境行为感知维度结构开发所确认的 21 项词条。施测对象与前述预试问卷的施测对象一致，以北京、天津、河北等地的工商企业人员为对象，仅通过网络的方式进行问卷的发放。共发出问卷 180 份，回收 156 份，有效问卷 145 份，有效率为 81%，用 AMOS17.0 统计软件进行了数据的验证性因子分析。

基于探索性因子分析的结果，本研究可预期：企业环境行为感知的四维度模型可能与数据之间具有最佳拟合，这 4 个维度所形成的因子分别是环保战略（5 个条目）、社会责任（4 个条目）、环境形象建设（4 个条目）、环保管理促进（8 个条目）。为简化分析，本研究此处不再进行被选模型的相关研究分析。根据上述基本模型的设定，利用 AMOS17.0 程序运行后得到的结果见表 8。

表 8　验证性因子分析相关数据

	χ^2	df	χ^2/df	RMSEA	GFI	IFI	CFI	SRMR
基本模型	106.516	51	2.089	0.072	0.906	0.916	0.914	0.073

在因子模型拟合度检验方面，观察各项指标系数可以发现基本模型的 χ^2/df 为 2.089，在 3.0 以下，说明具有良好的拟合度；GFI、IFI、CFI 指标方面，因子模型的各个指标系数均达到了 0.90 以上，数据拟合情况较好；RMSEA 的指标系数为 0.072，没有超出 0.08，估计误差均方根情况可以接受；SRMR 方面，因子模型拟合的指标系数为 0.073，没有超出 0.08，因此可以接受。整体来看，因子模型对实际观察数据的拟合程度较高，可以认为具有较好的结构效度。

因此，我们可以认为当前所确定的四维度结构的企业环境行为感知具有一定的结构信度和效度，可以作为后续实证研究的理论基础。此外，通过项目分析、探索性及验证性因子分析的检验，将不符合量表测量性要求的项目删去，得到企业环境行为感知正式量表（见表 9）。

表 9　企业环境行为感知正式量表

题项内容	维度
在我们公司，所使用的生产原料、办公用品（诸如生产用水、纸张）等大多是可重复利用的环保材料	环保管理促进
在我们公司，实施清洁生产是一直以来的要求和实际做法	
在我们公司，鼓励并督促员工减少水、电等资源能源浪费始终是公司关注的重要方面	
在我们公司，会设有环境治理或环保监督相关的岗位且职责明确	
在我们公司，会定期开展环保意识、知识和技能等的培训	
在我们公司，环保设备及工艺的引进一直是公司关注的重要方面	
在我们公司，环保技术的创新投入一直是公司关注的重要方面	
在我们公司，企业生产及办公环节中的能源资源节约、垃圾分类和污染监控等环保方面的工作一直被强调和贯彻	
在我们公司，发展战略会兼顾相关环保的内容（诸如资源节约、环境友好的企业定位、环境政策实施及环保治理行为等）	环保战略
在我们公司，公司及部门会定期实行年度环保绩效指标并监督完成	
在我们公司，关注生态始终被要求和执行	
在我们公司，投入资金和技术促进环保方面的提升是始终坚持的做法	
在我们公司，可持续发展的理念一直是发展战略强调的重点	

续表

题项内容	维度
在我们公司，管理层有着清晰的社会责任意识	社会责任
在我们公司，企业社会责任的承担始终是公司关注的重要方面	
在我们公司，维护周边社区的环境安全，杜绝污染周边社区一直是公司关注的重要方面	
在我们公司，企业经济利益与环境安全的平衡发展理念始终被强调和实践	
我们公司曾经因为污染排放等违反环保法规的行为而被曝光和处罚	环境形象建设
我们公司曾获得绿色组织或政府的环境奖励或称号	
在我们公司，降低并杜绝石油泄漏、污染排放等污染事件始终是企业关注的重要方面	
在我们公司，保持环境形象，并与新闻媒体的沟通是企业一贯的做法	

第三章　概念模型与研究假设

一　概念模型的构建

（一）　概念模型构建的理论基础

企业社会责任的内涵不仅仅是对于企业道德层面上的要求，更深层地看，企业社会责任范畴囊括了影响内外部利益相关人活动的责任集合，而这一责任集合，正是支撑社会判断企业业务合法性的重要依据（Gray et al.，1996），也是影响企业内部利益相关人（员工）对于企业价值评价的重要依据。Donaldson（2000）发现，企业可以通过法规和行为规范阐释企业社会责任的道德判断，并向员工传递这些能够强调组织和员工身份、愿景和价值观的信息，从而影响员工的行为选择。但从传递和引起员工行为改变的效果来看，价值观层面的企业社会责任往往能够对员工组织身份认同以及工作场所道德行为产生积极的影响，而单纯的企业规范道德往往是反效果的。因此，我们可以认为企业环境行为作为践行企业社会责任的实践，能够帮助和促进员工形成对于企业组织身份的认同以及道德行为，而从行为表现上看，可能表达为主动减少企业损失、主动降低企业不必要的成本等利企业行为。相反地，当企业缺乏组织公正及社会责任意识时，企业对于组织内外部的管理和行为选择会偏离道德，极有可能诱使员工认为同样的不道德行为是被默许甚至鼓励的，从而导致隐形和间接性负面道德行为的发生。因此，只有当企业选择符合员工和社会的道德预期，履行社会责任，员工才会感到企业达到了自身的道德标准，并在员工行为表现和组织认知方面偏向于融入组织，产生组织认同及支持行为。

社会交换理论和互惠原则表明，员工对于组织的投入和承诺，取决于员工对于组织价值观的感知以及从组织获得的利益。而以社会责任、价值观为基础的企业氛围对于员工的价值认同和责任认知都有积极影响，能够促进员工关心他人、关注组织发展，并进一步转化为员工承诺和组织公民行为（Cullen et al.，2003）。相反，当组织特征与员工本身有较高的一致性或吸引力，也容易激发员工对于组织的认同，进而转化为组织公民行为和组织承诺（洪大用等，2014）。此外，组织形象也是影响组织认同的重要因素，组织形象作为组织在公众及员工心中的整体评价，影响员工对组织的总体感知，进而影响员工对于组织的认同。

职场精神力作为一种内在动力会驱使员工自发地实施利组织行为，与企业环境行为的实施相切合，即企业环境行为的实施能够促进员工认识到企业对于社会责任的履行以及对于环境问题和可持续发展的重视，提升员工的企业荣誉感和提高员工对于企业的情感评价，使员工进一步加深对企业的认可和情感连接，从而内化企业成员身份认知并更加深刻地认识到自身工作的意义以及能为企业做什么，驱动员工自发地面对企业工作，并刺激自发利企业行为的产生，而这一过程正与职场精神力的形成不谋而合。因此本部分选取职场精神力作为中介变量，对企业环境行为影响员工组织公民行为的内部机理进行细致化的分析和解释。

（二）企业环境行为感知与组织公民行为关系概念模型

企业环境行为感知与组织公民行为关系概念模型见图1。

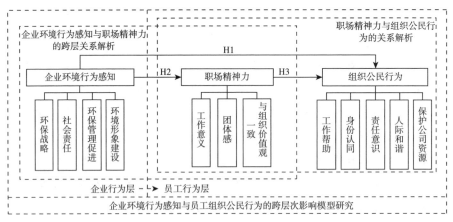

图 1 企业环境行为感知与员工组织公民行为关系概念模型

（三）研究变量的界定

1. 企业环境行为感知

企业环境行为感知是员工所感知到的企业为实现有效改善环境问题和提升企业绩效的双重目标，在企业环保战略导向、社会责任承担、环保实践等方面所实施的积极行为，包括制定企业环保相关战略及环保绩效目标、对员工的环保培训和节能倡导、实施清洁生产、环境社会责任承担、污染事件防治等一系列行为。

2. 职场精神力

在职场精神力定义中价值认同是基础，超越自我是关键，形成互联感是主旨。而在职场中常见的连接对象为工作、团体与组织。为此，本部分借鉴柯江林等（2014）的定义，将职场精神力定义为员工在认同了工作、团体以及组织的价值意义后，进而超越自我并与之产生一种互联感的内心体验。这种互联感在宗教领域可表现为"上帝与我同在"，在工作场所中通常体现为对工作的热爱，同事间的关心、帮助、同情，团体贡献感，组织对员工关心，组织价值观，组织良心，员工与组织的目标一致性等。

3. 组织公民行为

本部分在参考 Organ 对组织公民行为的定义的基础上，将组织公民行为定义为组织中员工个体主动表现出来的，并非组织明确规定或工作说明书上明确要求的，能够促进组织系统有效运行、提高组织运作效率及有效性的一系列行为的总和。

二　理论分析与研究假设

（一）企业环境行为感知与员工组织公民行为的关系辨析

企业环境行为是企业为了降低环境污染而采取的比较积极的管理手段，是企业践行自身社会责任的行为表现，能够为企业带来良好的声誉和外部评价，提升员工的企业环境行为感知，从而使员工感受到身为企业成员的荣誉感（李嘉等，2015；张田等，2015）。同时，企业积极的环境行为向员工传达了企业对于社会与生命的人文关怀以及对环境问题的重视，能够使员工感到企业并不是冷漠的经济和行政工具，而是具有情感和责任的组织，促进员工归属感的形成（王淑红等，2015；Graen et al.，1995）。根据社会交换理论，当企业员工感知到企业能够为自身带来荣誉感和归属感，基于互惠平等的交换原则，员工会愿意通过工作行为及态度的改变主动回馈企业，以组织公民行为促进企业的发展和完善。Slack 等通过实证研究发现，企业通过实施企业环境行为等社会责任承担行为，能够对员工的组织投入产生积极影响，促进组织公民行为的产生。Boiral 等通过对比分析组织公民行为与环保相关因素的关系发现，企业的环保相关负责任行为对于组织公民行为产生积极的影响，进一步说明了企业环境行为对组织公民行为有促进作用。因此做出以下假设。

假设 1：企业环境行为感知对员工组织公民行为有正向影响。

具体到企业环境行为感知的结构维度方面，针对社会责任类维度，本书主要从企业环境行为的本质，即企业社会责任出发，分析其对组织公民行为可能的影响作用。企业社会责任的过程实质上是对企业内外部相关利益人负责的过程（何显富等，2011），企业社会责任可以通过组织支持与员工的互惠关系进而促进员工组织公民行为的出现（王文彬等，2012）。企业社会责任是影响组织公民行为动因之一，其在一定程度上是一种互利平等的社会性交换模式，而企业员工将会选择组织公民行为作为对企业社会责任的回报（何显富等，2011）。具体到企业环境行为感知的社会责任类维度方面，主要是企业对内外部相关利益人的环境权益的保障和提升，能够使员工直观地感受到企业对改进自身环境权益所做出的努力，根据社会交换理论的互惠原则，能够促使员工对于企业的认同及归属感的产生，有助于员工自主选择利企业绩效提升的行为以实现对企业的反馈（华艺等，2014）。此外，企业社会责任行为可以让员工在信任企业的同时，促进员工公平感的产生并减少员工对不确定环境的信任，更多感受到组织的安全，相应地员工会投入更多组织公民行为来维护组织带给他们的安全感和自尊感（Lin et al.，2010），从而进一步激励员工发挥自身特长和创造性提高组织绩效。

社会认同类维度方面，主要从企业环境行为带来的社会认可和企业荣誉方面对组织公民行为的影响进行分析。企业环境行为是企业为了降低环境污染而采取的比较积极的管理手段，是企业践行自身社会责任的行为表现，能够为企业带来良好的声誉和外部评价，从而使员工感受到身为企业成员的荣誉感。Carmeli 和 Galit（2006）通过实验研究表明，组织外部性声望能够有效刺激组织成员对于组织认同的产生，进而对组织公民行为产生显著性的正向影响。John 等（2014）以医院为例，通过实证数据分析验证了组织形象与职场精神力间的相关关系，发现积极的组织形象与组织公民行为间具有显著的相关关系，同时，组织形象对于组织绩效及员工组织公民行为均具有显著的相关性，对医院的管理改进具有参考意义。国内学者的相关研究也证实，员工对企业社会责任形象评价越高，其对于组织的贡献意愿以及组织公民行为的水平也越高。因此，我们做出以下假设：

假设 1：企业环境行为感知对员工组织公民行为有正向影响；

假设 1a：环保管理促进维度对员工组织公民行为有正向影响；

假设 1b：环保战略维度对员工组织公民行为有正向影响；

假设 1c：社会责任维度对员工组织公民行为有正向影响；

假设 1d：环境形象建设维度对员工组织公民行为有正向影响。

（二）企业环境行为感知与员工职场精神力的关系辨析

职场精神力是一个基于个人价值观和哲学精神层面的抽象概念，其中职场精神力的三个维度，即工作意义、团体感、与组织价值观一致或与员工态度及行为紧密相关（Milliman et al.，2003）。员工享受工作，能够从工作中汲取能量，找到个人意义和目标感，就是工作意义的体现。同样的，当员工和同事之间建立紧密的联系，同事之间相互帮助与支持，为实现共同目标而奋斗，就是团体感的体现。当员工认识到自身与组织目标实现紧密相关，认可组织使命和价值观，认识到组织是一个关心员工的组织，就是与组织价值观一致的体现（Milliman et al.，2003）。而实施环境行为的企业正是这样一个为员工提供精神滋养的场所。

企业环境行为的实施在提升员工企业环境行为感知的同时，能够促进员工认识到企业对于社会责任的履行以及对于环境问题和可持续发展的重视，提升员工的企业荣誉感和对于企业的情感评价，使员工进一步加深对企业的认可和情感连接，从而内化其企业成员身份并更加深刻地认识到自身工作的意义以及能为企业做什么，从内部驱动员工自发地面对企业工作，刺激职场精神力的产生（Belwalkar et al.，2016）。具体来说，企业环境行为的实施是一个自上而下的过程，需要各部门员工协同推进。而企业环境行为的社会责任特性，能够实现保护自然环境和可持续发展的社会目标（Wang et al.，2018；Islam and Managi，2019）。对于身处这样企业的员工，通过参与企业环境行为的落实，会对自身工作意义有更深层次的认知（Kim et al.，2018），认识到自身不仅是在为企业劳动，也是在为社会做贡献。因此，员工工作精神状态会产生良性改变，开始享受工作为自己带来的目标感和成就感，精力充沛地投到组织建设中去（Milliman et al.，2003）。此外，在全体员工协同推进企业环境行为的实施过程中，员工由于共同的目标追求紧密联系在一起，相互配合与支持，因而员工的归属感和团体感会进一步加深。更重要的是，企业环境行为通过实施环保教育培训和环境内部管理等行为（Zhao et al.，2015），为员工提供了良好的工作环境和发展机会，员工能够感知到企业是一个关心员工的组织，同时，在员工心中树立了积极承担环保社会责任的企业形象，因而，员工会更加认可组织使命和价值观，将自身与组织目标实现联系在一起，更加愿意为企业发展出一份力。综上，企业环境行为的实施有利于员工找到工作意义，形成与组织一致的价值观，即企业环境行为能够有效促使员工形成职场精神力。因此，我们假设如下：

假设 2：企业环境行为感知对员工职场精神力有正向影响；

假设 2a：环保管理促进维度对员工职场精神力有正向影响；

假设 2b：环保战略维度对员工职场精神力有正向影响；

假设 2c：社会责任维度对员工职场精神力有正向影响；

假设 2d：环境形象建设维度对员工职场精神力有正向影响。

（三）员工职场精神力与组织公民行为的关系辨析

组织公民行为是员工超越正式职责范围实施的利组织行为（Organ，1988），包括但不限于帮助同事、维持良好的人际关系、组织身份认同、工作责任意识、保护公司资源。精神力观点指出，工作不仅仅是为了有趣或具有挑战性，而是为了寻找更深层的意义和目的，实现自己的梦想，通过寻找有意义的工作来满足自己的内心生活需求，并为他人做出贡献（Milliman et al.，2003），因此，对于职场精神力水平高的员工而言，他们更愿意在工作中表现出组织公民行为（Ahmadi et al.，2014）。具体来说，当员工在工作中找到工作的意义，并能够享受工作给自己带来的精神满足时（Milliman et al.，2003），他们会主动关心企业，真心希望企业能够发展得更好，因此更愿意全身心投入到工作中去，甚至不惜牺牲私人时间完成工作任务（Kazemipour et al.，2012）。此外，当员工在企业中能够产生团体感、与同事之间建立起牢固的工作关系时（Milliman et al.，2003），企业会变成一个温暖的大家庭，员工更愿意在工作中乐于助人，并能够积极维护这种良性的人际关系。更重要的是，当员工与企业保持价值观契合时，员工会更加认同企业，并将完成企业使命当作个人目标（Milliman et al.，2003），把企业当作自身利益的"受托人"（Hansen et al.，2011），因而积极承担作为企业一员的责任与义务，为企业发展建言献策，并采取行动保护和节约组织资源，这都是员工实施组织公民行为的表现（Organ，1988）。因此，我们提出如下研究假设：

假设3：员工职场精神力对员工组织公民行为有正向影响；

假设3a：工作意义维度对员工组织公民行为有正向影响；

假设3b：团体感维度对员工组织公民行为有正向影响；

假设3c：与组织价值观一致维度对员工组织公民行为有正向影响。

（四）职场精神力的中介作用

想要培养有强烈职场精神力的员工，企业就要提供能使员工从事有意义的工作以滋养其内心生活。企业环境行为的实施能让员工认识到企业的目标并不仅仅是为了盈利，也会关注他人、团体以及社会的福利（Milliman et al.，2003）。同时，当员工感知到企业为社会和环境保护做出的努力时，员工自身所具备的亲社会特质会增强员工对组织的认同感和信任感（Su and Swanson，2019），促使员工自觉将组织成员身份纳入自我概念体系，并因为这种身份认同使员工自尊的需要得到满足。在对组织认同的基础上，员工会积极参与企业环境行为的实施，而这一过程需要团队协作共同完成，因此同事之间由于共同的目标建立起紧密的联系，这将促进员工的团体感的形成。同时，员工能够认识到自身工作对实现组织环保目标的重要性，从而意识到自身工作也是在为构建环保社会出力，这会唤醒员工对自身工作更深层次意义的认知。此外，基于员工对组织的认同感，即自身属于组织程度的感知，员工也会对组织使命和价值观产生认同。员工在工作中找到工作的意义、形成团体感，并能够与组织价值观保持一致，其精神层次的心理需求得到满足，因而形成职场精神力（Milliman et al.，2003）。

而职场精神力会进一步对员工的态度、行为产生影响（Milliman et al.，2003；Genty et al.，2017；Rezapouraghdam and Darvishmotevali，2018；Joelle and Coelho，2019）。就个体层面来说，职场精神力中工作意义的实现使员工对自身工作的认知更加深刻，能够享受工作为其带来的成就感和满足感，继而精力充沛地投入接下来的工作中去（Milliman et al.，2003），在做好本职工作的同时，更加有动力去超越自身职责范围实施组织公民行为（Genty et al.，2017），如为企业发展提出建设性的建议。同时，职场精神力内涵中的团体感来源于员工之间的紧密联系和共同的目标，这会促使员工之间形成积极的人际关系，在工作中能够相互帮助与支持，这是员工实施组织公民行为的表现。就企业而言，员工与企业之间价值观的一致性表明员工对企业的认可，员工意识到自己属于这个企业，并且这个企业是道德的、能为员工和社会福利考虑，因此，作为组织成员，员工会实现自我超越，选择与群体利益保持一致的行为，组织公民行为就是典型的表现（Ahmadi et al.，2014）。由此，我们提出如下假设：

假设4：职场精神力在企业环境行为感知对组织公民行为影响过程起中介作用；

假设4a：工作意义维度在企业环境行为感知各维度对组织公民行为影响过程起中介作用；

假设4b：团体感维度在企业环境行为感知各维度对组织公民行为影响过程起中介作用；

假设4c：与组织价值观一致维度在企业环境行为感知各维度对组织公民行为影响过程起中介作用。

第四章　调查问卷的编制与结构分析

一　问卷编制

（一）问卷基本结构

本研究的调查问卷主要包括三部分。第一部分是卷首语。作为问卷调查的介绍部分，卷首语介绍了本次调查的目的和主要内容，调查的匿名和保密原则，对被调查者的感谢等。

第二部分是基本资料部分。该部分主要对问卷填写者的基本资料进行搜集和了解，包括问卷填写者的年龄、婚姻状况、性别、现单位工龄、受教育水平、岗位级别、所在单位行业性质、企业规模、是否上市等九个方面内容。该部分内容资料主要用于判别受试者的基本情况，以便对后续问卷主体部分内容进行人口统计学特征分析，以获得问卷主体题目部分在人口统计特征方面的结果分布和显著性差异，形成相关分析结果。

第三部分是企业环境行为感知、职场精神力和员工组织公民行为量表部分。该部分使用 Likert 刻度评分法来度量各项指标的情况，以便更好地对各个指标的情况进行有效性测量。每项题目均分为五个等级，其中数值 1 代表"非常不符合"，数值 2 代表"比较不符合"，数值 3 代表"一般"，数值 4 代表"比较符合"，数值 5 代表"非常符合"，被调查者给出的分值越大，表示对该项的同意程度越高，反之则越低。

（二）员工组织公民行为问卷编制

组织公民行为初始量表主要参考了樊景立等（1997）的研究，同时适度参考 Organ 等（1988）的研究，并根据实际情况和专家意见对维度和题项做了适当修改。组织公民行为初始量表包括五个维度，分别为工作帮助、身份认同、责任意识、人际和谐和保护公司资源共 19 个题项。组织公民行为初始量表题项内容如表 1 所示。

表 1　组织公民行为初始量表

题项内容	维度
我愿意帮助新同事以适应工作环境	工作帮助
我愿意帮助同事解决与工作相关的问题	
当有需要的时候我愿意帮助同事做额外的工作	
我愿意配合同事工作并与之交流沟通	
我愿意维护公司的名誉	身份认同
我会热心于告诉外人有关公司的正面新闻并对一些误解进行澄清	
我会及时提出建设性的建议以促进公司的高效运营	
我会积极地参加公司的会议	
我时刻遵守公司的规章和程序，即使没人看见并且没有证据留下	责任意识
我认真对待工作并且很少犯错误	
即使下班时间快到了，我也会将手上的工作认真完成	
我经常很早到达公司并马上开始工作	
我会主动与同事建立良好融洽的关系	人际和谐
我会主动探望生病或者有困难的同事，需要时为他们捐款	
我会协助解决同事之间的误会和纠纷，以维护人际和谐	
我有时在背后议论同事或领导（R）	
我有时会在工作时间处理个人事务（例如炒股、网购、浏览网页）（R）	保护公司资源
我经常使用公司资源做个人的事情（例如用电话打长途、打印或复印个人的资料、办公用品带回家中自己使用）（R）	
我认为病假是有利的，有时会寻找借口请病假（R）	

（三）职场精神力问卷编制

该部分主要选取 Milliman 等（2003）所编制的较为成熟的职场精神力量表，在题项设置和表述方面借鉴了柯江林等（2014）的职场精神力量表（见表 2）。

表 2　职场精神力初始量

题项内容	维度
我真心热爱这份工作，愿意为之做出很大牺牲 我认为自己所从事的工作对社会有重要价值 大部分日子里，我都很期待去上班 我全身心投入工作，干劲十足 现在所从事的工作符合我的人生理想 这份工作经常能给我带来很大的精神满足 我认为干好这份工作能够给很多人带来幸福 我认为自己的工作对单位来说十分重要	工作意义
我很感恩自己能从事当前的工作 我很感恩能遇见目前这些同事 同事犹如家人，我愿意全力帮助他们 同事把我当成其中的一分子，没有疏远我 与同事交流，我常常能感受到心灵的愉悦 如果我有困难，我相信同事会帮助我 绝大多数同事在我心目中都是品德高尚的人 我能体会到自己对同事的重要性 我常常与同事有一种志同道合之感 无论怎样，我都难以割舍同事	团体感
我的单位是一个具有道德心的组织 单位高层领导具有崇高的社会责任感 单位具有良好的社会声誉 单位的所作所为常常唤起我对生命意义的理解 我认同单位倡导的价值理念 作为单位的一分子，我有一种自豪感 这是一个值得我为之奋斗的单位 对于单位的发展，我常有一种要与之同舟共济的使命感 我很感恩能在当前的单位工作	与组织价值观一致

二　问卷预试

（一）预试目的

本书在设计职场精神力与组织公民行为量表时，所参考的基础量表是经过国内外学者多次实证研究检验的成熟量表，具有较高的信度和效度，但考虑到被调研人群的实际群体特征、时代背景与基础量表开发时所针对被调研人群的特异性，出于研究的严谨性和科学验证性原则，在正式使用问卷进行数据分析前需要对量表本身进行预试检验，根据预试结果对量表结构和项目进行适当的调整或删减，形成本研究的正式研究问卷。企业环境行为感知量表已经在前述章节进行并通过了探索性和验证性因子分析，经过修正后的企业环境行为感知量表可以直接用于正式调研，因此不在问卷预试体现。

（二）预试对象

问卷预试阶段针对各行业员工群体进行问卷发放，出于可操作原则的考虑，我们对京津冀地区商业企业进行问卷发放，采用网络与线下双渠道，共发放了问卷 200 份，回收问卷 198 份，回收率为 99%，其中有效问卷 166 份，有效回收率为 83%。预试样本情况如表 3 所示。

表 3　预试样本情况

人口统计学特征	类别	人数（人）	比例（%）
性别	男	96	57.8
	女	70	42.2
婚姻状况	已婚	68	41.0
	未婚	98	59.0
年龄	18 岁及以下	15	9.0
	19~25 岁	48	28.9
	26~35 岁	75	45.2
	36~45 岁	24	14.5
	46 岁及以上	4	2.4
现单位工龄	3 年以下	80	48.2
	3~5 年	16	9.6
	6~10 年	34	20.5
	11~15 年	26	15.7
	16~20 年	9	5.4
	20 年及以上	1	0.6

续表

人口统计学特征	类别	人数（人）	比例（%）
受教育水平	初中及以下	1	0.6
	高中/中专	2	1.2
	大专	28	16.9
	本科	90	54.2
	硕士	44	26.5
	博士及以上	1	0.6
岗位级别	高层管理人员	2	1.2
	中层管理人员	20	12.0
	基层管理人员	76	45.8
	普通一线员工	68	41.0
所在单位行业性质	互联网信息行业	48	28.9
	文化行业	12	7.2
	零售贸易行业	12	7.2
	加工/制造行业	16	9.6
	金融/银行/证券行业	16	9.6
	咨询/人力资源管理等服务行业	40	24.1
	房地产/建筑行业	18	10.8
	资源开采行业	4	2.4
公司规模	中小企业	58	35.0
	大型企业	16	9.6
	集团规模企业	92	55.4
是否上市	是	54	32.5
	否	112	67.5

　　总体来说，试卷预测阶段所搜集到的数据分布较为平均，在性别、年龄、婚姻状况等方面均没有数据的断层，表现出了不错的数据分布。

三 预试结果分析与问卷修订

(一) 项目分析测试

通过对组织公民行为量表进行项目区分度分析可以发现，组织公民行为量表中所有题项的 t 值均通过了显著性检验，说明题目均具有良好的鉴别能力，能够有效区分不同受试者的心理反应，可以予以保留。通过对职场精神力量表进行项目区分度分析可以发现，职场精神力量表中所有题项的 t 值均通过了显著性检验，说明题目均具有良好的鉴别能力，能够有效区分不同受试者的心理反应，可以予以保留。

(二) 信度测试分析

本研究主要采用克朗巴哈的 α 系数和总计相关性（Corrected Item-Total Correlation，CITC）来进行信度分析。对于 α 系数，系数的值越大，说明量表内部的一致性越高，而理论研究中普遍认为其值一般要大于 0.6（温忠麟等，2004）。对于总计相关性的值一般要大于 0.5，如果小于 0.5，且当删除该题目后整体 Cronbach 系数会得到提升，则说明该题项对量表的内部一致性有负向作用，应该删除此项指标。本书就是基于以上理论研究来进行信度分析的。

职场精神力量表信度分析方面，职场精神力量表的 Cronbach 系数为 0.983（>0.9），说明量表具有良好的内部一致性，在信度方面具有较好的表现。同时，职场精神力量表不存在 CITC 小于 0.5 的题项，从侧面印证了职场精神力量表的信度。

组织公民行为量表信度分析方面，组织公民行为量表的 Cronbach 系数为 0.920（>0.9），说明量表具有良好的内部一致性，在信度方面具有较好的表现。同时，组织公民行为量表不存在 CITC 小于 0.5 的题项，从侧面印证了组织公民行为量表的信度。

(三) 效度测试分析

效度（Validity）是指测量的有效程度或测量的正确性，反映了一个测量工具是否能够测量出所要测量内容实际情况的程度，而量表的效度则是指一个量表在测量某项指标时所具有的准确程度。量表的效度分为内容效度、结构效度与预测效度。根据需要，本次研究选择利用探索性因子分析来考察量表的结构效度，以实现对量表测量准确性进行评价的目的。

1. 职场精神力量表

职场精神力量表的 KMO 值为 0.908，大于 0.7，Bartlett 球形度检验的近似卡方值为 6893.751，且 Bartlett's 球形检验的 p 值为 0.000（小于 0.01），达到了显著性水平，说明各题项之间具有相关性，适合进行因子分析。

从表 4 可以看出，在对职场精神力量表进行探索性因子分析时，经过公共因子的提取后确定因子个数为 3，而此时的累计解释方差也已经达到了 80.681%，说明 3 个公共因子能够解释量表结构中变量的 80.681%，解释效果比较理想，因此，我们可以认为探索性因子分析的结果很好地印证了该量表是具有效度的。此外，整体上职场精神力量表的所有题项被涵盖在了 3 个公共因子的解释范围上，但题项 1、2、9、10、15、21 均出现了双重荷载，造成归类上的不明确，予以删除。剩余的题项旋转后的因子荷载均大于 0.5，将予以保留。

表 4 职场精神力量表旋转后的因子载荷矩阵、特征根及解释方差

题项	公共因子		
	1	2	3
1		0.628	0.548
2		0.574	0.606
3			0.798
4			0.579
5			0.843
6			0.857
7			0.804
8			0.674
9		0.559	0.502

续表

题项	公共因子		
	1	2	3
10	0.528	0.578	
11		0.776	
12		0.784	
13		0.764	
14		0.757	
15	0.554	0.632	
16		0.743	
17		0.560	
18		0.532	
19	0.699		
20	0.583		
21	0.672	0.568	
22	0.762		
23	0.836		
24	0.764		
25	0.771		
26	0.719		
27	0.621		
旋转后的特征根	18.967	1.691	1.126
累计解释方差	80.681		

2. 组织公民行为量表

组织公民行为量表的KMO值为0.899，大于0.8，Bartlett球形度检验的近似卡方值为3924.595，且Bartlett's球形检验的p值为0.000（小于0.01），达到了显著性水平，说明各题项之间具有相关性，适合进行因子分析。

从表5可以看出，在对组织公民行为量表进行探索性因子分析时，经过公共因子的提取后确定因子个数为5，而此时的累计解释方差也已经达到了86.398%，说明经由5个公共因子的解释作用，能够解释量表结构中变量的

86.398%，解释效果已经比较理想，因此，我们可以认为探索性因子分析的
结果较为理想，说明该量表是具有一定效度的。此外，整体上组织公民行
为量表的所有题项被涵盖在了 5 个公共因子的解释范围上，但题项 13 出现
了多重荷载造成归类上的不明确，予以删除。剩余的题项旋转后的因子荷
载均大于 0.5，将予以保留。

表 5　组织公民行为量表旋转后的因子载荷矩阵、特征根及解释方差

题项	公共因子				
	1	2	3	4	5
1			0.786		
2			0.733		
3			0.682		
4			0.750		
5	0.638				
6	0.831				
7	0.831				
8	0.836				
9					0.670
10					0.598
11					0.747
12					0.713
13	0.528		0.515	0.504	
14				0.804	
15				0.699	
16				0.847	
17		0.887			
18		0.943			
19		0.940			
旋转后的特征根	11.057	3.357	1.736	1.705	1.561
累计解释方差	86.398				

至此，通过问卷预试对初始问卷进行修改，形成职场精神力和组织公民行为正式量表，在补全卷首语、人口统计选项以及企业环境行为量表后，形成最终的正式问卷（见附录2），可以用于正式问卷调查。

第五章　数据分析与假设验证

一　描述性统计分析

（一）正式问卷发放与收集

在对问卷预分析过程中，通过对调查问卷中量表进行项目区分度检验、信度分析和效度分析后，将项目区分度低、CITC 值小于 0.5 以及未通过效度检验的题项进行删除，得到最终的正式问卷。正式问卷的题项包括三部分，分别是卷首语、受试者基本信息与企业环境行为感知、员工职场精神力和组织公民行为量表。正式问卷发放面向各类型企业员工，考虑到多层线性模型的数据收集要求，本研究通过企业与员工（匿名）匹配记录的收集方式，在 2017 年 3 月到 4 月，采用线上问卷与线下问卷双渠道进行数据采集。其中，线上问卷主要在问卷星平台上通过网络问卷方法进行数据搜集，主要针对天津、河北廊坊两地代表企业；线下渠道通过实地问卷方法，主要针对北京、江苏徐州两地代表企业。截止到数据录入，本研究针对 12 家公司员工发放问卷 300 份。12 家企业包括北京的 LX 有限责任公司、SYZG 集团、YGBX 有限责任公司、廊坊 ZGSH 集团、徐州 LT 集团、天津 YGYL 有限责任公司等代表企业，共计回收问卷 289 份，其中有效问卷 249 份，有效回收率为 83%。

（二）正式问卷基本信息汇总

为了了解调查问卷的测试对象信息是否在各个人口统计特征上存在数据断层而造成调查结果的偏差，回收并录入问卷后，针对问卷填写者的基本信息进行汇总整理，结果反映在表 1 上。

表1 人口统计特征汇总

人口统计学特征	类别	人数（人）	比例（%）
性别	男	174	69.9
	女	75	30.1
婚姻状况	已婚	117	47.0
	未婚	132	53.0
年龄	18岁及以下	1	0.4
	19~25岁	71	28.5
	26~35岁	141	56.6
	36~45岁	31	12.5
	46岁及以上	5	2.0
现单位工龄	3年以下	128	51.4
	3~5年	24	9.6
	6~10年	51	20.5
	11~15年	39	15.7
	16~20年	6	2.4
	20年及以上	1	0.4
受教育水平	初中及以下	1	0.4
	高中/中专	1	0.4
	大专	42	16.9
	本科	138	55.4
	硕士	66	26.5
	博士及以上	1	0.4
岗位级别	高层管理人员	2	0.8
	中层管理人员	23	9.2
	基层管理人员	84	33.7
	普通一线员工	140	56.2
所在单位行业性质	互联网信息行业	36	14.5
	文化行业	24	9.6
	零售贸易行业	40	16.1
	加工/制造行业	50	20.1
	金融/银行/证券行业	18	7.2
	咨询/人力资源管理等服务行业	33	13.3
	房地产/建筑行业	28	11.2
	资源开采行业	20	8.0

续表

人口统计学特征	类别	人数（人）	比例（%）
公司规模	中小企业	92	36.9
	大型企业	19	7.6
	集团规模企业	138	55.4
是否上市	是	131	52.6
	否	118	47.4

总体来说，正式问卷回收的数据分布较为平均，在性别、年龄、专业等方面均没有数据的断层，表现出了不错的数据分布。

（三）描述性统计分析

正式问卷发放阶段所得到的各题项答案的分布情况，整体来看，三个量表中的每个题项得分的最小值和最大值均为 1 和 5，说明各个题项的描述从"非常符合"到"非常不符合"的两种极端情况都有人选择，题目能够描述出不同个体的心理表征，反映了问卷各个题项的描述具有能够有效区分被试者的能力。此外，所有题项的得分均值在 2.6~4.3 的范围内，说明所有题项中没有极端题项描述的存在，即不存在受试者意见过于一致的题项，从侧面说明了题项描述的合理性。

企业环境行为感知量表各维度描述性统计分析结果如表 2 所示。

表 2　企业环境行为感知量表各维度描述分析

维度	样本数（个）	最小值	最大值	均值	标准差
环保管理促进	249	1.00	5.00	3.6657	1.03926
环保战略	249	1.00	5.00	3.6000	1.09412
社会责任	249	1.00	5.00	3.9488	0.98892
环境形象建设	249	1.00	5.00	3.6295	1.14654

由表 2 我们可以看出，从各个维度的视角对问卷结果进行描述性分析，企业环境行为感知量表各维度得分未呈现极端分布的情况，各维度最小值、最大值均分别为 1 和 5，说明各个维度能够描述出不同个体在该维度下的心

理表征。此外，各维度的得分均值处于3.6~4.0的范围内，说明没有极端题项描述的存在，从侧面说明了量表维度的合理性。

职场精神力量表各维度描述性统计分析结果如表3所示。

表3 职场精神力量表各维度描述分析

维度	样本数（个）	最小值	最大值	均值	标准差
工作意义	249	1.88	5.00	3.9428	0.86544
团体感	249	1.80	5.00	4.0614	0.82728
与组织价值观一致	249	1.44	5.00	4.0161	0.88448

由表3我们可以看出，从各个维度的视角对问卷结果进行描述性分析，职场精神力量表各维度得分未呈现极端分布的情况，维度最小值、最大值分别为1.44和5，说明各个维度能够描述出不同个体在该维度下的心理表征。此外，各维度的得分均值处于3.9~4.1的范围内，说明没有极端题项描述的存在，从侧面说明了量表维度的合理性。

组织公民行为量表各维度描述性统计分析结果如表4所示。

表4 组织公民行为量表各维度描述分析

维度	样本数（个）	最小值	最大值	均值	标准差
工作帮助	249	1.00	5.00	4.1898	0.89656
身份认同	249	1.00	5.00	4.1958	0.89272
责任意识	249	1.00	5.00	4.2108	0.86906
人际和谐	249	1.25	5.00	3.8072	0.75234
保护公司资源	249	1.00	5.00	2.4458	1.33630

由表4我们可以看出，从各个维度的视角对问卷结果进行描述性分析，组织公民行为量表各维度得分未呈现极端分布的情况，除人际和谐最小值为1.25外，其余各维度最小值、最大值分别为1和5，说明各个维度能够描述出不同个体在该维度下的心理表征。此外，各维度的得分均值处于2.4~4.3的范围内，说明没有极端题项描述的存在，从侧面说明了量表维度的合理性。

（四）人口统计特征视角下的差异性分析

为了更加详细地说明问卷数据的内在分布特征，本研究利用 SPSS 20.0 软件对量表的各维度进行了单因素方差分析，来识别量表各维度的数据分布在人口统计学特征上是否存在显著性差异，解释数据的内在分布规律。在单因素分析中，主要关注的数据指标为 F 值和 p 值，当 p 值小于 0.05 时，说明应该拒绝原假设，即认为不同分组间的总体均值具有显著性差异。运用 SPSS 20.0 进行运算，结果整理后如表 5 所示。

表 5　各维度在人口统计特征的差异性分析结果整合

人口统计学特征	环保管理促进	环保战略	社会责任	环境形象建设	工作意义	团体感	与组织价值观一致	工作帮助	身份认同	责任意识	人际和谐	保护公司资源
性别	显著	显著	显著	显著	显著	显著	显著	显著	不显著	不显著	显著	显著
婚姻状况	显著	显著	显著	显著	显著	显著	显著	显著	显著	显著	显著	显著
年龄	显著	显著	显著	显著	显著	显著	显著	显著	显著	显著	显著	显著
现单位工龄	显著	显著	显著	显著	显著	显著	显著	显著	显著	显著	显著	显著
受教育水平	显著	显著	显著	显著	显著	显著	显著	显著	显著	显著	显著	显著
所在单位行业性质	显著	显著	显著	显著	显著	显著	显著	显著	显著	显著	显著	显著
公司规模	显著	显著	显著	显著	显著	显著	显著	显著	显著	显著	不显著	不显著
是否上市	显著	显著	显著	显著	显著	显著	显著	显著	显著	显著	显著	不显著
岗位级别	显著	显著	显著	显著	显著	显著	显著	显著	显著	显著	显著	显著

综上所述，我们可以得到这样的结论，即不同性别、婚姻状况、年龄、现单位工龄、受教育水平、所在单位行业性质、公司规模、是否上市、岗位级别的员工，对企业环境行为整体的感知以及职场精神力和组织公民行为的整体表现有所不同，而在维度结构层面，三个变量的各自维度在大多数人口统计因素方面显示出了显著性差异。

（1）通过分析企业环境行为量表整体及三个维度在人口统计特征上的显著性特征，可以得出以下结论：环保管理促进维度在性别、婚姻状况、年龄、现单位工龄、受教育水平、所在单位行业性质、岗位级别、公司规模、是否上市九个方面人口统计特征上均具有显著差异；环保战略维度在性别、婚姻状况、年龄、现单位工龄、受教育水平、所在单位行业性质、岗位级别、公司规模、是否上市九个方面人口统计特征上均具有显著差异；社会责任维度在性别、婚姻状况、年龄、现单位工龄、受教育水平、所在单位行业性质、岗位级别、公司规模、是否上市九个方面人口统计特征上均具有显著差异；环境形象建设维度在性别、婚姻状况、年龄、现单位工龄、受教育水平、所在单位行业性质、岗位级别、公司规模、是否上市九个方面人口统计特征上均具有显著差异。

（2）通过分析职场精神力量表整体及三个维度在人口统计特征上的显著性特征，可以得出以下结论：工作意义维度在性别、婚姻状况、年龄、现单位工龄、受教育水平、所在单位行业性质、公司规模、是否上市、岗位级别九个方面人口统计特征上均具有显著差异；团体感维度在性别、婚姻状况、年龄、现单位工龄、受教育水平、所在单位行业性质、公司规模、是否上市、岗位级别九个方面人口统计特征上均具有显著差异；与组织价值观一致维度在性别、婚姻状况、年龄、现单位工龄、受教育水平、所在单位行业性质、公司规模、是否上市、岗位级别九个方面人口统计特征上均具有显著差异。

（3）通过分析组织公民行为量表整体及其五个维度在人口统计特征上的显著性特征，可以得出以下结论：工作帮助维度在性别、婚姻状况、年龄、现单位工龄、受教育水平、所在单位行业性质、公司规模、是否上市、岗位级别九个方面人口统计特征上均具有显著差异；身份认同维度在婚姻状况、年龄、现单位工龄、受教育水平、所在单位行业性质、公司规模、是否上市、岗位级别八个方面人口统计特征上均具有显著差异；责任意识维度在婚姻状况、年龄、现单位工龄、受教育水平、所在单位行业性质、公司规模、是否上市、岗位级别八个方面人口统计特征上均具有显著差异；人际和谐维度在性别、婚姻状况、年龄、现单位工龄、受教育水平、所在单位行业性质、是否上市、岗位级别八个方面人口统计特征上均具有显著差异；保护公司资源维度在性别、婚姻状况、年龄、现单位工龄、受教育水平、所在单位行业性质、岗位级别七个方面人口统计特征上均具有显著差异。

二　企业环境行为感知与组织公民
行为关系的实证研究

（一）相关性分析

本部分利用 Pearson 简单相关分析来衡量和计算企业环境行为感知各维度之间以及企业环境行为感知整体与组织公民行为之间的相关系数 r，针对 r 的绝对值大小及其显著性对各变量间的相关关系进行分析和描述。

1. 企业环境行为感知各维度之间的相关性

从表 6 可以看出，整体上企业环境行为感知各维度之间具有显著的正相关关系（p 值均小于 0.01），具体来说，四个维度两两之间相关性最强的为环保管理促进维度和环保战略维度（r = 0.709），相关性最弱的为环保管理促进维度和环境形象建设维度（r = 0.583）。此外，通过观察我们发现六个相关系数均大于 0.5，说明四个维度之间相关性程度比较高，说明四个维度之间具有较为显著的正相关的关系。

表 6　企业环境行为感知各维度之间的相关性

维度	环保管理促进	环保战略	社会责任	环境形象建设
环保管理促进	1			
环保战略	0.709 ***	1		
社会责任	0.612 **	0.645 ***	1	
环境形象建设	0.583 ***	0.621 **	0.603 ***	1

注：* 表示在 0.05 水平下显著，** 表示在 0.01 水平下显著，*** 表示在 0.001 水平下显著。

2. 企业环境行为感知各维度及整体与组织公民行为整体之间的相关性

从表 7 可以看出，组织公民行为与环保管理促进维度、环保战略维度、社会责任维度以及环境形象建设维度均存在显著的正相关关系，并且相关系数最大的是环保管理促进维度的相关系数（r = 0.525），说明相关性程度最高的是组织公民行为与环保管理促进维度之间的关系；相关系数最小的是社会责任维度的相关系数（r = 0.500），说明相关性程度最低的是组织公民行为与社会责任维度之间的关系。此外，从整体来说，企业环境行为感知与组织公民行为整体之间呈显著的正相关关系，从一定程度上验证了假设1、假设1a、假设1b、假设1c以及假设1d。

表7 企业环境行为感知各维度及整体与组织公民行为整体之间的相关性

类别	环保管理促进维度	环保战略维度	社会责任维度	环境形象建设维度	企业环境行为感知
组织公民行为	0.525***	0.510**	0.500**	0.505***	0.547**

注：* 表示在 0.05 水平下显著，** 表示在 0.01 水平下显著，*** 表示在 0.001 水平下显著。

3. 企业环境行为感知各维度与组织公民行为各维度之间的相关性

通过对表8各项的观察可知，整体上来看企业环境行为感知各维度与组织公民行为各维度之间的相关性，除社会责任维度与保护公司资源维度之间的相关性外，均通过了显著性检验（p 值均小于 0.05），且所有相关关系均是正相关。

表8 企业环境行为感知各维度与组织公民行为各维度之间的相关性

维度	环保管理促进	环保战略	社会责任	环境形象建设
工作帮助	0.649***	0.566***	0.691***	0.586**
身份认同	0.596***	0.554**	0.720**	0.591***
责任意识	0.622**	0.632***	0.739**	0.641***
人际和谐	0.516***	0.492***	0.513**	0.519**
保护公司资源	0.168**	0.185**	0.026	0.152*

注：* 表示在 0.05 水平下显著，** 表示在 0.01 水平下显著，*** 表示在 0.001 水平下显著。

针对环保管理促进维度，与组织公民行为下的工作帮助维度、身份认同维度、责任意识维度、人际和谐维度以及保护公司资源维度之间均具有显著的正向相关关系，其中相关程度最高的为环保管理促进维度与工作帮助维度之间的相关系数，为 0.649，其余按照与环保管理促进维度相关关系程度由高到低的顺序为：责任意识维度、身份认同维度、人际和谐维度、保护公司资源维度。

针对环保战略维度，与环保管理促进维度相类似，与组织公民行为下的工作帮助维度、身份认同维度、责任意识维度、人际和谐维度以及保护公司资源维度之间均具有显著的正向相关关系，相关程度最高的为环保战略维度与责任意识维度之间的相关系数（r = 0.632），其余按照与环保战略维度相关关系程度由高到低的顺序为：工作帮助维度、身份认同维度、人际和谐维度、保护公司资源维度。

针对社会责任维度，除了保护公司资源维度外，其余的相关性系数均通过了显著性检验，其中相关程度最高的为与责任意识维度之间的相关系数（r=0.739），其次为与身份认同维度、工作帮助维度、人际和谐维度之间的相关系数。

针对环境形象建设维度，与环保管理促进维度相类似，与组织公民行为下的工作帮助维度、身份认同维度、责任意识维度、人际和谐维度以及保护公司资源维度之间均具有显著的正相关关系，相关程度最高的为与责任意识维度之间的相关系数（r=0.641），其次为与身份认同维度、工作帮助、人际和谐维度、保护公司资源维度之间的相关系数。

（二）多层线性模型分析与假设验证

企业环境行为感知和组织公民行为分别作为与企业组织层面和员工层面相关的变量，在计算其模型影响系数时不能够使用一般线性回归模型，这是因为员工对于企业组织具有明显的嵌套关系，因此在计算组织层面变量企业环境行为感知与员工层变量组织公民行为时，必须将因为企业层变量的差异对自变量和因变量间的影响考虑在内，在实际数据计算中，本书通过将员工填写的企业环境行为数据聚合到组织层面，再通过多层线性模型（Hierarchical Linear Modeling，HLM）进行分析和检验。

考虑到企业环境行为感知是通过员工感知视角进行测量的组织变量，因此在将个体层面的数据聚合到组织层面之前，需要对数据群组进行内部一致性（Winthin-Group Inter-Rater Reliability，RWG）及组间差异性（Intraclass Correlation Coefficient，ICC）分析。RWG 描述的是组内个体在研究变量上的评价一致性，或可理解为成员在组织层次上的测量变异程度，而 ICC（1）与 ICC（2）两项指标易受到群体规模影响，反映了组间的差异水平。目前学界比较认可的 RWG 及 ICC 临界值分别为 0.7 和 0.12 ［ICC（1）］/0.47 ［ICC（2）］。通过计算，企业环境行为数据的 RWG 为 0.87，ICC（1）为 0.21，ICC（2）为 0.67，符合临界值要求，可以通过数据聚合进行多层线性分析。

1. 企业环境行为感知各维度对组织公民行为的多层线性分析

以企业环境行为感知各维度为自变量，组织公民行为为因变量构建多层线性模型并分析，需要说明的是，利用多层线性模型计算组织层面及员工个体层面变量的线性关系，为了明确组织及个体层面特征对线性关系的影响，按照多层线性模型要求（方杰等，2010），将个体层面的性别、婚姻状况、年龄、现单位工龄、受教育水平、岗位级别变量标准化后放入 Level 1 的控制变量，将组织层面的所在单位行业性质、公司规模、是否上市变量标准化后放入 Level 2 的控制变量。Y 为输出变量组织公民行为。

随机系数模型（M1）：$Y = \beta_0 + \beta_1 \times$ 性别 $+ \beta_2 \times$ 年龄 $+ \beta_3 \times$ 婚姻状况 $+ \beta_4 \times$ 受教育水平 $+ \beta_5 \times$ 现单位工龄 $+ \beta_6 \times$ 岗位级别 $+ \varepsilon$，$\varepsilon \sim N(0, \sigma^2)$

$$\beta_0 = \gamma_{00} + \mu_0, \mu_0 \sim N(0, \tau_{00})$$
$$\beta_1 = \gamma_{10} + \mu_1$$
$$\beta_2 = \gamma_{20} + \mu_2$$
$$\beta_3 = \gamma_{30} + \mu_3$$
$$\beta_4 = \gamma_{40} + \mu_4$$
$$\beta_5 = \gamma_{50} + \mu_5$$
$$\beta_6 = \gamma_{60} + \mu_6$$

截距模型（M2）：$Y = \beta_0 + \beta_1 \times$ 性别 $+ \beta_2 \times$ 年龄 $+ \beta_3 \times$ 婚姻状况 $+ \beta_4 \times$ 受教育水平 $+ \beta_5 \times$ 现单位工龄 $+ \beta_6 \times$ 岗位级别 $+ \varepsilon$，$\varepsilon \sim N(0, \sigma^2)$

$$\beta_0 = \gamma_{00} + \gamma_{01} \times \text{所在单位行业性质} + \gamma_{02} \times \text{公司规模} + \gamma_{03} \times \text{是否上市}$$
$$+ \gamma_{04} \times \text{环保管理促进} + \gamma_{05} \times \text{环保战略} + \gamma_{06} \times \text{社会责任}$$
$$+ \gamma_{07} \times \text{环境形象建设} + \mu_0, \mu_0 \sim N(0, \tau_{00})$$
$$\beta_1 = \gamma_{10} + \mu_1$$
$$\beta_2 = \gamma_{20} + \mu_2$$
$$\beta_3 = \gamma_{30} + \mu_3$$
$$\beta_4 = \gamma_{40} + \mu_4$$
$$\beta_5 = \gamma_{50} + \mu_5$$
$$\beta_6 = \gamma_{60} + \mu_6$$

从表 9 多层线性模型分析结果可以看出，在随机模型 M1 中，作为个体层面控制变量的性别、婚姻状况、受教育水平和岗位级别显示出对组织公民行为具有显著的影响。截距模型 M2 将组织层次变量纳入了多层线性模型，结果显示，作为组织层面控制变量的所在单位行业性质、企业规模以及是否上市均未显示出显著性影响；自变量方面，环保管理促进维度、环境形象建设维度进入了对组织公民行为的多层线性模型，β 系数分别为 0.142 和 0.087 且在 p 值为 0.01 的水平下显著。加入环保管理促进维度、环境形象建设维度变量后，组织公民行为的组间方差由 0.322 下降到 0.062，显示额外解释 81% 组间方差的解释力（L2 Delta R^2 = 0.81）。综上分析结果表明，企业环境行为感知中的环保管理促进维度和环境形象建设维度对员工组织公民行为具有显著的直接影响作用。因此研究假设 1a、研究假设 1d 得到支持；而环保战略维度和社会责任维度对组织公民行为的多层线性模型分析未能通过显著性检验，说明环保战略维度和社会责任维度对组织公民行为的影响作用不显著，研究假设 1b、研究假设 1c 未得到支持。

表 9 企业环境行为感知各维度与组织公民行为多层线性回归结果

类别	变量	模型 1	模型 2
	截距	-0.196^{**}	-0.192^{***}
Level 1 变量项	性别	0.186^{**}	0.183^{**}
	年龄	0.032	-0.003
	婚姻状况	-0.317^{***}	-0.318^{***}
	受教育水平	-0.292^{***}	-0.298^{***}
	现单位工龄	-0.072	-0.053
	岗位级别	-0.201^{***}	-0.202^{***}
Level 2 变量项	所在单位行业性质		-0.290
	企业规模		0.064
	是否上市		0.163
	环保管理促进		0.142^{**}
	环保战略		-0.006
	社会责任		0.067
	环境形象建设		0.087^{**}
方差项	σ^2	0.648	0.653
	Tau	0.322	0.062
	L2 Delta R^2		0.810
	Chi-square	67.097^{***}	11.837^{***}

注：* 表示在 0.05 水平下显著，** 表示在 0.01 水平下显著，*** 表示在 0.001 水平下显著。

2. 企业环境行为感知整体对组织公民行为的多层线性分析

以企业环境行为感知整体为自变量，组织公民行为为因变量构建多层线性模型并分析，将个体层面的性别、婚姻状况、年龄、现单位工龄、受教育水平、岗位级别变量标准化后放入 Level 1 的控制变量，将组织层面的所在单位行业性质、公司规模、是否上市变量标准化后放入 Level 2 的控制变量。Y 为输出变量组织公民行为。

随机系数模型（M1）：$Y = \beta_0 + \beta_1 \times$ 性别 $+ \beta_2 \times$ 年龄 $+ \beta_3 \times$ 婚姻状况 $+ \beta_4 \times$ 受教育水平 $+ \beta_5 \times$ 现单位工龄 $+ \beta_6 \times$ 岗位级别 $+ \varepsilon$，$\varepsilon \sim N(0, \sigma^2)$

$$\beta_0 = \gamma_{00} + \mu_0, \mu_0 \sim N(0, \tau_{00})$$
$$\beta_1 = \gamma_{10} + \mu_1$$
$$\beta_2 = \gamma_{20} + \mu_2$$
$$\beta_3 = \gamma_{30} + \mu_3$$
$$\beta_4 = \gamma_{40} + \mu_4$$
$$\beta_5 = \gamma_{50} + \mu_5$$
$$\beta_6 = \gamma_{60} + \mu_6$$

截距模型（M2）：$Y = \beta_0 + \beta_1 \times$ 性别 $+ \beta_2 \times$ 年龄 $+ \beta_3 \times$ 婚姻状况 $+ \beta_4 \times$ 受教育水平 $+ \beta_5 \times$ 现单位工龄 $+ \beta_6 \times$ 岗位级别 $+ \varepsilon$，$\varepsilon \sim N(0, \sigma^2)$

$$\beta_0 = \gamma_{00} + \gamma_{01} \times \text{所在单位行业性质} + \gamma_{02} \times \text{公司规模}$$
$$+ \gamma_{03} \times \text{是否上市} + \gamma_{04} \times \text{企业环境行为感知} + \mu_0, \mu_0 \sim N(0, \tau_{00})$$
$$\beta_1 = \gamma_{10} + \mu_1$$
$$\beta_2 = \gamma_{20} + \mu_2$$
$$\beta_3 = \gamma_{30} + \mu_3$$
$$\beta_4 = \gamma_{40} + \mu_4$$
$$\beta_5 = \gamma_{50} + \mu_5$$
$$\beta_6 = \gamma_{60} + \mu_6$$

从表 10 多层线性模型分析可以看出，在随机模型 M1 中，作为个体层面控制变量的性别、婚姻状况、受教育水平和岗位级别显示出对组织公民行为具有显著的影响。截距模型 M2 将组织层次变量纳入了多层线性模型，结果显示，作为组织层面控制变量的所在单位行业性质、公司规模以及是否上市均未显示出显著性影响；自变量方面，企业环境行为感知进入了对组织公民行为的多层线性模型，β 系数为 0.501，且在 p 值为 0.001 的水平下显著。加入企业环境行为感知变量后，组织公民行为的组间方差由 0.322 下降到 0.055，显示额外解释 83% 组间方差的解释力（L2 Delta R^2 = 0.83）。综上分析结果表明，企业环境行为感知对组织公民行为的多层线性模型分析通过了显著性检验且为正值，说明二者具有显著的正相关关系，研究假设 1 得到支持。

表 10 企业环境行为感知整体与组织公民行为多层线性回归结果

类别	变量	模型 1	模型 2
	截距	-0.196**	-0.176**
Level 1 变量项	性别	0.186**	0.193**
	年龄	0.032	0.006
	婚姻状况	-0.317***	-0.324***
	受教育水平	-0.292***	-0.302***
	现单位工龄	-0.072	-0.055
	岗位级别	-0.201***	-0.196**
Level 2 变量项	所在单位行业性质		0.085
	公司规模		-0.037
	是否上市		0.060
	企业环境行为感知		0.501***
方差项	σ^2	0.648	0.655
	Tau	0.322	0.055
	L2 Delta R^2		0.830
	Chi-square	67.097***	17.298***

注：* 表示在 0.05 水平下显著，** 表示在 0.01 水平下显著，*** 表示在 0.001 水平下显著。

三 企业环境行为感知与职场精神力关系的实证研究

（一）相关性分析

1. 企业环境行为感知各维度及其整体与职场精神力整体之间的相关性

从表 11 可以看出，职场精神力与环保管理促进维度、环保战略维度、社会责任维度以及环境形象建设维度均存在显著（0.001 显著性水平）的正相关关系，并且，相关系数最大的是社会责任维度的相关系数（r=0.703），说明相关性程度最高的是职场精神力与社会责任维度之间的关系；相关系数最小的是环保战略维度的相关系数（r=0.603），说明相关性程度最低的是职场精神力与环保战略维度之间的关系。

表 11　企业环境行为感知各维度及其整体与职场精神力相关性结果

类别	环保管理促进维度	环保战略维度	社会责任维度	环境形象建设维度	企业环境行为感知
职场精神力	0.647***	0.603***	0.703***	0.688***	0.692***

注：* 表示在 0.05 水平下显著，** 表示在 0.01 水平下显著，*** 表示在 0.001 水平下显著。

2. 企业环境行为感知各维度与职场精神力各维度之间的相关性

通过对表 12 各项的观察可知，整体上来看企业环境行为感知各维度与职场精神力各维度之间的所有相关性系数均通过了显著性检验（p 值均小于 0.001），且均表现为正相关关系。

表 12　企业环境行为感知各维度与职场精神力各维度相关性

维度	环保管理促进	环保战略	社会责任	环境形象建设
工作意义	0.582***	0.561***	0.615***	0.556***
团体感	0.611***	0.562***	0.661***	0.625***
与组织价值观一致	0.647***	0.603***	0.703***	0.642***

注：* 表示在 0.05 水平下显著，** 表示在 0.01 水平下显著，*** 表示在 0.001 水平下显著。

（二）多层线性模型分析与假设验证

1. 企业环境行为感知各维度对职场精神力的多层线性分析

以企业环境行为感知各维度为自变量，职场精神力为因变量构建多层线性模型并分析，将个体层面的性别、婚姻状况、年龄、现单位工龄、受教育水平、岗位级别变量中心标准化后放入 Level 1 的控制变量，将组织层面的所在单位行业性质、公司规模、是否上市变量中心标准化后放入 Level 2 的控制变量。Y 为输出变量职场精神力及其各维度，需要各做一次多层线性分析。结果如表 13 所示。

随机系数模型（M1）：$Y=\beta_0+\beta_1\times$性别$+\beta_2\times$年龄$+\beta_3\times$婚姻状况$+\beta_4\times$受教育水平$+\beta_5\times$现单位工龄$+\beta_6\times$岗位级别$+\varepsilon$，$\varepsilon\sim N(0,\sigma^2)$

$$\beta_0=\gamma_{00}+\mu_0,\mu_0\sim N(0,\tau_{00})$$
$$\beta_1=\gamma_{10}+\mu_1$$
$$\beta_2=\gamma_{20}+\mu_2$$
$$\beta_3=\gamma_{30}+\mu_3$$
$$\beta_4=\gamma_{40}+\mu_4$$
$$\beta_5=\gamma_{50}+\mu_5$$
$$\beta_6=\gamma_{60}+\mu_6$$

截距模型（M2）：$Y=\beta_0+\beta_1\times$性别$+\beta_2\times$年龄$+\beta_3\times$婚姻状况$+\beta_4\times$受教育水平$+\beta_5\times$现单位工龄$+\beta_6\times$岗位级别$+\varepsilon$，$\varepsilon\sim N(0,\sigma^2)$

$$\beta_0=\gamma_{00}+\gamma_{01}\times\text{所在单位行业性质}+\gamma_{02}\times\text{公司规模}$$
$$+\gamma_{03}\times\text{是否上市}+\gamma_{04}\times\text{环保管理促进}+\gamma_{05}\times\text{环保战略}+\gamma_{06}\times\text{社会责任}$$
$$+\gamma_{07}\text{环境形象建设}+\mu_0,\mu_0\sim N(0,\tau_{00})$$
$$\beta_1=\gamma_{10}+\mu_1$$
$$\beta_2=\gamma_{20}+\mu_2$$
$$\beta_3=\gamma_{30}+\mu_3$$
$$\beta_4=\gamma_{40}+\mu_4$$
$$\beta_5=\gamma_{50}+\mu_5$$
$$\beta_6=\gamma_{60}+\mu_6$$

从表 13 多层线性模型分析可以看出，在随机模型 M1 中，作为个体层面控制变量的性别、受教育水平和岗位级别显示出对职场精神力具有显著的影响。截距模型 M2 将组织层次变量纳入了多层线性模型，结果显示，作为组织层面控制变量的所在单位行业性质、公司规模以及是否上市均未显示出显著性影响；自变量方面，环保管理促进维度、环保战略维度、社会责任维度和环境形象建设维度进入了对组织公民行为的多层线性模型，β 系数分别为 0.298、0.264、0.410 和 0.168，且在 p 值为 0.001 的水平下显著。加入环保管理促进维度、环保战略维度、社会责任维度和环境形象建设维度变量后，组织公民行为的组间方差由 0.149 下降到 0.120，显示额外解释 19%组间方差的解释力（L2 Delta R²=0.19）。综上所述，环保管理促进维度、环保战略维度、社会责任维度与环境形象建设维度对职场精神力的多层线性模型系数分析均通过了显著性检验且为正值，说明存在显著的正向线性相关关系，因此研究假设2a、研究假设2b、研究假设2c及研究假设2d得到支持。

表13　企业环境行为感知各维度与职场精神力多层线性回归结果

类别	变量	模型1	模型2
	截距	−0.012**	−0.024**
Level 1 变量项	性别	0.337***	0.349**
	年龄	0.053	0.054
	婚姻状况	−0.123	−0.102
	受教育水平	−0.167***	−0.173***
	现单位工龄	0.047	0.039
	岗位级别	−0.234***	−0.231***
Level 2 变量项	所在单位行业性质		0.082
	公司规模		0.001
	是否上市		0.197
	环保管理促进		0.298***
	环保战略		0.264***
	社会责任		0.410***
	环境形象建设		0.168***
方差项	σ^2	0.686	0.684
	Tau	0.149	0.120
	L2 Delta R²		0.190
	Chi-square	50.603***	27.529***

注：*表示在0.05水平下显著，**表示在0.01水平下显著，***表示在0.001水平下显著。

为了后续维度视角下职场精神力中介作用的验证，需要以企业环境行为感知各维度为自变量，以职场精神力各维度作为因变量进行回归分析，需要说明的是，在维度视角下企业环境行为感知各维度对组织公民行为进行多层线性模型分析时，只有环保管理促进维度和环境形象建设维度通过了显著性验证，因此可能存在职场精神力的中介作用，而环保战略维度和社会责任维度未能通过对组织公民行为的多层线性模型显著性验证，因此不能进行后续的中介作用判断，因而在此部分也不对这两个维度进行针对职场精神力各维度的多层线性模型分析（见表14）。

表14　企业环境行为感知各维度与职场精神力各维度多层线性回归结果

类别	变量	工作意义模型	团体感模型	与组织价值观一致模型
	截距	−0.142**	−0.198**	−0.107**
Level 1 变量项	性别	0.017	0.019	0.024
	年龄	−0.129	−0.107	−0.019
	婚姻状况	−0.098***	−0.117***	−0.324***
	受教育水平	−0.207***	−0.299***	−0.354***
	现单位工龄	−0.111	−0.098	−0.117
	岗位级别	−0.052	−0.099	−0.103
Level 2 变量项	所在单位行业性质	−0.337	−0.299	−0.247
	公司规模	0.217	0.234	0.132
	是否上市	0.076	0.094	0.067
	环保管理促进	0.316**	0.249**	0.317**
	环境形象建设	0.196***	0.274***	0.271**
方差项	σ^2	0.651	0.421	0.441
	Tau	0.496	0.265	0.376
	Chi-square	79.197***	58.164***	49.197***

注：* 表示在 0.05 水平下显著，** 表示在 0.01 水平下显著，*** 表示在 0.001 水平下显著。

从表14可以看出，以环保管理促进维度和环境形象建设维度为自变量，对职场精神力各维度进行多层线性模型分析发现，环保管理促进维度和环境形象建设维度在职场精神力三个维度分别作为因变量的条件下，均通过了显著性验证，为后续验证职场精神力各维度的中介作用奠定了基础。

2. 企业环境行为感知整体对职场精神力的回归

以企业环境行为感知整体为自变量，职场精神力为因变量构建多层线性模型并分析，将个体层面的性别、婚姻状况、年龄、现单位工龄、受教育水平、岗位级别变量中心标准化后放入 Level 1 的控制变量，将组织层面的所在单位行业性质、公司规模、是否上市变量中心标准化后放入 Level 2 的控制变量。Y 为输出变量职场精神力。

随机系数模型（M1）：$Y = \beta_0 + \beta_1 \times 性别 + \beta_2 \times 年龄 + \beta_3 \times 婚姻状况 + \beta_4 \times 受教育水平 + \beta_5 \times 现单位工龄 + \beta_6 \times 岗位级别 + \varepsilon$，$\varepsilon \sim N(0, \sigma^2)$

$$\beta_0 = \gamma_{00} + \mu_0, \mu_0 \sim N(0, \tau_{00})$$
$$\beta_1 = \gamma_{10} + \mu_1$$
$$\beta_2 = \gamma_{20} + \mu_2$$
$$\beta_3 = \gamma_{30} + \mu_3$$
$$\beta_4 = \gamma_{40} + \mu_4$$
$$\beta_5 = \gamma_{50} + \mu_5$$
$$\beta_6 = \gamma_{60} + \mu_6$$

截距模型（M2）：$Y = \beta_0 + \beta_1 \times 性别 + \beta_2 \times 年龄 + \beta_3 \times 婚姻状况 + \beta_4 \times 受教育水平 + \beta_5 \times 现单位工龄 + \beta_6 \times 岗位级别 + \varepsilon$，$\varepsilon \sim N(0, \sigma^2)$

$$\beta_0 = \gamma_{00} + \gamma_{01} \times 所在单位行业性质 + \gamma_{02} \times 公司规模$$
$$+ \gamma_{03} \times 是否上市 + \gamma_{04} \times 企业环境行为感知 + \mu_0, \mu_0 \sim N(0, \tau_{00})$$
$$\beta_1 = \gamma_{10} + \mu_1$$
$$\beta_2 = \gamma_{20} + \mu_2$$
$$\beta_3 = \gamma_{30} + \mu_3$$
$$\beta_4 = \gamma_{40} + \mu_4$$
$$\beta_5 = \gamma_{50} + \mu_5$$
$$\beta_6 = \gamma_{60} + \mu_6$$

从表 15 多层线性模型分析可以看出，在随机模型 M1 中，作为个体层面控制变量的性别、受教育水平和岗位级别显示出对职场精神力具有显著的影响。截距模型 M2 将组织层次变量纳入了多层线性模型，结果显示，作为组织层面控制变量的所在单位行业性质、公司规模以及是否上市均未显示出显著性影响；自变量方面，企业环境行为感知进入了对职场精神力的多层线性模型，β 系数为 0.562，且在 p 值为 0.001 的水平下显著。加入企业环境行为感知变量后，组织公民行为的组间方差由 0.149 下降到 0.109，显示额外解释 27% 组间方差的解释力（L2 Delta $R^2 = 0.27$）。综上分析结果表明，企业环境行为感知对职场精神力的回归系数通过了显著性检验且为正值，说明二者具有显著的正相关关系，研究假设 2 得到支持。

表 15 企业环境行为感知整体与职场精神力多层线性回归结果

类别	变量	模型 1	模型 2
	截距	−0.012**	−0.017**
Level 1 变量项	性别	0.337***	0.340**
	年龄	0.053	0.071
	婚姻状况	−0.123	−0.120
	受教育水平	−0.167***	−0.176***
	现单位工龄	0.047	0.044
	岗位级别	−0.234***	−0.229***
Level 2 变量项	所在单位行业性质		0.060
	公司规模		0.236
	是否上市		0.083
	企业环境行为感知		0.562***
方差项	σ^2	0.686	0.684
	Tau	0.149	0.109
	L2 Delta R^2		0.270
	Chi-square	50.603***	44.250***

注：* 表示在 0.05 水平下显著，** 表示在 0.01 水平下显著，*** 表示在 0.001 水平下显著。

四 职场精神力与组织公民行为关系的实证研究

（一）相关性分析

1. 职场精神力各维度之间的相关性

从表 16 可以看出，职场精神力各维度之间的正相关比较显著（p 值均小于 0.01），具体来说，团体感维度和与组织价值观一致维度之间的相关程度较高，相关系数 r 高达 0.881，而工作意义维度和与组织价值观一致维度相关性最弱（r＝0.583），此外，观察可以发现三个相关系数均大于 0.5，说明整体上来说三个维度之间相关性程度较高。

表 16　职场精神力各维度间相关性

维度	工作意义	团体感	与组织价值观一致
工作意义	1		
团体感	0.833 ***	1	
与组织价值观一致	0.583 ***	0.881 ***	1

注：** 表示在 0.01 水平下显著，*** 表示在 0.001 水平下显著。

2. 组织公民行为各维度之间的相关性

从表 17 可以看出，整体上组织公民行为各维度之间具有显著的正相关关系（p 值均小于 0.001），具体来说，五个维度两两之间相关性最强的为身份认同维度与责任意识维度（r＝0.867），相关性最弱的为保护公司资源维度和人际和谐维度（r＝0.400）。此外，所有相关系数均大于 0.3，说明五个维度之间相关性程度比较高。

表 17　组织公民行为各维度间相关性

维度	身份认同	责任意识	工作帮助	人际和谐	保护公司资源
身份认同	1				
责任意识	0.867 ***	1			
工作帮助	0.853 ***	0.859 ***	1		
人际和谐	0.662 ***	0.705 ***	0.657 ***	1	
保护公司资源	0.410 ***	0.447 ***	0.531 ***	0.400 ***	1

注：* 表示在 0.05 水平下显著，** 表示在 0.01 水平下显著，*** 表示在 0.001 水平下显著。

3. 职场精神力各维度及其整体与组织公民行为整体之间的相关性

从表 18 可以看出，组织公民行为与职场精神力各维度均存在显著的正相关关系，并且，相关系数最大的是与团体感维度的相关系数（r＝0.599），说明相关性程度最高的是团体感维度与组织公民行为之间的关系；相关系数最小的是与组织价值观一致维度的相关系数（r＝0.483），说明相关性程度最低的是与组织价值观一致维度与组织公民行为之间的关系。

表 18　职场精神力各维度及整体与组织公民行为整体间相关性

类别	工作意义维度	团体感维度	与组织价值观一致维度	职场精神力
组织公民行为	0.518***	0.599***	0.483***	0.567***

注：* 表示在 0.05 水平下显著，** 表示在 0.01 水平下显著，*** 表示在 0.001 水平下显著。

4. 职场精神力各维度与组织公民行为各维度之间的相关性

通过表 19 可知，整体上来看职场精神力各维度与组织公民行为各维度之间的所有相关性系数均通过了显著性检验（p 值均小于 0.001），且所有相关关系均是正相关。

表 19　职场精神力各维度与组织公民行为各维度间相关性

维度	工作意义	团体感	与组织价值观一致
身份认同	0.689***	0.740***	0.690***
责任意识	0.690***	0.790***	0.713***
工作帮助	0.716***	0.805***	0.703***
人际和谐	0.589***	0.667***	0.532***
保护公司资源	0.483***	0.433***	0.384***

注：* 表示在 0.05 水平下显著，** 表示在 0.01 水平下显著，*** 表示在 0.001 水平下显著。

针对工作意义维度，与组织公民行为下的身份认同维度、责任意识维度、工作帮助维度、人际和谐维度以及保护公司资源维度之间均具有显著的正相关关系，其中相关程度最高的为与工作帮助维度之间的相关系数（r=0.716），其余按照与工作意义维度相关关系程度由高到低的顺序为：责任意识维度、身份认同维度、人际和谐维度以及保护公司资源维度。

针对团体感维度，与组织公民行为下的身份认同维度、责任意识维度、工作帮助维度、人际和谐维度以及保护公司资源维度之间均具有显著的正相关关系，其中相关程度最高的为与工作帮助维度之间的相关系数（r=0.805），其余按照与团体感维度相关关系程度由高到低的顺序为：责任意识维度、身份认同维度、人际和谐维度以及保护公司资源维度。

针对与组织价值观一致维度，与组织公民行为下的身份认同维度、责任意识维度、工作帮助维度、人际和谐维度以及保护公司资源维度之间均具有显著的正相关关系，其中相关程度最高的为与责任意识维度之间的相关系数（$r = 0.713$），其余按照与组织价值观一致维度相关关系程度由高到低的顺序为：工作帮助维度、身份认同维度、人际和谐维度以及保护公司资源维度。

（二）回归分析与假设验证

通过相关性分析，在一定程度上揭示了自变量、因变量、中介变量及其各维度之间的相关关系，但仍不能够解释清楚变量之间的内在联系，因此，本部分将进一步采用回归分析的方法对研究假设深入分析与验证，探明变量之间的对应关系。

1. 职场精神力各维度对组织公民行为的回归

以职场精神力各维度为自变量，组织公民行为为因变量进行线性回归，回归结果见表20。

表 20　职场精神力各维度与组织公民行为回归结果

模型	B	标准差	Beta	t	Sig.
常量	2.315	0.134		17.275	0.000
工作意义	0.060	0.056	0.100	1.076	0.283
团体感	0.445	0.077	0.709	5.777	0.000
与组织价值观一致	0.129	0.064	0.220	-2.014	0.007

从表20可以看出，作为回归模型自变量的团体感维度和与组织价值观一致维度进入了对组织公民行为的回归方程，且其偏回归系数分别为0.445和0.129，而常数项的值为2.315，工作意义维度没有通过显著性而无法进入回归方程。此外，根据回归模型各变量的回归系数以及显著性水平，我们可以得到以下结论。①组织公民行为和职场精神力的团体感维度、与组织价值观一致维度均在0.01的显著性水平上，显示了正相关关系，虽然工作意义维度未能通过显著性检验，但整体上可以认为职场精神力越高会产生越好的组织公民行为。②在回归模型中，作为自变量职场精神力三个维度的偏回归系数最大的为团体感维度，说明团体感维度对于组织公民行为的影响作用最大，相关程度最高，与前节相关性分析所得出的结论一致。

　　虽然已经构建出回归模型，但是这并不能意味着可以立即分析和推测实际中的问题，通常要进行一些其他的统计检验——拟合度检验——来说明模型的拟合度，只有当拟合度检验也通过，才能说明回归模型具有一定的实际解释意义。拟合度检验是检验样本数据点聚集在回归线周围的密切程度，进而评价回归方程对样本数据的代表程度。本部分拟合度采用调整的判定系数，其取值范围为 0~1，它的值从 0~1 表示回归方程对样本数据点的拟合度从低到高，越接近 1 则说明拟合度越高，反之同理。

　　从表 21 可以看出，回归模型的调整 R^2 为 0.362，说明解释能力达到 36.2%，拟合效果可以接受。

表 21　回归方程拟合优度和方差分析结果汇总

模型	R	R^2	调整 R^2	标准估计的误差
1	0.608a	0.370	0.362	0.41474

a. 预测（常量），工作意义维度、团体感维度、与组织价值观一致维度。
b. 因变量：组织公民行为。

　　通过表 22 可以看出，F 检验统计量的观测值是 47.958，对应的 p 值为 0.000，显然 p 值小于显著性水平 α（0.01），所以拒绝方程显著性检验的零假设，各个方程中的系数不同时为零，外因变量和内因变量的线性关系是显著的，能够建立线性模型，所以上文呈现的方程模型是有意义的。因此构建回归方程，可表示为：

$$组织公民行为 = 2.315 + 0.445 \times 团体感维度 + 0.129 \times 与组织价值观一致维度$$

表 22　回归假设检验结果

Model	1	平方和	df	均方	F	Sig.
1	回归	24.747	3	8.249	47.958	0.000b
	残值	42.142	245	0.172		
	总计	66.889	248			

a. Predictors（Constant），工作意义维度、团体感维度、与组织价值观一致维度。
b. Dependent Variable：组织公民行为。

　　综上所述，团体感维度和与组织价值观一致维度对组织公民行为的回归系数均通过了显著性检验且为正值，说明存在显著的正向线性相关关系，因此研究假设 3b、研究假设 3c 得到支持；而工作意义维度对组织公民行为的回归系数未能通过显著性检验，说明二者的线性相关关系不显著，工作意义维度对组织公民行为的影响作用不显著，假设 3a 未得到支持。

2. 职场精神力整体对组织公民行为的回归

以职场精神力整体为自变量，以组织公民行为为因变量，进行线性回归，结果如表 23 所示。

表 23　职场精神力与组织公民行为回归结果

模型	B	标准差	Beta	t	Sig.
常量	2.382	0.138		17.312	0.000
职场精神力整体	0.364	0.034	0.567	10.815	0.000

a. 因变量：组织公民行为。

从表 23 可以看出，回归模型的常数项、作为自变量的职场精神力的偏回归系数分别为 2.382、0.364。虽然已经构建出了回归模型，同样需要通过拟合度检验来说明模型的拟合度，只有当拟合度检验也通过，才能说明回归模型具有一定的实际解释意义。

从表 24 可以看出，回归模型的调整 R^2 为 0.319，说明解释能力达到 31.9%，拟合效果可以接受。

表 24　回归方程拟合优度和方差分析结果汇总

模型	R	R^2	调整 R^2	标准估计的误差
1	0.567a	0.321	0.319	0.42869

a. Predictors（Constant），职场精神力。

通过表 25 可以看出，F 检验统计量的观测值是 116.970，对应的 p 值为 0.000，所以拒绝方程显著性检验的零假设，各个方程中的系数不同时为零，外因变量和内因变量的线性关系是显著的，能够建立线性模型，所以上文呈现的方程模型是有意义的。因此构建回归方程，可表示为：

组织公民行为 = 2.382+0.364×职场精神力

表 25　回归假设检验结果

Model	1	平方和	df	均方	F	Sig.
1	回归	21.496	1	21.496	116.970	0.000b
	残差	45.393	247	0.184		
	总计	66.889	248			

a. 因变量：组织公民行为。

b. 预测（常量），职场精神力整体。

综上分析结果表明，职场精神力对组织公民行为具有显著的线性相关关系且相关系数为正值，对组织公民行为具有正向影响作用。假设 3 得到支持。

五　职场精神力的跨层中介效用检验

（一）中介效用的验证过程

遵循多层线性模型的中介效用检验过程，需要对自变量对因变量、自变量对中介变量以及中介变量对因变量影响作用的显著性进行检验，检验的办法主要通过多层线性模型分析。具体到本研究的操作实践，需要检验职场精神力作为中介变量在企业环境行为感知对组织公民行为的影响作用中发挥的中介效用显著与否。而在本章自变量与因变量关系的实证研究中，本研究分别从企业环境行为感知整体及其维度两个层面对自变量对于因变量的影响作用进行了分析和计算，因此，在检验中介效用时，同样选择从职场精神力整体作为中介变量，从企业环境行为感知整体对组织公民行为影响的中介效用，以及职场精神力各个维度在企业环境行为感知各分维度对组织公民行为影响的中介作用两个层面进行检验。

1. 零模型验证

零模型验证部分需要以组织公民行为和职场精神力为因变量带入零模型检验并计算相应的组内相关系数 ICC（1）。如果 ICC（1）值大于 0.06，就认为有必要进行多层级分析（温福星，2009）。

零模型（M0）：$Y = \beta_0 + \varepsilon$，$\varepsilon \sim N(0, \sigma^2)$

$$\beta_0 = \gamma_{00} + \mu_0, \mu_0 \sim N(0, \tau_{00})$$

经 HLM 多层线性模型的数据检验，组织公民行为的组间变异成分

（Between Group Component，τ_{00}）具有显著性，ICC（1）= 0.089，表明组织公民行为中有 8.9% 的变异存在于组间，91.1% 的变异存在于组内；职场精神力的组间变异成分具有显著性，ICC（1）= 0.132，表明组织公民行为中有 13.2% 的变异存在于组间，86.8% 的变异存在于组内。均能够通过 ICC（1）的临界检验，适合进行下一步的多层线性分析。

2. 自变量对因变量的直接效应检验

多层线性模型如下，其中 Y 为组织公民行为。

截距模型（M2）：$Y = \beta_0 + \beta_1 \times$性别$+ \beta_2 \times$年龄$+ \beta_3 \times$婚姻状况$+ \beta_4 \times$受教育水平$+ \beta_5 \times$现单位工龄$+ \beta_6 \times$岗位级别$+ \varepsilon$，$\varepsilon \sim N（0，\sigma^2）$

$$\beta_0 = \gamma_{00} + \gamma_{01} \times \text{所在单位行业性质} + \gamma_{02} \times \text{公司规模}$$
$$+ \gamma_{03} \times \text{是否上市} + \gamma_{04} \times \text{企业环境行为感知} + \mu_0, \mu_0 \sim N(0, \tau_{00})$$

$$\beta_1 = \gamma_{10} + \mu_1$$
$$\beta_2 = \gamma_{20} + \mu_2$$
$$\beta_3 = \gamma_{30} + \mu_3$$
$$\beta_4 = \gamma_{40} + \mu_4$$
$$\beta_5 = \gamma_{50} + \mu_5$$
$$\beta_6 = \gamma_{60} + \mu_6$$

该部分数据计算及结果已经在自变量对因变量基于多层线性模型的直接效应分析中进行了展示，结果显示企业环境行为感知对组织公民行为在多层线性模型中的直接效用通过显著性检验（$\gamma_{04} = 0.501$，Chi-square = 17.298，p<0.001），可进行下一步验证。

3. 自变量对中介变量的直接效应检验

多层线性模型如下，其中 Y 为职场精神力。

截距模型（M2）：$Y = \beta_0 + \beta_1 \times$性别$+ \beta_2 \times$年龄$+ \beta_3 \times$婚姻状况$+ \beta_4 \times$受教育水平$+ \beta_5 \times$现单位工龄$+ \beta_6 \times$岗位级别$+ \varepsilon$，$\varepsilon \sim N（0，\sigma^2）$

$$\beta_0 = \gamma_{00} + \gamma_{01} \times \text{所在单位行业性质} + \gamma_{02} \times \text{公司规模}$$
$$+ \gamma_{03} \times \text{是否上市} + \gamma_{04} \times \text{企业环境行为感知} + \mu_0, \mu_0 \sim N(0, \tau_{00})$$

$$\beta_1 = \gamma_{10} + \mu_1$$
$$\beta_2 = \gamma_{20} + \mu_2$$
$$\beta_3 = \gamma_{30} + \mu_3$$

$$\beta_4 = \gamma_{40} + \mu_4$$

$$\beta_5 = \gamma_{50} + \mu_5$$

$$\beta_6 = \gamma_{60} + \mu_6$$

该部分数据计算及结果已经在自变量对中介变量基于多层线性模型的直接效应分析中进行了展示，结果显示企业环境行为感知对职场精神力在多层线性模型中的直接效用通过显著性检验（$\gamma_{04} = 0.562$，Chi-square = 44.25，p<0.001），可进行下一步验证。

4. 中介变量对因变量的直接效应检验

多层线性模型如下，其中 Y 为组织公民行为。

斜率模型（M3）：$Y = \beta_0 + \beta_1 \times$ 性别 $+ \beta_2 \times$ 年龄 $+ \beta_3 \times$ 婚姻状况 $+ \beta_4 \times$ 受教育水平 $+ \beta_5 \times$ 现单位工龄 $+ \beta_6 \times$ 岗位级别 $+ \beta_7 \times$ 职场精神力 $+ \varepsilon$，$\varepsilon \sim N(0, \sigma^2)$

$$\beta_0 = \gamma_{00} + \gamma_{01} \times \text{所在单位行业性质} + \gamma_{02} \times \text{公司规模} +$$

$$\gamma_{03} \times \text{是否上市} + \gamma_{04} \times \text{企业环境行为感知} + \mu_0, \mu_0 \sim N(0, \tau_{00})$$

$$\beta_1 = \gamma_{10} + \mu_1$$

$$\beta_2 = \gamma_{20} + \mu_2$$

$$\beta_3 = \gamma_{30} + \mu_3$$

$$\beta_4 = \gamma_{40} + \mu_4$$

$$\beta_5 = \gamma_{50} + \mu_5$$

$$\beta_6 = \gamma_{60} + \mu_6$$

$$\beta_7 = \gamma_{70}$$

多层线性模型数据计算结果如表 26 所示。

表 26　中介作用下企业环境行为感知与组织公民行为多层线性回归结果

类别	变量	M1
	截距	−0.197 **
Level 1 变量项	性别	0.024
	年龄	−0.022
	婚姻状况	−0.262 ***
	受教育水平	−0.218 ***
	现单位工龄	−0.083
	岗位级别	−0.088 **
	职场精神力	0.471 ***

续表

类别	变量	M1
	截距	-0.197^{**}
Level 2 变量项	所在单位行业性质	0.029
	公司规模	-0.165
	是否上市	0.016
	企业环境行为感知	0.528^{***}
方差项	σ^2	0.492
	Tau	0.148
	Chi-square	46.652^{***}

注：* 表示在 0.05 水平下显著，** 表示在 0.01 水平下显著，*** 表示在 0.001 水平下显著。

多层线性模型中的系数 γ_{70} 表示中介变量职场精神力对因变量组织公民行为的效用，γ_{04} 表示自变量企业环境行为感知在中介变量职场精神力存在的情况下，对因变量组织公民行为的影响效用，根据数据计算结果可以看出，系数 γ_{70} 和 γ_{04} 均通过了显著性验证（$\gamma_{70} = 0.471$，$\gamma_{04} = 0.528$，Chi-square$=46.652$，$p<0.001$）。说明职场精神力的中介作用存在，证明假设 4 通过验证，且具体为部分中介效用。

综上所述，通过上述分析，我们发现企业环境行为感知是部分通过职场精神力的中介效用对组织公民行为产生影响作用，为了进一步探究部分中介效用的实际作用模式，进行更深一步的结构维度层面的中介效用检验。

（二）职场精神力各维度的中介效用检验

1. 零模型验证

考虑到即使在考察职场精神力各维度中介效用时，两次零模型计算的变量值与职场精神力整体中介效用检验时的变量值一致，及均为组织公民行为整体和职场精神力整体，因此不再进行重复检验，可以进行下一步验证。

2. 自变量对因变量的直接效应检验

多层线性模型如下，其中 Y 为组织公民行为。

截距模型（M2）：$Y=\beta_0+\beta_1\times$性别$+\beta_2\times$年龄$+\beta_3\times$婚姻状况$+\beta_4\times$受教育水

平$+\beta_5\times$现单位工龄$+\beta_6\times$岗位级别$+\varepsilon$，$\varepsilon\sim N$（0，σ^2）

$$\beta_0=\gamma_{00}+\gamma_{01}\times\text{所在单位行业性质}+\gamma_{02}\times\text{公司规模}$$
$$+\gamma_{03}\times\text{是否上市}+\gamma_{04}\times\text{环保管理促进}+\gamma_{05}\times\text{环保战略}$$
$$+\gamma_{06}\times\text{社会责任}+\gamma_{07}\times\text{环境形象建设}+\mu_0,\mu_0\sim N(0,\tau_{00})$$
$$\beta_1=\gamma_{10}+\mu_1$$
$$\beta_2=\gamma_{20}+\mu_2$$
$$\beta_3=\gamma_{30}+\mu_3$$
$$\beta_4=\gamma_{40}+\mu_4$$
$$\beta_5=\gamma_{50}+\mu_5$$
$$\beta_6=\gamma_{60}+\mu_6$$

该部分数据计算及结果已经在自变量对因变量基于多层线性模型的直接效应分析中进行了展示，结果显示企业环境行为各维度对组织公民行为在多层线性模型中的直接效用通过显著性检验（$\gamma_{04}=0.142$，$\gamma_{07}=0.087$，Chi-square $=11.837$，$p<0.01$；$\gamma_{05}=0.006$，$\gamma_{06}=0.067$，p 值>0.05），环保管理促进和环境形象建设维度可以进行下一步中介作用验证。

3. 自变量对中介变量的直接效应检验

多层线性模型如下，其中 Y 为职场精神力各个维度，需要各进行一次多层线性模型运算。

截距模型（M2）：Y$=\beta_0+\beta_1\times$性别$+\beta_2\times$年龄$+\beta_3\times$婚姻状况$+\beta_4\times$受教育水平$+\beta_5\times$现单位工龄$+\beta_6\times$岗位级别$+\varepsilon$，$\varepsilon\sim N$（0，σ^2）

$$\beta_0=\gamma_{00}+\gamma_{01}\times\text{所在单位行业性质}+\gamma_{02}\times\text{公司规模}+\gamma_{03}\times\text{是否上市}$$
$$+\gamma_{04}\times\text{环保管理促进}+\gamma_{05}\times\text{环境形象建设}+\mu_0,\mu_0\sim N(0,\tau_{00})$$
$$\beta_1=\gamma_{10}+\mu_1$$
$$\beta_2=\gamma_{20}+\mu_2$$
$$\beta_3=\gamma_{30}+\mu_3$$
$$\beta_4=\gamma_{40}+\mu_4$$
$$\beta_5=\gamma_{50}+\mu_5$$
$$\beta_6=\gamma_{60}+\mu_6$$

该部分数据计算及结果已经在自变量对中介变量基于多层线性模型的直接效应分析中进行了展示，结果显示企业环境行为感知各维度对职场精神力各维度在多层线性模型中的直接效用均通过了显著性检验，具体来看，针对工作意义维度，$\gamma_{04} = 0.316$，$\gamma_{05} = 0.196$，p<0.01；针对团体感维度，$\gamma_{04} = 0.249$，$\gamma_{05} = 0.274$，p<0.01；针对组织价值观一致维度，$\gamma_{04} = 0.317$，$\gamma_{05} = 0.271$，p<0.01。因此，环保管理促进维度和环境形象建设维度可以进行下一步验证。

4. 中介变量对因变量的直接效应检验

多层线性模型如下，其中 Y 为组织公民行为。

斜率模型（M3）：$Y = \beta_0 + \beta_1 \times$ 性别 $+ \beta_2 \times$ 年龄 $+ \beta_3 \times$ 婚姻状况 $+ \beta_4 \times$ 受教育水平 $+ \beta_5 \times$ 现单位工龄 $+ \beta_6 \times$ 职场精神力各维度 $+ \varepsilon$，$\varepsilon \sim N(0, \sigma^2)$

$$\beta_0 = \gamma_{00} + \gamma_{01} \times \text{所在单位行业性质} + \gamma_{02} \times \text{公司规模} + \gamma_{03} \times \text{是否上市}$$
$$+ \gamma_{04} \times \text{环保管理促进} + \gamma_{05} \times \text{环境形象建设} + \mu_0, \mu_0 \sim N(0, \tau_{00})$$

$$\beta_1 = \gamma_{10} + \mu_1$$
$$\beta_2 = \gamma_{20} + \mu_2$$
$$\beta_3 = \gamma_{30} + \mu_3$$
$$\beta_4 = \gamma_{40} + \mu_4$$
$$\beta_5 = \gamma_{50} + \mu_5$$
$$\beta_6 = \gamma_{60} + \mu_6$$
$$\beta_7 = \gamma_{70}$$
$$\beta_8 = \gamma_{80}$$
$$\beta_9 = \gamma_{90}$$

多层线性模型数据计算结果如表 27 所示。

表 27 中介作用下企业环境行为感知各维度与组织公民行为多层线性回归结果

类别	变量	工作意义中介	团体感中介	组织价值观一致中介
	截距	-0.112 **	-0.198 **	-0.197 **
Level 1 变量项	性别	0.019	0.079	0.014
	年龄	-0.119	-0.197	-0.319
	婚姻状况	-0.198 ***	-0.119 ***	-0.376 ***
	受教育水平	-0.317 ***	-0.297 ***	-0.314 ***
	现单位工龄	-0.211	-0.198	-0.197
	岗位级别	-0.520	-0.419	-0.373
	中介变量	0.178 ***	0.266 ***	0.122 ***

续表

类别	变量	工作意义中介	团体感中介	组织价值观一致中介
	截距	−0.112**	−0.198**	−0.197**
Level 2 变量项	所在单位行业性质	−0.211	−0.271	−0.351
	公司规模	0.161	0.211	0.341
	是否上市	0.226	0.316	0.296
	环保管理促进	0.111***	0.101***	0.129***
	环境形象建设	0.075***	0.037	0.077
方差项	σ^2	0.551	0.493	0.447
	Tau	0.426	0.365	0.326
	Chi-square	72.137***	54.564***	41.292***

注：* 表示在 0.05 水平下显著，** 表示在 0.01 水平下显著，*** 表示在 0.001 水平下显著。

从表 27 可以看出，工作意义维度作为中介变量，其偏多层线性模型系数（B＝0.178）通过了显著性检验，说明了中介效用的存在。进一步对自变量系数进行分析，可以发现环保管理促进维度和环境形象建设维度的系数通过显著性检验（p 值 0.001 的显著性水平），说明工作意义维度对于环保管理促进维度和环境形象建设维度影响组织公民行为过程均有着部分中介作用；团体感维度作为中介变量，其多层线性模型系数（B＝0.266）通过了显著性检验，说明了中介效用的存在。进一步对自变量系数进行分析，可以发现环保管理促进维度的系数通过显著性检验，说明团体感维度对于环保管理促进维度影响组织公民行为的过程有着部分中介作用，而对于环境形象建设维度，其系数未能通过显著性检验，说明团体感维度对于环境形象建设维度影响组织公民行为过程有着完全中介作用。从表 27 还可以看出，与组织价值观一致维度作为中介变量，其多层线性模型系数（B＝0.122）通过了显著性检验，说明了中介效用的存在。进一步对自变量系数进行分析，可以发现环境形象建设维度的系数未能通过显著性检验，说明团体感维度对于环境形象建设维度影响组织公民行为的过程有着完全中介作用；而对于环保管理促进维度，其系数通过了显著性检验，说明团体感维度对于环保管理促进维度影响组织公民行为过程有着部分中介作用。因此，假设 4、4a、4b、4c 部分通过验证。

六 数据验证结果及分析

（一）企业环境行为感知与组织公民行为之间的关系分析

针对企业环境行为感知各维度对组织公民行为的多层线性分析，我们得到以下结论：①企业环境行为感知对组织公民行为具有显著正向影响作用，影响系数为 0.501；②环保管理促进维度对组织公民行为具有正向影响作用；③环境形象建设维度对组织公民行为具有正向影响作用；④环保管理促进维度对组织公民行为的影响作用要强于环境形象建设维度；⑤环保战略维度及社会责任维度未显示出对组织公民行为的影响作用。

从企业环境行为感知及其各维度的内涵与组织公民行为的关系视角来看，企业环境行为感知整体能够在一定程度上解释和模拟组织公民行为的表现水平。具体到企业环境行为感知的各维度，环保管理促进维度和环境形象建设维度都顺利进入回归方程且系数显著，说明企业环境保护实践以及通过环保所获取的社会认可的确对员工在行为层面产生了积极的影响，企业的环保实践以及因此获得的社会认可对于员工来说是直观的外部影响。无论是企业在资源能源节约、环保培训和倡导方面的实践以及获得绿色认证和嘉奖，还是被污染曝光，都是企业员工能够近距离感受和直观看到的企业行为，都会使企业在道德层面、社会责任层面等得到员工认可，加深员工对企业组织身份的接纳，进而促进员工的组织公民行为的产生。因此，上述两个维度是后续建议设计和环保激励路径设计的重要关注点。企业环保战略维度和社会责任维度未能进入回归方程的显著性系数，说明其对于组织公民行为的解释和影响不显著。这可能是因为这两个维度属于企业战略层面的宏观行为，诸如环保绩效目标设定与制定以及关注经济与环境平衡的发展理念等词条，都是企业上层建筑设计并向下层传递的企业导向。由于企业宏观层面的设计操作本身对于员工的影响属于组织距离远端的非直观影响，员工对其感知会受到来自企业执行层的削弱和损耗，造成对于员工行为影响和解释力度的减弱。同时，也可能由于近十年国内才注意企业强化环境保护这一概念，国家对于企业环保实践的指导有限，而企业本身在环保战略、社会责任方面的管理和执行经验比较薄弱，导致企业在实施环保战略和承担社会责任时执行效果不佳，影响执行结果和员工对企业环保战略和社会责任的感知，因而没能对组织公民行为产生足够的解释力。

（二）企业环境行为感知与职场精神力之间的关系分析

针对企业环境行为感知整体对职场精神力的多层线性分析、企业环境行为感知各维度对职场精神力的多层线性分析，我们得到以下结论：①企业环境行为感知对职场精神力有显著正向影响作用，影响系数为0.562；②环保管理促进维度对职场精神力具有正向影响作用；③环保战略维度对职场精神力具有正向影响作用；④社会责任维度对职场精神力具有正向影响作用；⑤环境形象建设维度对职场精神力具有正向影响作用；⑥在企业环境行为感知四个维度中，社会责任维度对职场精神力的影响作用最大。

整体来说，企业环境行为感知及其各维度对职场精神力的预测和影响能力较为理想。基于前述相关理论研究的铺垫以及二者的显著相关性，我们能够看出企业环境行为感知对职场精神力是具有影响和预测作用的。

（三）职场精神力与组织公民行为之间的关系分析

依据职场精神力对员工组织公民行为影响研究结果，我们得到以下结论：①职场精神力对组织公民行为具有显著正向影响作用，影响系数为0.364；②职场精神力的团体感维度对组织公民行为具有正向影响作用；③职场精神力的与组织价值观一致维度对组织公民行为具有正向影响作用；④团体感维度对组织公民行为的影响作用要强于与组织价值观一致维度；⑤职场精神力的工作意义维度未显示出对组织公民行为的影响作用。

整体来说，职场精神力及其各维度对组织公民行为的预测和影响能力不错，所构建的线性回归模型解释能力水平也能够接受。但特别值得注意的是工作意义维度虽然对组织公民行为具有较高水平的显著相关性，但未能进入对组织公民行为回归的显著系数。究其原因，组织公民行为作为组织成员在非薪酬外部激励下自主地选择利组织行为，是组织成员在对组织认同和组织归属的驱动下，以提升组织整体绩效为目标的行为选择，因此其行为动机是对组织的感知和认同，其对象应该是抽象化后或者拟人化后的组织整体，这也解释了为什么团体感和与组织价值观一致维度能够顺利进入回归方程的显著系数中，正是因为团体感和与组织价值观一致所代表的就是组织成员对于组织的价值认同和归属。反观工作意义维度，其内涵是组织成员所从事的工作对其自身和社会的意义判断，在中国文化背景下，一般组织成员对工作和组织的判断是有区别和差异性的。组织成员对于工作的判断源自工作内容本身，和工作的上下游、工作内容、重要性、技术要求等方面相关，直接影响组织成员对自身工作的态度和认知，而不是对组织的判断。组织成员对组织的判断则一般源于在与组织交互中组织成员所感受的组织支持等方面，因此，工作意义维度对工作内容本身的贴近可能导致员工在行为端诠释工作意义维度的影响时主要通过工作相关行为而非组织公民行为。

（四）职场精神力的中介作用分析

本书通过对以往相关文献进行梳理和整合，提出了职场精神力在企业环境行为感知影响组织公民行为的过程中发挥着中介作用的研究假设，并对其进行了实证检验，最终我们能够得到以下结论。

（1）在各变量整体层面，职场精神力作为中介变量，在企业环境行为感知对组织公民行为的影响作用中起着部分中介效用。

（2）在变量的各维度层面，企业环境行为感知的环保战略维度和社会责任维度在对组织公民行为进行线性回归中所得到偏回归系数未通过显著性检验，说明二者影响作用不显著，因此也不存在中介影响作用。

（3）在变量的各维度层面，职场精神力的工作意义维度在企业环境行为感知（环保管理促进维度以及环境形象建设维度）对组织公民行为影响作用中起着部分中介效用。

（4）在变量的各维度层面，职场精神力的团体感维度在企业环境行为感知环保管理促进维度对组织公民行为影响作用中有部分中介效用；在企业环境行为感知环境形象建设维度对组织公民行为的影响作用中有完全中介效用。

（5）在变量的各维度层面，职场精神力的与组织价值观一致维度在企业环境行为感知环保管理促进维度对组织公民行为影响作用中有部分中介效用；在企业环境行为感知环境形象建设维度对组织公民行为的影响作用中有完全中介效用。

　　从上述结论中我们可以看到，无论是从变量层面或是变量下的维度层面，职场精神力均显示出了中介效用，充分地验证了职场精神力中介作用的研究假设。

第六章　结论与建议

一　研究结论总结

本书以企业环境行为感知为研究对象，以提升企业环境行为实施的主动性和内驱性为目标，通过对以往大量相关研究的整合梳理，对企业环境行为感知、职场精神力、组织公民行为三个概念的内涵和意义进行了剖析和探讨，并在此基础上，对三者间的相关关系及作用机制进行分析和验证。

1. 提出并剖析了企业环境行为感知的概念及其维度结构

通过文献研究以及逻辑辩证思考，对企业环境行为概念的形成和发展过程进行梳理，明确企业环境行为源自企业社会责任和企业公民责任的思想，是企业在自身社会责任基础上，对自身与环境关系的认知结果。同时，对比以往学者对于企业环境行为的内涵研究，结合本研究的切入点和侧重点，提出企业环境行为感知这一概念并对其内涵进行整合和界定，即企业环境行为感知是员工感知到的企业为实现有效改善环境问题和提升企业绩效的双重目标，在企业环保战略导向、社会责任承担、环保实践等方面所实施的积极行为，包括制定企业环保相关战略及环保绩效目标、对员工的环保培训和节能倡导、实施清洁生产、环境社会责任承担、污染事件防治等一系列行为。在此基础上，依据文献研究的结果对企业环境行为感知的维度结构进行了分析和假设，在充分结合国内外学者及国际通用环境评价指标对环境行为的维度研究的基础上，提出了企业环境行为感知具有环保管理促进、环保战略、社会责任与环境形象建设四个维度的假设并进行了验证。

在对企业环境行为感知量表进行探索性因子分析的过程中，通过因子分析拟合出四个公共因子，而旋转后的四个公共因子相关关系矩阵的特征值分别为 8.405、4.566、1.944、1.375，均满足了提取因子特征根大于 1 的临界条件要求，且三个因子的累计贡献率达到了 85.531%，具有较好的解释水平。此外，根据旋转后的因子荷载矩阵的各个荷载数值及分布情况，针对各个公共因子下题项所描述的内容和方面对公共因子内涵进行提炼，对比研究假设中的维度结构设计，最终明确了企业环境行为感知包含环保管理促进、环保战略、社会责任与环境形象建设四个维度结构的结论。

2. 分析和验证了职场精神力的内涵和结构

通过对以往相关职场精神力的文献进行整理和分析，对职场精神力的内涵及其结构构成进行了有针对性的资料搜集和整合，在以往学者相关研究的基础上对职场精神力维度构成进行假设和验证。

在对职场精神力量表进行探索性因子分析的过程中，通过因子分析拟合出三个公共因子，而旋转后的三个公共因子相关关系矩阵的特征值分别为 8.967、1.616、1.126，均满足了提取因子特征根大于 1 的临界条件要求，且三个因子的累计贡献率达到了 80.681%，具有较好的解释水平。此外，根据旋转后的因子荷载矩阵的各个荷载数值及分布情况，针对各个公共因子下题项所描述的内容对公共因子内涵进行提炼，对比研究假设中的维度结构设计，最终验证了职场精神力包含工作意义、团体感和与组织价值观一致三个维度的结论。

3. 分析和验证了组织公民行为的内涵和结构

通过对以往相关组织公民行为的文献进行整理和分析，对组织公民行为的内涵及其构成进行了有针对性的资料搜集和整合，在以往学者相关研究的基础上，对公民行为维度构成进行假设和验证。

在对组织公民行为量表进行探索性因子分析的过程中，通过因子分析拟合出五个公共因子，而旋转后的五个公共因子相关关系矩阵的特征值分别为 9.057、3.357、1.736、1.1705、1.561，均满足了提取因子特征根大于 1 的临界条件要求，且五个因子的累计贡献率达到了 86.398%，具有较好的解释水平。此外，根据旋转后的因子荷载矩阵的各个荷载数值及分布情况，针对各个公共因子下题项所描述的内容对公共因子内涵进行提炼，对比研究假设中的维度结构设计，最终验证了组织公民行为包含了工作帮助、身份认同、责任意识、人际和谐以及保护公司资源维度。

4. 分析并确认了企业环境行为感知、组织公民行为及职场精神力间的跨层影响机制

本研究在剖析和验证企业环境行为感知、组织公民行为及职场精神力的内涵及其构成的基础上，分析和假设三者之间的关系，并通过跨层影响路径的计算，验证了前期提出的假设，结果汇总如表1所示。

表 1　研究假设验证结果一览

假设编号	研究假设内容	假设实证
1	企业环境行为感知对组织公民行为有正向影响	部分支持
1a	环保管理促进维度对组织公民行为有正向影响	支持
1b	环保战略维度对组织公民行为有正向影响	不支持
1c	社会责任维度对组织公民行为有正向影响	不支持
1d	环境形象建设维度对组织公民行为有正向影响	支持
2	企业环境行为感知对职场精神力有正向影响	支持
2a	环保管理促进维度对职场精神力有正向影响	支持
2b	环保战略维度对职场精神力有正向影响	支持
2c	社会责任维度对职场精神力有正向影响	支持
2d	环境形象建设维度对职场精神力有正向影响	支持
3	职场精神力对组织公民行为有正向影响	部分支持
3a	工作意义维度对组织公民行为有正向影响	不支持
3b	团体感维度对组织公民行为有正向影响	支持
3c	与组织价值观一致维度对组织公民行为有正向影响	支持

5. 分析并确认了多层线性模型假设下职场精神力对企业环境行为感知和组织公民行为关系的中介作用

在明确了企业环境行为感知、组织公民行为及职场精神力之间两两对应的相关回归关系后，本研究利用 HLM 分析软件，构建跨层次影响模型，探究企业环境行为感知作为组织层面相关的因变量，通过控制员工层面的人口统计学特征变量，消除个体差异性对跨层次模型影响路径的误差作

用，探究基于组织层-员工层的跨层影响模型及其影响路径，分析并明确了跨层视角下变量间的相关关系以及职场精神力在跨层模型中的中介作用（见表 2）。

表 2　中介作用研究假设验证结果一览

假设编号	研究假设内容	假设实证
4	职场精神力在企业环境行为感知对组织公民行为影响过程中介作用	支持
4a	工作意义维度在企业环境行为感知各维度对组织公民行为影响过程中介作用	部分支持
4b	团体感维度在企业环境行为感知各维度对组织公民行为影响过程中介作用	部分支持
4c	与组织价值观一致维度在企业环境行为感知各维度对组织公民行为影响过程中介作用	部分支持

二　基于双目标共赢视角下的企业环境行为双循环调控体系设计

首先，根据本研究的实证结论，企业环境行为作为企业践行自身社会责任的行为表现，通过实施环保管理促进行为、设置环境相关的企业发展战略以及承担企业社会责任，能够提升员工对企业环境行为的感知，为企业带来良好的声誉和外部评价，从而使员工感受到身为企业成员的荣誉感。同时，企业积极的环境行为向员工传达了企业对于社会与生命的人文关怀以及对环境问题的重视，能够使员工感到企业并不是冷漠的经济和行政工具，而是具有情感和责任的组织家庭；促进员工归属感的形成，进而转化为员工的职场精神力，提升员工对于企业的精神认同和归属感知，使员工能够更为充分地感受到与企业价值和发展的共有感，进而主动愿意通过组织公民行为回馈企业。组织公民行为作为员工在非薪酬激励下自主选择的、有助于组织绩效改善和提升的自主性行为，可能表现为自主地进行工作改进、企业资源保护、企业能源节约等一系列利企业行为，以主动的利企业行为促进企业的发展和完善。因此，从企业组织内部的视角看，企业环境行为感知是能够通过提升员工职场精神力来促进员工组织公民行为，从而促进企业成本降低、提高效率及经营业绩。在自利和自发展的结果反推下，企业更加愿意实施企业环境行为并形成自激励的闭环回路。

其次，企业环境行为是企业主体为了降低环境污染而采取的比较积极的管理手段。因此，从企业环境行为的直观结果来看，在企业主体与环境交互过程中，企业降低对整体环境的污染和能源的浪费以及对环境的治理和改善，是企业对于国民环境生活质量的提升以及对于国家环境保护策略的响应，其最终裨益会体现在国家整体环境情况的提升以及污染和能源浪费的减少上，这是自然环境整体提升的体现，对于环境问题的改善和解决具有至关重要的作用，也是企业环境行为在企业主体视角下的外部效应。在外部效应下，企业对环境改善所做出的贡献，外部主体诸如政府和社会会对企业予以鼓励和认可。企业社会形象的提升，也会逐步内化为企业员工的荣誉感和归属感，进一步形成职场精神力并影响组织公民行为的产生，最终并轨到企业环境行为的自激励闭环回路。这可以看作是企业外部主体在企业环境行为外部效应下对自激励闭环回路的进一步促进（见图1）。

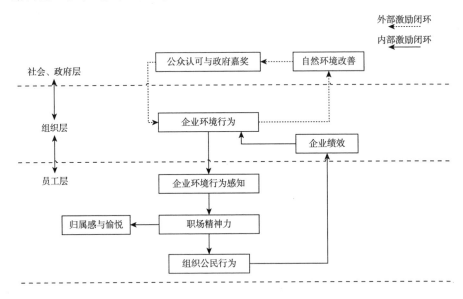

图1 企业环境行为内部及外部激励路径

综合以上两个方面的分析我们可以发现，企业环境行为作为企业与自然环境互动中所选择的积极管理和改进行为，有两条显著的积极影响路径，即对内直接激励和对外环境改善，最终都作用于员工组织公民行为及企业绩效的双提升，形成企业环境行为感知的自激励闭环回路。因此，企业环境行为通过对内和对外两条影响路径能够分别使自然环境，社会、政府层，员工层以及组织自身层面受益，从而进一步促进企业环境行为的正向激励，形成内外两条封闭的正向激励闭环，实现自然环境改善、国家发展、企业发展以及企业员工个人的提升，形成多赢的结果。但在实际中，企业环境行为被企业管理者认为是没有正向收益的额外成本投入，也被政府认为是企业应该履行的社会责任和义务，企业环境行为的内在价值被曲解甚至被忽视，因而在实际企业环境行为管理中，无论是企业还是政府都习惯于以外部强制视角下的奖罚作为管理手段，试图通过负向激励的强力手段控制企业环境行为的表现，但阻断了企业环境行为应有的内外双循环的正向激励闭环。

基于上述论证，本研究提出基于内外正向激励闭环的企业环境行为双循环调控体系，在设计切入点上，不再延续以往研究的外部强制视角，以认知教育和影响路径疏导为手段，帮助企业疏通企业环境行为双循环影响通路为目标，实现企业环境行为的自激励性提升。其中，对内路径对应了企业环境行为在企业组织层面的自愿性调控，是指在本研究所确认的企业环境行为感知、职场精神力与组织公民行为的因果联系结论上，能够看到的企业环境行为通过对企业环境行为感知的相关作用影响职场精神力和组织公民行为，从而实现对企业绩效的提升作用，是激励企业选择环境行为的正向激励闭环，是保证企业环境行为实施持久性和稳定性的内在根基；对外路径则对应企业环境行为在政府、社会等外部层面的激励性调控，企业环境行为对环境的改善应该得到来自社会和政府的认可甚至是嘉奖，促进环境形象建设，这是企业环境行为带来组织外部性收益所应回馈的外部激励，而这部分外部激励同样对企业绩效有促进作用，从而实现正向激励的闭环（见图2）。

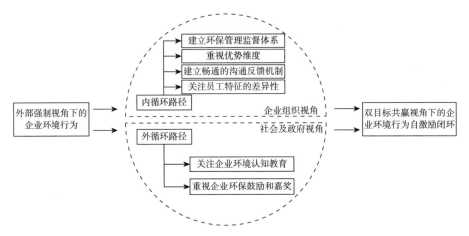

图 2　基于双目标共赢视角下的企业环境行为双循环调控体系

（一）基于外循环路径的建议

1. 关注企业环境认知教育

企业环境行为一直以来被视为企业无收益的成本投入，是企业基于外部环境和行政要求所必须额外承担的费用。政府通过颁布一系列环保相关法律法规，以排污数据、能源消耗数据等作为衡量工具，为企业设立了明确的排放达标线，在企业实际生产经营中，根据企业排放达标的情况对企业进行奖罚管控。政府没有设立有效的管理和监督机制去管控企业实际的生产经营过程中污染和能源使用的情况，只是单纯通过设立指标和奖罚措施驱动外部行为管控，企业环境行为的内在价值始终没有得到企业和政府的正视。这就会造成企业被迫遵从管控，只会让企业根据达标线来倒推环境行为应有的做法，容易导致企业在成本导向的取向下通过投机、作假等行为应对政府的监督和控制，不能真正通过对内的环保教育、节能号召、工艺技术改进等手段实现环保行为。员工会因为企业言行不一对组织产生反感，进一步降低其对企业的认同，损坏员工职场行为和组织公民行为，进而影响企业绩效和收益，形成负面效应的循环作用。

结合本研究所得的结论，企业环境行为的实施能够促进员工认识到企业对于社会责任的履行以及对于环境问题和可持续发展的重视，提升员工的企业荣誉感和对于企业的情感评价，使员工进一步加深对企业的认可和情感连接，从而内化企业成员身份并更加深刻地认识到自身工作的意义以及能为企业做什么，从内部驱动员工自发地面对企业工作，刺激自发利企业行为的产生，即组织公民行为的产生，如自主地工作改进、企业资源保护、企业能源节约等一系列利企业行为，提升企业绩效。因此企业环境行为从其相关影响路径来看是有利于企业自身收益和发展的，是具有充分价值的内在提升办法，但很多企业管理者因为总是着眼于财务数据而无法认识到该部分可能收益的存在。

因此，本研究认为从社会和政府层面来看，政府作为国家资源和自然环境的管理者，有责任承担起教育企业的责任，帮助企业正确认识企业环境行为的内在价值，纠正企业管理者的认知偏差。政府应关注企业的环境行为认知教育，在法律法规等强制性措施之外，以宣传和课程教育为补充手段，要求企业管理者参加环境行为认知教育和相关影响机制的学习，提升企业管理者对于企业环境行为的认知和理解，扭转企业管理者将企业环境行为视为无收益成本投入的偏激认知。以自然环境和企业发展的双赢为目标，引导企业正确认识企业环境行为的内涵和相关影响作用，使企业管理者了解到企业环境行为不仅能够实现对自然环境的改善和提升，同时也是企业有效改善组织内部认同、提升员工职场精神力以及组织公民行为的管理手段，还能作为提升员工自发性利企业行为的有效管理渠道，实现自然环境与企业的双赢。

具体来说，各级政府可以通过组织当地企业管理者建立交流群组，定期开展针对企业管理效率提升的主题研讨，并将企业环境行为的内涵、实施及其可能的影响作用作为一个主题让企业管理者思考和讨论，同时，针对已经开始实施企业环境行为的企业管理者，邀请其在交流群组中分享实施企业环境行为给企业带来的改变，引导群组成员的交流和借鉴，以期通过学习和分享的方式不断提升企业管理者的环境行为认知。

2. 重视企业环保鼓励和嘉奖

基于本研究所得出的结论，环境形象建设维度是企业环境行为结构中影响职场精神力以及组织公民行为的重要维度，环境形象建设维度在职场精神力的中介作用下对于组织公民行为的影响是显著和有效的，因此环境形象建设维度对于提升企业绩效的正向激励闭环具有重要作用。而环境形象建设依赖于社会组织的认证、政府部门的认证以及舆论嘉奖，因此，应重视对实施企业环境行为的企业进行鼓励和嘉奖，特别是对于那些能够致力于污染降低、能源及资源合理化使用的先头企业，应着重给予鼓励和表彰，让企业及其员工都能够感受到企业对于环保的重视，为企业环境形象建设及最终实现企业绩效提升畅通道路。

具体来说，政府相关环境管理部门可以有针对性地设立区域性或行业性质的绿色标杆，通过公正公开的方式考核并授予企业绿色标杆称号，以认可其在环境行为方面的投入和成绩。同时完善并坚持绿色企业、绿色产品的认证，保证真正在实施环境行为的企业能够切实得到相关部门的环境友好认可，提升员工和民众对于企业形象的认知和认可。

（二）基于内循环路径的建议

1. 企业内部建立环保管理监督体系

在外循环完成了企业管理者环境行为认知提升以及企业环境嘉奖后，需要企业切实执行企业环境行为才能够有效触发双循环的激励闭环，实现环境与企业双绩效改善。考虑到在企业实际管理运营中，因为企业管理的执行成本存在，容易导致企业管理者的执行决定在实践中被弱化，影响企业环境行为对内部激励作用的发挥。想要保证企业环境行为执行决定的贯彻和巩固，就要对整个执行过程进行监察和反馈，以保证执行的有效性。

因此，在企业决定实施企业环境行为时，需要考虑设置相应的监督体系，该体系起到对企业环境行为执行的观测和监督作用。具体来说，主要需要企业明确一个部门或岗位工作组，以针对企业环境行为的实施进行检测和反馈，具体到企业环境绩效目标的达成、企业节能降污的执行、企业员工的环保行为整体水平、企业环保教育开展等环节，明确监督项目及细则，在监督执行过程中，要明确制度执行主客体的人员构成、相应的职责范围、所应承担的任务和责任等问题，确保制度的有效执行。

2. 重视优势维度的发力

正如本书在第五章中所展示的结果，企业环境行为感知的不同维度对于职场精神力以及职场精神力的影响作用大小是有差异性的，具体来说，企业环境行为感知四个维度中影响效果显著的优势维度是环保管理促进维度和环境形象建设维度，因此在企业环境行为感知实施的过程中要重点关注这两个优势维度。具体来说，在环保管理促进方面，要在企业实际生产和运营过程中，对各个作业环节、作业地点的环保行为给予鼓励和监督，具体可能包括倾向利用可循环资源、资源和能源节约、清洁生产降低污染、倡导员工节约能源资源、对员工开展环保教育、引进更为清洁和环保的生产工艺和设备等在企业实际作业生产层面的操作；在环境形象建设方面，重视员工对于企业环境主张的整体认知，关注企业在环境保护方面的认证、污染丑闻以及环保信息透明方面等，以保证员工对于环境形象建设的积极认知。总体上关注优势维度，以充分利用其对于结果变量的显著影响特征，实现企业环境行为自激励闭环路径的有效推进。

3. 建立畅通的沟通反馈机制

企业环境行为自激励闭环的核心是企业组织内部的闭合激励流程，涉及企业与员工双主体间的正向反馈互动，因此在实际企业环境行为执行的过程中，需要重视员工主体的意见和反馈，及时发现和了解互动主体在交互中遇到的问题和想法。因此，在企业环境行为实践中，为了保证对内闭合激励流程的顺畅和有效，必须建立畅通的沟通反馈机制，保证员工能够及时、顺畅地将自身在执行企业环境行为中的不认可的方面反馈出来，保证企业能够及时解释或者做出针对性的处理和调整，以获得更好的激励效果。

4. 重视不同人口统计特征的差异性

根据研究的结论，具有不同人口统计特征的员工在职场精神力和组织公民行为方面均显示出了显著的差异性，这说明对于不同特征的员工在心理感受方面有着不同的看法和侧重，造成其相应的职场精神力和组织公民行为表现的不同。因此，在企业环境行为感知实施的过程中需要针对员工的不同特点给予差异性的关注和引导，使企业环境行为的激励闭环能够尽可能地发挥其促进和影响作用。

三　研究局限与展望

企业作为经济社会的基本构成单元，是生产污染和能源浪费的重要主体，企业环境行为及员工感知的研究对于国家污染治理、人们环境生活质量改善都具有重大意义，本研究通过实证分析虽然取得了一定的成果，但仍存在诸多的局限和亟待改进的方面，后续还有很多工作需要完善和深入地开展。本研究的局限主要有以下两方面。

（1）本研究针对的是各类型企业，在实际研究过程中通过实地调查获取数据，服务于企业环境行为感知、职场精神力及组织公民行为的维度开发以及三者之间的关系研究。但是受到资源和时间的限制，出于可操作性的考虑以及多层线性模型的数据要求，本研究通过企业与员工（匿名）匹配记录的收集方式，采用线上问卷与线下问卷双渠道进行数据采集，进行相关的验证和分析工作，受试者来自12家不同企业，12家企业在行业性质、规模以及是否上市方面均具有差异性，能够具有较高的跨行业数据代表性和可信性，但考虑到诸如所在地区的经济情况、污染程度、文化背景等复杂背景因素的交叉影响，有可能对搜集到的数据分布特征产生影响，出于结论复证性考虑，在未来可以利用大数据对本研究结论进行进一步的验证。

（2）在利用心理测量量表进行测量时，不可避免地会产生系统误差和随机误差，而共同方法偏差属于系统误差的一种。在进行数据调查的过程中，对自变量、校标变量等同时利用问卷进行调查时就很有可能产生共同方法偏差，受试者自身的一致性动机、虚假相关、问卷项目的特征、语境等均可能造成调查结果的偏差，即共同方法偏差。虽然本研究在进行量表设计和使用过程中通过标准化描述、多次修改、匿名填写等多种方法来降低共同方法偏差，但偏差的存在仍是不可避免的，因此，后续的研究可以考虑通过多种调查方式来进一步降低偏差。

价值观契合视域下企业员工亲环境行为选择机制研究：预期环境情感的中介作用

第七章　文献回顾与评述

一　亲环境行为研究现状

（一）亲环境行为内涵相关研究

国内外学者们采用不同术语来描述亲环境行为，如环境关心行为、有环境意义的行为、对环境负责的行为、环境行为、生态行为、环境友好行为等。

关于亲环境行为内涵，国外研究中，Dillman 等（1983）指出环境行为是个体主动参与并付诸行动，力求解决和防范生态环境问题的行为。Hungerford 和 Peyton（1985）将环境行为定义为行为主体为解决某一环境问题所付诸的行为；Hines 等（1987）将其定义为一种以责任感和价值观为导向的行为，旨在避免或解决各种环境问题；Sivek 和 Hungerford（1990）将其定义为对自然资源进行有节制地开发利用的个人或组织行为；Berger（1997）认为其是人与人之间展现的一种正向的、跨领域的、友好的环境行为；Stern（2000）将其定义为人类以保护环境或者阻止环境恶化为行为意图，所表现或塑造的人类活动。Kollmuss 和 Agyeman（2002）认为亲环境行为是指人们使自身活动对生态环境的负面影响尽量降低的行为，这一概念被 Steg 和 Vlek（2009）认同；Reid 等（2010）将亲环境行为定义为所有对环境产生较少负面影响的行为，如随手关灯、回收、采取可持续的出行方式等。Osman 等（2014）指出广义的亲环境行为涵盖许多领域，诸如能源、水资源保护、回收利用、再利用、防止污染、绿色购买、交通、支持生态系统和物种保护、抑制消费和支持修复等。Khashe 等（2015）认为亲环境行为是个人参与绿色活动促进可持续发展的行为，以及通过减少或消除对环境负面影响的做法。

国内学者刘辉（2005）将亲环境行为定义为个体表现出来的与环境直接相关、对环境产生积极作用的环境友好行为。徐峰、申荷永（2005）认为环境友好行为是个体主动参与并通过行动来解决或防范环境问题的行为。武春友、孙岩（2006）认为凡是能够提升生态治理或主动保护环境的行为均可以视为环境友好行为。龚文娟（2008）将环境友好行为定义为人们有目的地通过各种方法保护环境并在实践中表现出的有益于环境的行为。王琪延和侯鹏（2010）认为居民环境行为主要由环境保护行为、资源回收行为和能源节约行为等方面构成。李金兵等（2014）提出亲环境行为是指城市居民的基于个人责任感和价值观的有意义的城市环境保护行为，这种行为对实施者本人有益，对其他人有益，同时有利于改善环境质量，对社会有益。彭远春（2015）认为城市居民环境行为是指个体在日常生活中主动采取有助于改善环境状况与提升环境质量的行为。王建明等（2015）则采用 Steg 和 Vlek 的观点，认为亲环境行为是指人们使自身活动对生态环境的负面影响尽量降低的行为，这正是本书所认同的观点。

（二）亲环境行为结构相关研究

在亲环境行为结构研究方面，出现了很多经典的结构形态，如 Sia 等（1986）的五分法（生态管理、消费者行动、说服、政治行动、法律行动）、Smith-Sebasto 和 D'costa（1995）的六分法（公民行动、教育行为、财务行动、法律行动、实践行动、说服行动）以及 Stern（2000）的四分法（激进的环境行为、公共领域非激进行为、组织中的环境行为、私领域的环境行为）等，其中四分法是五分法和六分法的归纳和延伸。近年来，随着研究范围和对象的扩展与迁移，亲环境行为的结构划分存在多样性和多维性，如 Larson 等（2015）在 2015 年研究了亲环境行为的多维结构，将其分为亲环境生活行为（例如，私人领域的家庭行动）、社会环境（例如，成员的互动）、公民的环境权利（例如，公民在政策领域的参与）和土地管理（例如，支持野生动物和栖息地的保护）四项。虽然分法多样化，但均具有内涵上的统一性。

另外，在居民亲环境行为的研究中，国内学者孙岩等（2012）从公民行为、财务行为、说服行为、生态管理行为 4 个方面来研究城市居民环境行为结构及其影响因素；国外学者中，Lavelle 等（2015）以习惯的行为和偶然的行为视角对爱尔兰 1500 个家庭的消费行为进行了相关研究，其中习惯的行为捕捉的是居民日常活动（如定期购买有机食品或习惯性地节约用水），偶然的行为描述了偶尔或一次性的活动（如买节能家电）。Huang（2015）认为个人所接触到的亲环境行为可分为适应性行为、促进行为以及主动行为。这些研究都为本项目进行城市居民亲环境行为的内涵与结构研究提供了借鉴。

（三）亲环境行为影响因素研究

有关影响亲环境行为的变量，可以总结为以下几类：社会人口变量（性别、年龄、受教育程度等）、外部变量（制度因素、经济因素、社会文化因素等）和内部变量（动机、环境知识、意识、价值观、态度、情感、责任等）（Oskamp，1991；Haron et al.，2005；Bedford et al.，2008；Kassirer，2014）。这几类变量主要作为自变量、中介变量和调节变量来预测亲环境行为的选择作用，且研究成果丰富。例如，外部因素的研究中，Martinsson 和 Lundqvist（2010）研究显示基础设施的完善相较于激发环境价值观对于亲环境行为的提升作用更大；Evans 等（2013）认为经济因素能够限制正向的亲环境行为溢出效应（当一个特定亲环境行为增加的时候会带动其他类似的亲环境行为的正向积极变化），因此，经济因素不会改善亲环境行为的辐射效应（Asensioand Delmas，2015；Bolderdijk et al.，2013；Schwartz et al.，2015）。此外，Bedford（2008）表明如果价格激励是正确的则更复杂的环境行为能够进行，Kassirer（2014）得出结论认为对于鼓励和劝阻行为来说激励是强大的工具。内部因素的研究中，Brent（1996）对美国公众环境态度和行为的调查数据表明：个人对环境的态度能够显著影响环保行为和参与环保行为的积极性；另外，诸多研究也表明亲环境价值观能够影响个体是否亲环境的选择（Dietz et al.，2005；Kennedy et al.，2009；Wynveen，and Sutton，2015）。

国内学者研究居民亲环境行为的影响因素中，孙岩等（2012）研究了环境态度（环境信念、环境敏感度）、个性（控制观、环境道德感）和情境因素（公共规范、行为约束、奖惩机制）对于亲环境行为的影响，研究显示环境敏感度、环境道德感以及情境因素均对亲环境行为产生积极的预测作用，且通过 Boder 等（2005）研究发现，中国居民对于生态问题的情感关注要显著于西方国家公民，因而，通过正确的引导方式可以有效提升我国城市居民亲环境行为的水平。随着研究范围的拓展，国外对于亲环境行为的研究从居民、家庭领域逐渐延伸到工作场所的员工群体，研究变量中以组织领导、环境关心、规范等变量为主，因而员工亲环境行为研究成果也较为丰富（Schultz，2001；Robertson and Barling，2013；Lülfs and Hahn，2013；Rhead et al.，2015；Afsar et al.，2016；Culibergand Elgaaied-Gambier，2016）。

二　社会规范研究现状

（一）社会规范与亲环境价值观关系研究

社会科学家越来越倡导要以一种细致入微的方式，从文化性和社会性方面来了解亲环境行为（Barr，2008；Shove，2010）。然而，中国城市居民亲环境行为的研究成果中有关社会情境因素、文化因素等的研究并不多。

国外的相关研究中，Stern 的价值-信念-规范理论（Value-Belief-Norm Theory）研究表明，个体环境价值观（利己、利他和生物圈价值取向）彰显了人类与环境关系的信念，进而转化为个人规范，最后落实到具体的环境行为。心理学家将社会规范看成是小至群体、大至社会的一种文化价值体现（Knapp，1993；Corsini，1994）。Dubois（2004）认为"规范一词暗示着目前所呈现的规范都是有价值的，换句话说社会规范是社会价值的反映"；台湾学者文崇一（1989）表示规范代表了大众所接受的价值取向，而人们的价值取向的形成得益于将社会规范内化为指导自己行为的标准（Medsker et al.，1994）。Sheng（1998）认为价值观是主观存在的，并因主体、客体和判断的不同而不同，而当价值观和价值判断形成聚群时，规范就产生了。另外，近似的研究中，Dwyer 等（2015）以实验干预的方法研究了社会规范与个人责任的综合作用对亲环境行为的影响。叶闽慎和周长城（2016）也认为个人、社会、制度层面的诸多要素均会对生态价值观的培养和环保行为倾向的形成产生重要影响。

从文献来看，在规范和价值观关系的研究中，学者基本聚集在二者内在联系的视角上，或以综述的形式分别阐述个体价值观与社会规范对亲环境行为的作用机制。

（二）社会规范与亲环境行为关系研究

在有关社会规范和亲环境行为的研究中，规范激活模型（Schwartz and Howard，1981）将社会规范作为个人规范形成的主要前因变量；Black等（1985）研究发现，社会规范可以通过激励影响居民是否采取节能措施；Scott等（2000）发现个体的朋友、家人、邻居和同事等所拥有的规范是产生不同居民节能行为的重要影响因素；王琴（2001）和汪秀英（2006）通过研究表明，主流社会规范或价值观等因素对消费行为的影响越来越大；田志龙等（2011）研究表明，消费者对与自身利益紧密相关的规范行为更为敏感，内心更为接受普适的社会规范或经由文化教育积淀下来或与自己生活经验及社会态度相契合的规范准则；Paladino和Ng（2013）在对澳大利亚大学生的调查研究发现，在环保电子消费方面，同龄人代表的社会规范发挥了很大的作用；Terrier和Marfaing（2015）研究表明，承诺和规范有助于增加旅馆客人的亲环境行为；Culiberg和Elgaaied-Gambier（2016）以感知国家层面环保规范为自变量，感知到家人、同事为主体的描述性规范和命令性规范作为中介变量，检验了三者与亲环境行为间的关系。

众多的研究表明，社会规范确实可以影响亲环境行为，那么究竟是描述性规范占主导还是命令性规范占主导？Schultz等（2007）对社区居民节能环保行为的现场研究表明，描述性规范在维持个体较高水平合作行为方面比命令性规范更有效，而命令性规范在阻止破坏社会规范的行为方面更有效。描述性规范的重要作用也许跟"与大多数人行为一致"的从众行为有关（Murray et al.，2011），而与大多数人行为一致，在很多情境下都是最安全、最合理的选择（Falzer and Garman，2010）。大多数人赞成与反对的行为是群体成员最重要的行为准则，个体如果不遵循这些准则，就很可能受到群体中其他成员的排挤（Pagliaro et al.，2010）。彭熠（2011）认为被试用户无法察觉到的描述性规范信息对于其节约用电行为存在显著正向性影响；Reese（2014）研究显示，描述性规范信息能够显著鼓励个人支持环境保护行为。Dwyer et al.（2015）同样利用描述性规范信息证明了其对亲环境行为选择的干预作用。可见，描述性规范和命令性规范均有不同的适应范围，国内学者韦庆旺和孙健敏（2013）分析了两种不同规范的作用机制，认为被低估的社会规范对于亲环境行为具有明显的影响，且利用两类规范的不同特征，对居民的信息焦点进行转移，可有效改善目前严峻的环境形势。

三　亲环境价值观研究现状

（一）　亲环境价值观的内涵、结构与测量

目前学术界对亲环境价值观的认知聚焦在个体层面。吴波等（2016）认为亲环境价值观是指个体在环境认知的基础上对环境问题做出是与否的判断，是将保护自然环境视为理想最终状态的构念，这种判断将决定价值取向。同时，诸多学者指出亲环境价值观也是指导个体做出保护现有资源或贪婪消耗资源决策的关键因素（Van Vugt，2009；Sussman et al.，2015）。因此，在本研究中，组织内亲环境价值观可代表组织成员对于保护自然环境的共识性信念。

在环境价值观的结构和量表研究中，Schwartz（1992，1994）的10类普遍价值观（包括4个维度：自我超越、自我强调、对变化的开放性、对变化的保守性）是学者们研究亲环境价值观结构的一个重要来源（Vining and Ebreo，1992；Karp，1996）；随后，Stern和Dietz（1994）提出的价值基础理论将亲环境价值观分为利己价值观、利他价值观、生态圈价值观3类，该分类得到了广泛支持（De Groot and Steg，2008，2010；Wynveen and Sutton，2015）。此外，还有一些比较经典的量表开发研究，如国外学者Dunlap和Van Liere（1978）开发并修正了新生态范式（NEP）问卷，并在2000年进行了修订，该量表一度被作为研究亲环境价值观的重要工具（Fujii，2006）；Kempton et al.（1995）开发了环境价值观的问卷，主要包括3个维度：自我中心、人类中心和生态中心。Stern和Dietz（1994）以价值基础理论为依据提出利己、利他和生态圈的简洁环境价值观量表。在国内的研究中，学者们大多借鉴国外学者的研究成果，如国内学者洪大用以及他的同事（2006，2011，2014）以Dunlap和Van Liere（1978）、Dunlap等（2000）提出的NEP量表为基础，进

行了本土化应用探索；芦慧等（2016）以 Stern 和 Dietz（1994）的量表为基础进行了本土化利己、利他和生态圈价值观量表的修订与拓展；虽然张玮（2013）以中国传统文化视角进行了环境价值观结构的开发与探索，但并非以组织为背景，本研究无法直接套用其环境价值观量表。然而，在组织水平上的亲环境价值观建设的文献甚少，Dief 和 Font（2012）开发了三维度的 10 题项量表检验组织价值观对环境管理的影响（普遍性商业价值观、自愿或利他价值观、政府控制价值观），遗憾的是，Dief and Font（2012）的组织价值观体系并未纳入员工价值观。

（二）亲环境价值观与亲环境行为关系研究

价值观是人们生活中的指导准则和方向，是形成态度和行为的基础。Rokeach（1973）把价值观理解为某一特定的行为模式或终极的生存状态，是一种对于个人或生活而言优于相反的行为模式或生存状态。Axelrod（1994）、Karp（1996）等认为关于环境问题，个人利益和集体利益冲突经常发生，这时候价值观可能就发挥了很重要的作用。人们可能有多元的价值观并且它们之间可能会发生冲突，当两个价值观冲突的时候，原有水平被认可的两项价值观的互相作用将会比任何单个价值观所代表的水平更好地预测一个人的环境行为（Howes and Gifford，2009）。因此，众多研究表明亲环境价值观能够影响个体亲环境行为的选择（Dietz et al.，2005；Kennedy et al.，2009；Wynveen，and Sutton，2015）。

在环境价值观结构的研究中，Stern（2000）将环境价值观分为利己价值观（基于个体自身的利益关注环境问题）、利他价值观（基于人类整体利益的角度关注环境问题）、生态圈价值观（人、自然环境具有内在价值和平等生存的权利，尊重自然和谐发展），三种价值取向存在一定的关联度，不互相排斥，且该分类得到了学者们的广泛验证和接受（Groot and Steg，2008，2010；Kennedy et al.，2009），研究显示利己价值观通常带来消极的亲环境态度、行为意向和行为，利他或生态圈价值观则可以引导积极的行为和态度，可能是因为许多环境保护的行为需要抑制个体的利己倾向（Stern and Dietz，1994；Schultz and Zelezny，1999；Nordlund and Garvill，2002；Gärling et al.，2003；Honkanen，and Verplanken，2004；Milfont and Gouveia，2006），然而生态圈价值观更多地关注环境保护的目的和意图而不是利他主义（Groot and Steg，

2008）。国内的研究中，余志高（2012）研究显示持利己价值观的消费者会对其绿色消费行为产生显著的负向影响，持利他和生态环境价值观的消费者会对其绿色消费行为产生显著的正向影响，印证了 Stern（2000）价值观分类的合理性和跨文化性。

另外，在城市居民环境价值观与亲环境行为的研究中，Barr（2003）采用问卷法对英国居民做废物回收调查，研究结果表明环境价值观可以显著影响废弃物回收、再利用和减少家庭废物等环保行为；Vringer 等（2007）以荷兰 2304 户家庭为实验对象研究价值模式对家庭能源行为的影响，发现不同价值观模式对家庭能源消费没有直接显著性差异，而是需要借助其他因素实现价值模式的传递作用。Gatersleben 等（2014）对 2694 名英国居民进行了亲环境消费行为的相关研究，显示价值观作为自变量通过个性的完全中介作用对亲环境行为产生了正向预测作用。王京京（2015）的研究显示环境价值观对绿色消费行为具有正向作用。其他领域的研究中，Sussman（2016）通过模拟捕鱼困境，发现当参与者处于持续捕鱼的困境中时，环境价值观可以很好地预测亲环境行为。

目前国内有关价值观结构及其与行为的关系研究都聚焦在以价值观作为自变量、调节变量或中介变量的研究上（沈立军，2008；王国猛等，2010；司喜红，2012；刘贤伟，2013），从而为本次开展价值观和规范的有效错位研究提供了契机。

四　环境情感现状研究

（一）环境情感的内涵与界定

不同的学科对于情感的界定是不同的，生理学认为情感产生于心理过程，是一种心理反应，通过身体的自主神经系统、神经递质、激素、肌肉骨骼系统等交互作用产生，并伴随着面部表情、言语与身体姿势的变化等（吴丽敏，2015）。

伦理学认为情感是道德的基础，如休谟认为道德行为的产生源自情感而非理性（休谟，2011），并且情感可以成为行为的动机，是人们欲望和意欲的第一源泉与动力，因为它不但能够产生快乐或者痛苦，还能因此构成幸福和苦难。

行为学的情感观着重于情感的外在行为表现，认为唯有把情感作为表现出来的行为才能对其进行观察和研究（郭景萍，2008），如人在愤怒的时候会表现出言语冲突、肢体冲撞等行为。

乔纳森·特纳（2009）从社会学的视角认为情感包含五种成分：①关键的身体系统的生理激活；②建构的文化定义和情境限制，它规定了在具体情境中情感应如何体验和表达；③由文化提供的语言标签被应用于内部的感受；④外显的面部表情、声音和副语言表达；⑤对情境中客体或事件的知觉与评价。

《心理学大辞典》中认为："情感是人对客观事物是否满足自己的需要而产生的态度体验。"（郭景萍，2008）客观事物符合需要，个体就会呈现欢迎的态度，从而体现为喜爱、喜悦、愉快、快乐、高兴的情感；不符合需要，个体就会呈现拒绝的态度，从而体现为沮丧、讨厌、憎恨、愤怒、鄙视的情感（王建明，2015）。

不可否认的是，情感是人类所特有的复杂体验，各领域一直没有停止对情感的深入探索，近现代的情感研究在生理学和心理学发展的基础上得到了进一步地深入，尤其是通过对情感心理形成过程的分析和情感生理机制的科学化研究，使得人们大大深化了对情感的认识，并与情绪进行了详细的区分（吴丽敏，2015）。情感与情绪不同，情绪倾向于个体基本需求欲望上的态度体验，情感则倾向于社会需求欲望上的态度体验（孟昭兰，2005；杨峻岭，2013），因此，情感具有稳定性、持久性和内隐性的特征（董文，2011；王建明，2015），从而可与其他心理活动区分开来（Fredrickson，2001）。

情感的研究正在逐步渗入各个领域，在环境情感内涵的研究方面，王建明（2015）认为消费碳减排的实际效果不尽如人意的根源在于目前的传播沟通教育主要停留于口号宣传阶段，更多地以提高感知、认识为核心，忽视了微观个体的情感诉求或情感共鸣（曾建平，2004；Wang et al.，2013），即政府或相关部门仅仅做到了"晓之以理"，大多忽略了"动之以情"。因此，王建明（2015）深入探讨了环境情感对碳减排行为的影响，并将环境情感定义为个体对环境问题或环境行为是否满足自己的需要而产生的态度体验，本研究认同该定义，并将其作为研究员工亲环境行为的中介变量。

（二）环境情感的相关理论

1. 人际行为理论

人际行为理论较早地将情感与态度明确区分开来（Triandis，1979）。根据人际行为理论模型，行为意向的形成有 3 个显著性条件：态度或对期望结果的感知价值、社会因素、情感因素或情绪反应。其中，对决策或决策形势的情感反应被认为不同于对结果的理性-工具评价，且可能包括不同强度的积极和消极的情绪反应。

2. "知、情、行"模型

美国学者 Westbrook 和 Oliver（1991）认为，个体改变行为是一个过程，存在"知"（认知）、"情"（情感）、"行"（行为）三个阶段，认知是情感的先行变量，即个体对外部事物和刺激的认知会产生与此相关的情感，进而产生行为（Frijda，1993）。"知、情、行"模型揭示了个体行为产生的内部动因，认知是首要因素，但情感因素更能直接影响个体的行为。

3. 后悔理论与失望理论

后悔理论由 Loomes 和 Sugden（1982）提出，该理论认为：当决策者意识到自己的选择结果可能不如别的选择结果时，会产生后悔情感。预期的后悔情感将改变效用函数，决策者在决策中会力争将后悔降至最低。失望理论同样由 Loomes 和 Sugden（1986）提出，该理论假设失望是当同时有几个可能的结果，而自己的结果较差时所体验到的一种情感。预期到的失望情感通过改变效用函数影响决策，决策者在决策中会力避失望情感的产生。

4. 群体卷入模型

Blader 和 Tyler（2009）提出的群体卷入模型认为，员工的尊敬感和自豪感这两种情绪会影响个体对组织的卷入度。Edwards（2009）提出组织支持会传递给员工一种组织尊敬他们的信息，因而更容易产生组织认同感。Walter 和 Bruch（2008）则对工作群体积极的集体情感产生过程及其情境因素进行了研究；员工在充满压力和不公平的组织环境中，会产生消极的情绪，如气愤，进而更有可能做出反生产工作行为，而员工的高公平感等积极情绪则与组织公民行为积极相关（Spector and Fox，2010）。

5. 心境一致性假说

心境一致性假设（Bower，1981）指的是当人们处于一种情感状态时倾向于选择和加工与该情感效价相一致的信息，表现出情感的某种启动效应。例如处于愉快情感状态中的个体倾向于对事物做出乐观的判断和选择，而处于悲伤状态中的个体倾向于对事物做出悲观的判断和选择。

6. 情感事件理论

情感事件理论（Weiss and Cropanzano，1996）关注个体在工作中情感反应的结构、诱因以及后果，认为稳定的工作环境特征会导致积极或者消极工作事件的发生，而对这些工作事件的体验会引发个体的情感反应，情感反应则可以进一步影响个体的态度与行为。情感反应影响行为存在两条路径：一是直接影响员工的行为，二是通过影响员工的工作态度（如工作满意度、组织承诺等）间接影响行为。该理论进一步区分了两类不同性质的行为：一类是直接由情感反应驱动的行为，即情感驱动行为，如员工被领导批评，产生挫折或不愉快的情感反应，次日仅因心情不好而迟到或旷工；另一类是间接由情感反应驱动的行为，即情感反应先影响员工的工作态度，再进一步由这种态度驱动行为，称为判断驱动行为，又称态度驱动行为，如员工离职一般不只是出于情绪冲动，更可能是长期消极情感体验的累积而导致工作满意度、组织承诺等工作态度的变化，深思熟虑之后对工作形成总体的评价判断，如"觉得这样不会有发展前景"，进而做出决策（Weiss，2002）。

7. 情感-行为双因素理论假说

王建明（2015）提出了"情感-行为双因素理论假说"。在这一理论假说中，环境情感和消费碳减排行为这两个变量都存在两个基本维度（2×2），其中，正面环境情感（对环境形势改善或良好环境行为的喜爱、赞许、自豪、愉悦心理）可能会影响消费碳减排行为（减少高碳消费行为或增加低碳消费行为），负面环境情感（对环境形势恶化或不良环境行为的担忧、内疚、憎恨、愤怒心理）也可能会影响消费碳减排行为（减少高碳消费行为或增加低碳消费行为）。

（三）环境情感对亲环境行为的影响研究

关于环境情感与亲环境行为的研究中，很多学者的研究都表明环境情感是影响亲环境行为的重要变量。Pooley（2000）发现情感作为一种动机能够预测个人的环境态度从而影响其环保行为。Kals 等（1999）发现如果仅研究人们的理性认知无法很好地解释他们的环保行为，积极情感和消极情感也是环保行为的预测要素。Fineman（1996）发现不论是积极情感还是消极情感都对组织成员的一般环保行为的形成有战略性的作用。Chan 和 Lau（2000）运用结构方程模型分析的结果表明，生态情感对绿色购买意向存在显著的正向影响，对绿色购买行为也存在显著的间接影响。Elgaaied（2012）的研究则证实了消费情感是驱动绿色购买行为非常重要的因素。汪兴东和景奉杰（2012）研究了中国城市居民低碳购买行为的影响因素发现，在个人因素中低碳情感对低碳购买意向的影响占据主导地位。Meneses（2010）对情感进行了专项研究，结果表明对于消费者的亲环境行为而言，情感因素比认知因素的影响力更大，并且积极情感的影响力大于消极情感的影响力。王丹丹（2013）的实证研究也证明生态情感对绿色购买行为的促进作用不是生态知识所可以比拟的。Marques 和 Almeida（2013）及 Zhao 等（2014）的实证研究显示，消费者的环境态度对其绿色购买行为有重要影响。Gadenne 等（2011）和 Lee 等（2014）的研究结果表明，消费者对绿色产品的态度与绿色产品消费行为有密切关联。吴龙昌（2016）研究发现，绿色购买情感能有效驱动绿色购买行为。王建明和吴龙昌（2015）研究发现，自豪、赞赏和愧疚情感均能显著预测绿色购买行为。

（四）预期环境情感的测量

对于预期环境情感量表的研究，国外学者的贡献较为突出。Carrus 等（2008）将预期环境情感分为积极预期情感和消极预期情感，其中积极预期情感包括愉快、兴奋、高兴、乐意、满足、自豪、自信 7 个项目，测试描述为"如果在接下来的两周内，您将使用公共交通工具而不是私家车去上班"，消极预期情感包括生气、沮丧、不满意、不满足、愧疚、伤心、失望、绝望、恐惧 9 个项目，测试描述为"如果在接下来的两周内，您不使用公共交通工具而是选取私家车去上班"。

Onwezen 等（2013）在 Tracy 和 Robins（2007）的自豪量表及 Kugler 和 Jones（1992）的内疚量表基础上所开发的针对亲环境行为的预期自豪感和预期愧疚感量表，其中预期自豪感包括自豪、有成就感、自信、满意、有价值五项词条，测试描述为："假设您在商店，决定购买环保产品，你觉得如何？"预期愧疚感包括内疚、懊悔、遗憾、难过、羞耻 5 项词条，测试描述为："假设您在商店，决定不买环保产品，你觉得如何？"

Harth 等（2013）在 Ferguson 和 Branscombe（2010）、Harth 等（2008，2011）研究基础上，采用 2 项题目测试预期的环境自豪感，分别是自豪和愉快，采用 2 项题目测试预期的环境愧疚感，分别是内疚和遗憾。

Onwezen 等（2014）在 Holbrook 和 Batra（1987）研究的基础上，分别选取 3 项题目测试预期的自豪感和内疚感。为了衡量预期的自豪感，被访者被要求评价以下项目："如果我实施了环境友好行为，那么我觉得自豪/值得/非常好。"为了衡量预期的内疚感，被访者被要求评价以下项目："如果我实施了不友好的环境行为，那么我感到内疚/感到悔悟/良心过意不去。"

Bissing-Olson 等（2016）根据 Marschall（1994）的羞耻和愧疚量表，将预期情感分为自豪和愧疚两类，其中预期自豪感包括自豪、满意、愉悦 3 项词条，预期愧疚感包括内疚、懊悔、遗憾 3 项词条，用于测量被试者在环境行为上的预期情感倾向。

Rezvani 和 Ansson（2016）根据 Schuitema 等（2013）的研究将环境情感分为积极预期情感和负面预期情感，测试描述为"与普通燃油汽车相比，驾驶电动汽车的情感倾向为＿＿＿"。积极预期情感包括自豪、愉快和兴奋，负面预期情感包括遗憾、尴尬和紧张。

国内学者也在积极探索环境情感对亲环境行为的作用，王建明（2015）通过提出情感-行为双因素假说，将环境情感归为 6 维度结构，其中环境忧虑感、环境厌恶感、环境愧疚感为负面情感，环境热爱感、环境自豪感、环境赞赏感为正面情感，共包含 18 项题目。

五　研究评述

（一）亲环境行为研究评述

亲环境行为的研究从 20 世纪 70 年代末兴起，来自不同背景、不同领域的学者从多个视角展开了对环境行为的研究，然而就国内研究来讲依然存在些许不足。如国外学者对于亲环境行为的研究众多且研究成果颇多，且诞生了诸多环境心理学与社会心理学中广泛应用的理论及结论。在结构和测量方面国内学者多在国外学者研究的基础上进行了本土化的修正，这显然不足以体现中国传统文化背景下的亲环境行为现状，因此，对于亲环境行为领域的各项研究需要以中国社会文化背景为基础进行相关研究。

（二）亲环境价值观文献评述

通过上述文献的回顾和梳理可以发现，目前对亲环境价值观的研究文献集中在个体层面。随着企业所承担的社会责任压力越来越大（Bissola and Imperatori，2016），组织内环境价值观的建设受到了越来越多学者的关注（Dief and Font，2012），并且 Liedtka（1991）认为用价值观驱动可能是最有效避免做出有损组织生命威胁的决策，印证了组织内亲环境价值观建设对于组织可持续发展的重要性，然而，目前很少有学者检验组织亲环境价值观或政策对员工亲环境行为或规范的影响（Andersson et al.，2005）。因此将亲环境价值观融入组织价值观建设中将有效提升员工亲环境行为。

（三）亲环境规范研究评述

需深化亲环境规范和亲环境价值观关系研究，促进政策设计与价值观建设的相互包容性。对规范和价值观之间关系机理的研究相关理论支撑不够，现有研究通常将亲环境规范和亲环境价值观对环境行为的作用路径进行独立研究，割裂了国家或政府、群体和个体三者的统一性，可能会带来城市环境管理中环境价值观建设和相关政策在内容上的矛盾，造成建设中努力方向的偏差。因而有必要重新研究"规范-价值观"可能存在的错位关系以及"规范-价值观"体系的结构，实现价值观建设和政策设计在内容上的有效兼容。

（四）环境情感研究评述

通过对环境情感相关文献的梳理发现，环境情感展现了人们在面对环境问题时的心理反应，并且许多学者也通过模型阐述了环境情感的反应机制。本研究认为，环境情感是与环境问题相互作用下产生的心理过程，是一种稳定的、深刻的态度体验，它是基于认知产生的，而本研究的自变量组织"宣称-执行"亲环境价值观匹配也是认知的产物，那么以环境情感作为中介变量将使得员工亲环境行为选择路径更为清晰。

第八章 基于"宣称-执行"亲环境价值观的 "规范-价值观"结构与测量研究[*]

一 "规范-价值观"结构的代理: "宣称-执行"亲环境价值观

企业宣称价值观是企业将其认为比较重要的价值观通过文件或口号等载体宣称出来,使员工清楚组织倡导,比如,企业会通过各类承载宣称价值观的载体(如企业使命、各类活动、奖惩等各类制度等)以及日常宣讲、文件规定等各类灌输形式表达企业"期望"、员工"应该"共享的价值观,所代表的是企业中命令性社会规范。而执行价值观则表现了企业真实价值观的存在形态,是企业中工作群体和员工个体在真实行为中所反映出的价值观,代表的是企业描述性社会规范(工作群体)和个体价值观(员工个体)。

宣称价值观和执行价值观共存于企业价值观内部(Lu et al.,2015),呈现"二元"特征,恰恰反映了企业与员工群体或个体两类价值观视角的整合与分裂程度(见图1)。同时,共存于企业价值观内部的宣称与执行两类价值形态并非相互独立,二者在结构上应是一致的,不同的可能是价值观词条在不同价值体系中重要性程度排序(Hewlin et al.,2017),进而呈现出企业价值观的"宣称-执行"形态,即企业价值观"二元"结构体系。

虽然当前对企业亲环境价值观内涵与结构研究甚少,但环境保护作为组织可持续发展的重要手段(Lu et al.,2018),不仅是企业"期望"其自身和内部成员主动遵守的行为规范,也是员工对企业边界内亲环境价值观

---

* 该章内容所得相关结论已作为部分章节反映在论文《组织亲环境价值观及其对员工亲环境行为的影响研究》中,并被《管理评论》期刊录用,拟在2021年发表。

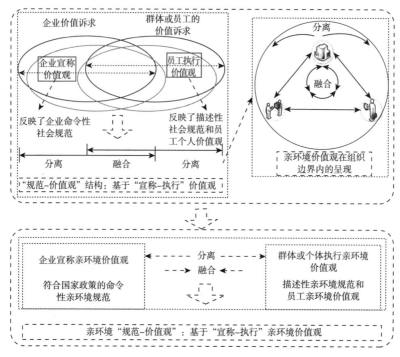

图 1　组织亲环境价值观"二元"结构逻辑推理

的认同和遵守。而企业边界内亲环境价值观在内涵上就是亲环境价值观在企业情境下的应用和表现，即"企业亲环境价值观"，强调企业及其内部全体成员对于保护自然环境的共识性信念。实践中，由于宣称亲环境价值观与执行亲环境价值观的"立场"差异，二者自然也承袭了企业价值观的二元特征，即两类价值观具备分离与融合的特征，使得企业亲环境价值观呈现出"宣称-执行"的二元结构特性。

事实上，考虑到企业宣称亲环境价值观折射的是"符合国家政策的命令性亲环境规范"特征的"组织期望"的亲环境价值观，而企业执行亲环境价值观强调实践中员工群体或个体在真实亲环境行为中反映出的价值诉求，也就是说属于描述性亲环境规范和员工个体亲环境价值观，那么宣称亲环境价值观得到有效执行的前提就是企业形成并推行"宣称-执行"亲环境价值观体系，因为只有兼容"国家或政府命令性规范、员工群体描述性规范和员工个体价值诉求"多方价值诉求的企业亲环境价值观，才能融合和促进企业内宣称与执行亲环境价值观的统一，使得企业亲环境价值观得到有效执行。

具体到企业"规范-价值观"体系中，企业宣称亲环境价值观与企业命令性亲环境规范在内涵上较为一致，企业执行亲环境价值观的内涵则同时包含了描述性亲环境规范和员工个体亲环境价值观，也就是说，宣称亲环境价值观与执行亲环境价值观不仅包含了企业、群体和个体等三种主体，同时也在内涵上等同于命令性亲环境规范、描述性亲环境规范和员工个体亲环境价值观。可见，"规范-价值观"体系结构研究其实就是基于"宣称-执行"亲环境价值观体系结构的研究。简而言之，基于"宣称-执行"亲环境价值观体系结构就是"规范-价值观"体系结构的研究代理。

因此，基于"宣称-执行"亲环境价值观的"规范-价值观"结构框架突破了以往理论界对于"宣称-执行"价值观理论的认知，将三个不同主体共同纳入工作场所实际存在的多元亲环境价值观形态中，分别为企业宣称的亲环境价值观（命令性亲环境规范）、群体执行的亲环境价值观（描述性亲环境规范）和员工执行的亲环境价值观（员工个体亲环境价值观）。

二　基于"宣称-执行"亲环境价值观的 "规范-价值观"结构开发

芦慧等（2016）认为宣称价值观和执行价值观的内部构成维度应该是一致的，宣称价值观和执行价值观的提炼基于代表性的组织文化结构维度、管理者与员工的访谈得出初始结构，然后根据国家安全管理制度、企业文化或制度进行进一步的修正，并通过与专家讨论后形成"宣称-执行"价值观体系正式结构。根据事实驱动法，组织价值观与国家价值观（环境政策折射出的价值）、企业文化（折射出的价值观）和员工价值观必然存在相互渗透的关系（芦慧等，2016；Lu and Chen，2015）。因此，芦慧（2014）对安全文化结构的研究思路可适用于本研究。

企业亲环境价值观属于企业层面价值观的一个细分，与普遍性意义上的价值观势必存在通性，因此，本研究选取中国传统文化背景下的经典价值观结构进行初步分析。同时，考虑到企业亲环境价值观与传统文化背景下普遍性价值观之间的通性，出现频率越高的价值观子维度其在价值观体系中的代表性可能就越强，也就越有可能是亲环境价值观的存在形态，因此本研究根据表 1 中文献价值观内容的普遍程度（子维度在不同结构中出现的频率）提炼初始价值观维度，作为亲环境价值观与普遍性价值观的共同维度。在归纳提取的过程中，道德责任、尽责、公民美德、谦虚自律、品格自律等都属于道德自律范畴，因此总结为"道德自律"维度，其他共同维度也以此类推。根据提取结果，我们保留了频次大于等于 4 次的结构维度，最终形成 8 维度的初始结构（见表 2）。

表 1　代表性价值观结构维度

序号	学者	价值观类型	价值观维度
1	Kahn（1979）	儒家意识下的中国传统价值观	家族主义、帮助所有认同的团体成功、富有阶级观念、互依互补、认为上级应该照顾部属
2	Redding（1984）	儒家伦理价值观	自律与节制、尊重教育、重视技能学习、对工作认真、勤奋努力、家庭责任感、社会相互性、金钱意识、认同团体、有阶层感、爱护面子、认知的传统、公司为家庭所有
3	Yau（1988）	传统价值观	与自然相和谐、缘、忍让、情境导向、尊重权威、人际关系、集体导向、面子、崇古导向、中庸、与人为善
4	Schwartz（1992，1994）	人类普遍价值观	权力、成就、享乐主义、刺激、自我导向、普世主义、仁慈、传统、遵从、安全
5	Bond（1996）	儒家文化价值观	整合、儒家工作动力、仁慈、道德责任
6	杨国枢（1998）	中国人传统/现代价值观	遵从权威、孝亲敬祖、安分守成、宿命自保、男性优越、平权开放、独立自顾、乐观进取、尊重情感、两性平等
7	Zhang and Jolibert（2003）	中国传统文化价值观	行为与地位一致、家族声誉、倾听他人、崇尚自然、自然和谐、公正平等、奢侈无用、相信缘分
8	金盛华等（2009）	中国人价值观	品格自律、才能务实、公共利益、人伦情感、名望成就、家庭本位、守法从众、金钱权力

续表

序号	学者	价值观类型	价值观维度
9	王庆娟和张金成（2012）	儒家传统价值观	尊重权威、宽忍利他、接受权威、面子、公平敏感性、尽责、公民美德、乐于助人
10	张玮（2013）	中国环境价值观	重视亲缘、正义利他、团结和谐、博爱平等、自然知足、谦虚自律
11	潘煜等（2014）	中国文化背景下的消费者价值观	面子形象、实用理性、差序关系、人情往来、中庸之道、奋斗进取、权威从众、独立自主
12	么桂杰（2014）	儒家文化价值观	环境关爱、群体性、面子观
13	芦慧等（2016）	组织亲环境价值观	利己价值观、利他价值观、生态圈价值观

表 2　中国文化情境下亲环境价值观初始结构

序号	价值观提炼	频次
1	追求功名（包括尊重权威、行为与地位一致、权威从众、名望成就、富有阶级观念、有阶层感、利己价值观、金钱权力、金钱意识、享乐主义等）	11
2	人际和谐（包括面子观、面子形象、爱护面子、人际关系、与人为善、人情往来、人伦情感、尊重情感、社会相互性、相信缘分等）	8
3	道德自律（包括道德责任、尽责、公民美德、守法从众、对工作认真、谦虚自律、品格自律、自律与节制、中庸、中庸之道、忍让、仁慈、宽忍利他等）	8
4	家庭取向（包括重视亲缘、差序关系、家族声誉、家庭本位、孝亲敬祖、家族主义、家庭责任感等）	7
5	公平正义（包括正义利他、群体性、公正平等、公平敏感性、普世主义、两性平等、利他价值观等）	7
6	团结助人（包括团结和谐、集体导向、帮助所有认同团体成功、公共利益、认同团体、乐于助人等）	7
7	人与自然和谐（包括环境关爱、与自然和谐、崇尚自然、自然和谐、生态圈价值观等）	5
8	务实进取（包括奋斗进取、才能务实、乐观进取、勤奋努力等）	4

三 基于"宣称-执行"亲环境价值观的 "规范-价值观"访谈提纲的编制

(一) 宣称亲环境价值观访谈提纲设计

宣称亲环境价值观通过传播渠道传递给组织人员（包括普通员工和中高层管理者），在设计的过程中，本部分兼顾传播形式（产品发布会、讲座、会议、培训等）和访谈对象的组织层级、知识和素质不同等多方面原因设计访谈问题，经过多轮预访谈与修正后，形成企业内普通员工的访谈题目 13 项，企业中高层管理者的访谈题目 14 项。如针对公司例会这一渠道，所设计的问题分别为："在贵公司例会中，是否提到过环保相关内容？请列举出三个最有印象的内容。""贵公司是否有外请专家举办讲座？是否有涉及环保相关内容？请列举出三个最有印象的内容。"

(二) 执行亲环境价值观访谈提纲设计

该部分访谈提纲的编制流程引用目前组织文化研究中覆盖力最强、内容最全的巴雷特七层次企业意识理论模型作为访谈提纲的结构，其中与个人意识相对应的七个层级意识，又称层级个人价值及行为。在进行多轮预访谈与修正后，我们发现在发挥作用意识这一层级上并无有效价值观信息，因而正式的访谈提纲只采用其他六个层级，形成企业内普通员工的访谈题目 17 项，企业中高层管理者的访谈题目 16 项。如"生存需求"这一需求层级上，针对不同对象所设计的问题有："请问您认为环保重要还是财富重要？您认为国家以牺牲环境而带来经济增长是可行的吗？为了个人财富的实现做污染环境的事情你能否接受？你能否为了环保而牺牲自己个人利益的一部分，具体事例？（国家和个人会不会不一样？）""请问您认为环保重要还是财富重要？您认为国家以牺牲环境而带来经济增长是可行的吗？为了企业利润的实现做污染环境的事情是可行的吗？具体事例？（国家和企业会不会不一样？）"

四 基于"宣称-执行"亲环境价值观的"规范-价值观"结构修正

（一）基于访谈的"宣称-执行"亲环境价值观体系

访谈调研于 2016 年 4~8 月进行，共涉及来自江苏、上海、河南、山东等在企工作的 71 位员工（普通人员 54 人，中高层管理者 17 人）。通过初步整理，得到 67 项宣称价值观和 79 项执行价值观，然后根据独立性、系统性等原则，将含义相同或相近以及具有包含关系的价值观词汇进行整合，并计算每项价值观词条在不同受访者中出现的频次。如果某个价值观词条被某位访谈对象多次描述，那么该词条出现频率也只定量为 1 次，即每项价值观词条频次分布在 1~71 次。根据价值观频次分布与访谈结果的具体情况，为了确保结果的全面性，在此我们仅删除频次小于 23（总数的 1/3 的整数值）的价值观词条，最终得到 41 项宣称价值观（如环保理念共享、节约利用资源等）和 62 项执行价值观（如人身健康与安全、环境关心等），如表 3 所示。

表 3 基于访谈的"宣称-执行"亲环境价值观词条

序号	宣称价值观词条	频次	序号	执行价值观词条	频次
1	环保理念共享	59	1	人身健康与安全	71
2	节约利用资源	51	2	环境关心	60
3	环保政策/制度遵从	47	3	渴望社会和组织承认	56
4	环保物质奖惩	44	4	环保理念共享	53
5	工作和生活环境优美	42	5	工作和生活环境优美	53
6	环保精神奖惩	41	6	顺从权威	52
7	人类福祉	40	7	环保正义	52
8	慈善	40	8	获取他人尊重	52
9	权责对等	39	9	责任心	51
10	教育与培训	39	10	冲突协调	47
11	自我节制	38	11	道德辩护	47
12	成本控制	38	12	可持续发展	46

续表

序号	宣称价值观词条	频次	序号	执行价值观词条	频次
13	人身健康与安全	33	13	服务奉献	46
14	保障周边社区安全	33	14	审慎合宜	46
15	注重企业声誉	32	15	人际融合	45
16	企业自制	32	16	自我节制	45
17	追求卓越	30	17	以身作则	44
18	有失公允	30	18	成就感	43
19	修旧利废	30	19	节约利用资源	41
20	清洁生产	30	20	主动学习环保知识与技能	41
21	企业外部监督	28	21	社会祥和安定	41
22	环保技术创新	28	22	欢乐	41
23	环保管理创新	28	23	社会利益	40
24	可持续发展	27	24	人与自然和谐	40
25	产品质量达标	27	25	尊重权威	40
26	内部考核监督	26	26	勇气	39
27	基于环境行为考核的激励	26	27	财富	38
28	环境关心	26	28	与人为善	37
29	合作共赢	26	29	诚信正直	37
30	主动学习环保知识与技能	25	30	环保政策/制度遵从	37
31	勇于担当	25	31	社会责任	36
32	维护周边社区关系	25	32	冷漠	35
33	排放达标	25	33	幸福感	35
34	维护公共物品	24	34	关系取向	35
35	谦恭自守	24	35	明哲保身	34
36	诚信正直	24	36	环保意识淡薄	34
37	财富（企业利润）	24	37	家庭幸福	34
38	尊重与关爱他人	23	38	平衡兼顾	33
39	支持性	23	39	宽容体谅	33
40	科学管理	23	40	适度	32
41	共同参与	23	41	文明进取	31
			42	修旧利废	30

序号	宣称价值观词条	频次	序号	执行价值观词条	频次
			43	家庭成员环保意识教导	30
			44	清洁生产	30
			45	心理健康	30
			46	知恩图报	29
			47	群体认同	29
			48	尊重生态	28
			49	谦恭自守	28
			50	认真负责	28
			51	绿色消费	26
			52	功名地位	25
			53	自省自警	25
			54	乐于助人	25
			55	求同依赖	25
			56	心理免于焦虑	25
			57	循序渐进	24
			58	仁爱平等	24
			59	成本控制	24
			60	安分低调	24
			61	权衡利弊	23
			62	享乐	23

（二）国家环境政策驱动的亲环境宣称价值观体系

国家法律法规中贯穿着对环境治理的决议，体现了国家对企事业单位以及员工的要求与规定，属于宣称价值观，应该作为亲环境宣称价值观结构内容的依据。因此，我们选取了9部国家政策：《中华人民共和国环境保护法》（2015年1月1日）、《环境标准管理办法》、《城镇排水与污水处理条例》、《中华人民共和国清洁生产促进法》、《中华人民共和国节约能源法》、《中华人民共和国大气污染防治法》、《中华人民共和国固体废物污染环境防治法》、《"十三五"环境影响评价改革实施方案》、《中华人民共和国环境影响评价法》，对每部法律的每条法规进行逐句、逐条分析，并提炼隐含环境价值观在不同政策中出现的内容和频次（芦慧等，2015）。由于国家政策所折射的价值观具有高度集中性与正向引导性，本研究对词义相似词条或语义重复词条进行删除、整合，仅剔除频次小于5的亲环境价值观词条，最终得到31项词条（如诚信正直、环保理念共享等），如表4所示。

表 4　国家环境政策驱动的亲环境宣称价值观词条

序号	宣称价值观词条提炼	频次	序号	宣称价值观词条提炼	频次
1	诚信正直	9	17	环境外部监督	6
2	环保理念共享	9	18	权责对等	6
3	公正廉洁	9	19	人身健康与安全	6
4	可持续发展	8	20	环保物质奖惩	6
5	勇于担当	8	21	教育与培训	6
6	鼓励	8	22	环保精神奖惩	6
7	合作共赢	8	23	保障周边社区安全	6
8	工作和生活环境优美	8	24	预防、控制与应急	5
9	维护周边社区关系	8	25	环保政策/制度遵从	5
10	公开透明	8	26	清洁生产	5
11	公众参与	7	27	维护公共物品	5
12	环保技术创新	7	28	绿色消费	5
13	修旧利废	6	29	平衡兼顾	5
14	节约利用资源	6	30	排放达标	5
15	支持性	6	31	科学管理	5
16	遵守法制	6			

（三）代表性企业文化驱动的亲环境宣称价值观体系

企业文化不仅包含企业对员工的要求，会反映企业对环境问题的责任与价值观表现，也是亲环境价值观宣称层面的体现。因而，我们选取60家传统企业的企业文化（如 ZGHG、HBYH、SDHT 集团有限公司等）进行价值观词条的提炼，提炼的原则与前文所述国家环境政策相似。由于 60 家企业处于不同行业，规模、地理等因素也不同，本部分为保留价值观个性，仅删除频次小于 20 的价值观词条，最终得到 44 项亲环境价值观词条（包括环保技术创新、诚信正直等），见表 5。

表 5　代表性企业文化驱动的亲环境宣称价值观词条

序号	宣称价值观词条	频次	序号	宣称价值观词条	频次
1	环保技术创新	55	23	组织与员工共同成长	25
2	环保管理创新	55	24	环境关心	24
3	诚信正直	54	25	注重细节	24
4	合作共赢	48	26	兼容并包	24
5	追求卓越	42	27	忠诚无私	24
6	认真负责	42	28	人际融合	24
7	服务奉献	41	29	适应变化	24
8	尊重与关爱他人	40	30	自制	24
9	内部和谐	37	31	主动学习环保知识与技能	24
10	能干	37	32	修旧利废	23
11	可持续发展	36	33	责任心	23
12	人身健康与安全	35	34	知恩图报	23
13	产品质量达标	34	35	绿色消费	23
14	务实	34	36	迅速反应与及时反馈	22
15	勤奋	32	37	科学管理	22
16	文明进取	31	38	谦恭自守	22
17	公正廉洁	31	39	爱国思想	21
18	社会责任	30	40	仁爱平等	20
19	爱岗敬业	30	41	敬畏生命	20
20	节约利用资源	27	42	宽容体谅	20
21	审慎合宜	27	43	心理健康	20
22	遵守法制	26	44	信任沟通	20

（四）企业环保制度驱动的亲环境宣称价值观体系

企业环保制度包含了企业对员工的环境行为要求，也是亲环境价值观宣称层面的体现，本研究对 18 家企业（如 HKSY 有限公司、SDKR 金属制品有限责任公司、ZJHD 机械有限公司等）环保制度的每一项规定进行逐句分析，提取相应环境价值观。本研究初步提取 64 项价值观词条，此后对所有的价值观词条进行语义再分析、删除、整合等工作，删除频次小于 10 次的价值观词条，最终得到 34 项亲环境价值观词条（包括排放达标、保障周边社区安全等），具体见表 6。

表 6　企业环保制度驱动的亲环境宣称价值观体系

序号	宣称价值观词条	频次	序号	宣称价值观词条	频次
1	教育与培训	17	18	维护周边社区关系	14
2	排放达标	17	19	诚信正直	13
3	人身健康与安全	17	20	清洁生产	13
4	保障周边社区安全	17	21	预防、控制与应急	13
5	修旧利废	17	22	可持续发展	13
6	环保政策/制度遵从	17	23	环保内部监督	12
7	遵守法制	17	24	内部考核监督	12
8	认真负责	16	25	迅速反应与及时反馈	12
9	主动学习环保知识与技能	16	26	环保理念共享	11
10	权责对等	16	27	基于环境行为考核的激励	11
11	环保精神奖惩	15	28	科学管理	10
12	合作共赢	15	29	以身作则	10
13	组织项目实施与环境标准执行同步并行	15	30	注重细节	10
14	环保物质奖惩	15	31	支持性	10
15	资源循环利用	15	32	环保技术创新	10
16	审慎合宜	14	33	员工环保责任明晰	10

序号	宣称价值观词条	频次	序号	宣称价值观词条	频次
17	工作和生活环境优美	14	34	信任沟通	10

（五）基于"宣称-执行"亲环境价值观的"规范-价值观"初始结构修正

我们将结合访谈所得基于"宣称-执行"亲环境价值观的"规范-价值观"词条，基于国家环境政策、企业文化与企业环保制度驱动下得到的亲环境价值观词条对初始结构进行修正。

为保证亲环境价值观的中国特色与每一项词条的严谨性，我们邀请心理学、环境管理学领域的2位专家与3名研究生进行了讨论与咨询，并结合专家意见将词义相近、内容交叉重复的词条进行再次的调整、重组、删除，如将"勤奋""务实""能干"三个词义具有交叉性的词条合并为"勤奋务实"，"家庭成员环保意识教导"与"环保理念共享"相结合为"环保理念共享（家人、组织）"，"适应变化"修改为"适应内外部变化"，"与人为善""关系取向""内部和谐"等词条合并为"人情世故"，"环保政策制度/遵从"并入"遵守法治"。最终我们形成以下结构："教育与培训"与"环保理念共享"重叠，因而合并为"环保理念共享"；此外，经过专家讨论认为"环保内部监督""环保外部监督""内部考核监督""环保物质奖惩""环保精神奖惩""基于环境行为考核的激励""公众参与""鼓励"等词条更像是环保手段，与价值观本义偏离，因而予以删除；消息类价值观词条，如"有失公允"对应"公正廉洁"，"道德辩护"对应"勤奋务实""诚信正直"等多个道德类价值观，均在积极价值观词条中反映，因此，都予以删除；还有一些范围较广的词条，如"社会利益""社会责任"等在多项词条中也均有反映，因此予以删除；"谦恭自守"和"爱岗敬业"合并为"敬业守礼"，通过全面的整合与调整，最终"宣称-执行"价值观结构包含9个维度68项词条。表中1代表访谈所折射的宣称价值观体系，2代表访谈所折射的执行价值观体系，3代表国家政策驱动的宣称价值观体系，4代表企业文化驱动的宣称价值观体系，5代表企业环保制度驱动的宣称价值观体系（见表7）。

表7 基于"宣称-执行"亲环境价值观的"规范-价值观"结构修正后结构

维度名称	价值观词条	维度名称	价值观词条
节能减排	节约利用资源 12345	面子需要	求同依赖 2
	成本控制 12		顺从权威 2
	绿色消费 234		尊重权威 2
	维护公共物品 13		人情世故 24
公共责任	排放达标 135		渴望社会和组织认同 2
	预防、控制与应急 35		获取他人尊重 2
	组织项目实施与环境标准执行同步并行 5		人际融合 24
	清洁生产 1235		物质财富 12
	爱国思想 4		功名地位 2
	慈善（热心公益）1		贪图享乐 2
	保障周边社区安全 135	道德自律	自我节制 124
	环保正义 2		勤奋务实 4
	注重企业声誉 1		勇于担当 13
幸福感	人身健康与安全 12345		敬业守礼 124
	心理健康 124		诚信正直 12345
	家庭幸福 2		忠诚无私 4
	工作和生活环境优美 1235		公正廉洁 34
	欢乐愉悦 2		自省自警 2
	成就感 2		乐于助人 2
精益取向	注重细节 234		遵守法制 12345
	权责对等 135		知恩图报 24
	产品质量达标 14		宽容体谅 24
	员工环保责任明晰 5		服务奉献 24
	适应内外部变化 5		审慎合宜 245
	迅速反应与及时反馈 45	民主和谐	平衡兼顾 23
生态尊重	人与自然和谐 2		冲突协调（妥善解决他人冲突，维护周边社区关系）1235
	可持续发展 12345		共同参与 1
	社会祥和安定 2		公开透明 2
	人类福祉 1		兼容并包 4
	敬畏生命 4		合作共赢 1345
	仁爱平等 24		信任沟通 45
卓越创新	主动学习环保知识技能 1245		环保理念共享（家人、组织）1235
	环保技术创新 1345		尊重与关爱他人 14
	环保管理创新 14		
	自我突破与超越 14		

由表 7 可知，9 个维度分别为：节能减排、公共责任、幸福感、精益取向、生态尊重、面子需要、道德自律、民主和谐和卓越创新，我们研究保留了"追求功名"（修正结构中更名为"面子需要"）、"人际和谐"（修正结构中更名为"民主和谐"）、"人与自然和谐"（修正结构中更名为"生态尊重"），并将原结构中"团结助人""务实进取""公平正义"维度的内容并入"道德自律"维度中，形成新结构中的"道德自律"维度，将"家庭取向"维度内容纳入新结构中的"幸福感"维度，同时增加了"节能减排"这一体现亲环境价值观特色的维度，以及囊括企业和个人责任的"公共责任"维度，还有以企业为对象的"精益取向"和"卓越创新"维度，自此形成亲环境价值观修正结构。

五　基于"宣称-执行"亲环境价值观的"规范-价值观"正式结构研究

（一）基于"宣称-执行"亲环境价值观的"规范-价值观"结构量表编制与预调研

根据修正后得出的 68 项价值观词条，结合访谈资料与文献中学者对价值观的描述，我们根据系统性与严谨性的原则设计了基于"宣称-执行"亲环境价值观的"规范-价值观"结构初始量表（见附录 3），包括三个视角："企业和员工共同视角"、"企业视角"和"员工视角"，每一项词条后面都跟了相应的解释，如"企业和员工共同视角"下将"节约利用资源"价值观词条设计为"节约利用资源：企业和员工共同节约使用资源，并加强资源的循环利用"，"企业视角"下将"保障周边社区安全"价值观词条设计为"保障周边社区安全：最大限度保障周围社区免遭因本企业活动产生的威胁、危险、危害以及损失"，"员工视角"下将"环保正义"价值观词条设计为"环保正义：员工要努力争取和保护自己与他人的合法环保权益（如投诉、举报环境破坏行为等）"，从而使被试者判断每一项价值观对于实现"生态文明·绿色发展"的重要程度。

需要说明的是，平衡兼顾、冲突协调和环保理念共享 3 个词条所对应的企业和员工视角存在差异，因此分别用 2 个题项测量，最终取二者均值作为该词条的表现，初始问卷的内容描述见附录 3。

调研过程采用李克特 5 点式量表，5 代表非常重要，1 代表非常不重要，通过实地调研和网络调研相结合的形式，于 2017 年 4~5 月在江苏、山东、安徽等地发放问卷 600 份，回收 518 份，其中有效问卷 449 份，有效回收率为 74.8%。

首先，利用 SPSS 20.0 软件对该结构进行探索性因子分析，经过多次逐项删除分析后，得到了 38 项价值观词条，最终的 KMO 为 0.921>0.7，且 Bartlett 球型检验结果在 0.01 水平上显著，且所有 6 个因子共解释了观察变量总变异量的 54.42%，表明进行探索性因子分析是适宜的，因子载荷如表 8 所示。可以看出，原先 9 个维度在进行因子分析的过程中形成了 6 个维度，考虑到结果所显示条目的维度与修正结构存在区别，需要对上述 6 个维度进行更新命名。维度 1 包含 9 项条目，其内容是与环境息息相关的，既包括人们美好的愿景也包括对自然环境的关爱与尊重，表达了人们心中人类与自然界最终的理想状态，因此维度 1 命名为"生态尊重"；维度 2 包含 7 个条目，主要涵盖"勤奋务实""宽容体谅""遵守法制"等道德性价值观，因此将该维度命名为"道德自律"；维度 3 包含 7 个条目，主要涉及"人情世故""尊重权威"等富含中国特色的元素，并且环境问题的处理还要依据人与人关系的状态，要顾及其他人的感受，因此将其命名为"面子需要"；维度 4 包含 5 个条目，表达了人们对于社会理想状态所愿意付出的努力，因此是利他性的价值观维度，因而命名为"仁爱利他"；维度 5 包含 5 个条目，与修正后结构比较，维度 5 只剩下企业应该要坚持和推行的价值观，体现了企业层面的公共责任，因此将其命名为"公共责任"；维度 6 包含 5 个条目，主要表达了人们实现美好世界所要坚持的工具性亲环境价值观，只有企业和个人都进行资源利用的节约使用，才能达到理想的环保效果，因此将其命名为"节能减排"。

表 8　亲环境价值观初始问卷的因子矩阵

价值观词条	维度 1	维度 2	维度 3	维度 4	维度 5	维度 6
环保理念共享	0.725	0.120	0.015	0.150	0.195	0.165
人类福祉	0.718	0.027	−0.034	0.158	0.050	0.148
人与自然和谐	0.658	0.118	−0.058	0.294	0.026	0.061

续表

价值观词条	维度 1	维度 2	维度 3	维度 4	维度 5	维度 6
可持续发展	0.656	0.202	0.000	0.146	0.071	0.210
社会祥和安定	0.604	0.205	0.061	0.238	0.190	0.025
公民身心健康	0.599	0.189	0.053	0.079	0.312	0.054
绿色创新	0.544	0.205	-0.017	0.001	0.363	0.035
敬畏与关爱生命	0.504	0.347	0.081	0.097	0.202	-0.203
平衡兼顾	0.458	0.149	0.176	-0.030	0.181	0.300
诚信正直	0.126	0.729	-0.063	0.245	0.090	0.109
审慎合宜	0.146	0.726	0.083	0.073	0.171	0.049
公正廉洁	0.144	0.702	-0.060	0.261	0.103	0.116
宽容体谅	0.171	0.696	0.008	0.260	0.129	0.143
遵守法制	0.205	0.640	-0.007	0.125	0.014	0.295
知恩图报	0.194	0.624	-0.009	0.392	0.056	0.095
勤奋务实	0.205	0.579	0.079	0.325	-0.015	0.037
人情世故	0.031	0.108	0.763	-0.018	-0.058	-0.043
尊重权威	0.074	-0.006	0.729	0.113	-0.073	0.104
人际融合	0.092	-0.001	0.726	0.083	-0.068	0.069
功名地位	-0.032	0.051	0.721	0.066	-0.025	-0.002
求同依赖	-0.032	-0.123	0.702	0.085	0.034	-0.093
贪图享乐	-0.116	-0.061	0.702	-0.078	0.155	-0.162
顺从权威	0.070	0.052	0.693	-0.013	-0.047	-0.053
忠诚无私	0.165	0.286	0.022	0.731	0.113	0.062
敬业守礼	0.072	0.289	0.081	0.684	0.123	-0.017
乐于助人	0.172	0.345	0.044	0.660	0.131	0.060
服务奉献	0.288	0.202	0.177	0.641	0.068	0.021
勇于担当	0.208	0.234	0.021	0.602	0.073	0.193
保障周边社区安全	0.100	0.156	-0.108	0.125	0.741	0.121
责任明晰	0.206	0.095	-0.013	0.082	0.686	0.118
公开透明	0.205	0.027	0.039	-0.021	0.598	0.215
同步并行	0.177	0.127	-0.078	0.179	0.593	0.248
权责对等	0.224	0.020	0.030	0.141	0.546	0.301
排放达标	0.104	0.090	-0.180	0.052	0.141	0.752

续表

价值观词条	维度 1	维度 2	维度 3	维度 4	维度 5	维度 6
预防控制应急	0.182	0.032	−0.054	0.262	0.313	0.619
清洁生产	0.235	0.213	−0.092	0.128	0.335	0.616
成本控制	−0.005	0.162	0.111	−0.011	0.176	0.584
节约利用资源	0.289	0.262	−0.099	−0.029	0.209	0.434

紧接着，我们对 38 项价值观做了信度分析（见表 9），结果显示，每个子维度与总维度的 Cronbach's α 值均大于 0.7，信度结果良好。

表 9 亲环境价值观正式结构信度分析结果

	维度	Cronbach's α
"宣称-执行"亲环境价值观量表 （Cronbach's α = 0.886）	节能减排	Cronbach's α = 0.751
	公共责任	Cronbach's α = 0.761
	生态尊重	Cronbach's α = 0.852
	面子需要	Cronbach's α = 0.848
	仁爱利他	Cronbach's α = 0.821
	道德自律	Cronbach's α = 0.871

我们将 38 项价值观词条及词义进行了进一步的充实与修正，修正结果见附录 4（亲环境价值观问卷表述修正），附录 4 展示了修正后的正式问卷描述，将企业视角、企业和员工共同视角以及员工个人视角均进行了整合，并对具体内容进行了修正与整合。

（二）基于"宣称-执行"亲环境价值观的"规范-价值观"结构的验证性因子分析

本部分拟对前述 38 项条目采取结构方程模型方法进行验证性因子分析，并构建一阶六因子模型：根据探索性因子分析结果，假设节能减排、公共责任、生态尊重、面子需要、仁爱利他和道德自律为 6 个一阶因子。此阶段调研以 38 项条目为基础进行问卷编制，2017 年 5~6 月共发放 650 份问卷，其中有效问卷为 477 份，有效率为 73.4%。然后，利用 AMOS 24.0 程序运行，结果见表 10。

表 10　亲环境价值观验证性因子分析相关数据

X^2	df	X^2/df	CFI	GFI	IFI	RMSEA	RMR
1358.665	650	2.090	0.914	0.868	0.914	0.048	0.043

表 10 中，X^2/df 小于 3，CFI、GFI、IFI 都大于 0.8，处于可接受水平，RMSEA 小于 0.05，并且该模型在 0.01 水平上显著，38 项条目的价值观即为基于"宣称-执行"亲环境价值观的"规范-价值观"正式结构，具体内容见表 11。

表 11　基于"宣称-执行"亲环境价值观的"规范-价值观"正式结构

	环保理念共享○		诚信正直□
	人类福祉○		审慎合宜□
	人与自然和谐○		公正廉洁□
	可持续发展○	道德自律	宽容体谅□
生态尊重	社会祥和安定○		遵守法制□
	公民身心健康○		知恩图报□
	绿色创新○		勤奋务实□
	敬畏与关爱生命□		人情世故□
	平衡兼顾○		尊重权威□
	保障周边社区安全△		人际融合□
	责任明晰△		功名地位□
公共责任	公开透明△	面子需要	求同依赖□
	同步并行△		贪图享乐□
	权责对等△		顺从权威□
	排放达标△		忠诚无私□
	预防控制应急△		敬业守礼□
节能减排	清洁生产△	仁爱利他	乐于助人□
	成本控制△		服务奉献□
	节约利用资源○		勇于担当□

注：○代表组织和员工共同遵守的价值观，△代表组织应遵守的价值观，□代表员工应该遵守的价值观。

（三）基于"宣称–执行"亲环境价值观的"规范–价值观"结构内涵特征剖析

1. 具有本土文化特色的维度：面子需要

该维度是关系导向中国传统文化在亲环境价值观中的缩影，涵盖了能力性面子需要和关系性面子需要等方面（宝贡敏等，2009），折射出中国组织或者个人环保价值观所具有的外部驱动、印象管理和从众等典型特征，而非单纯来源于对生态的尊重、自我道德的约束等。其中，能力性面子需要（如功名地位、贪图享乐）强调个体对他人认同、评价和尊重的渴望，比如个体的享乐价值观导向将会影响其亲环境行为的意愿或执行程度；而关系性面子需要（如人情世故、尊重权威等）则凸显个体对和谐、融洽人际关系的渴望，比如为了迎合组织领导或大部分人的行为期望而不得不进行环保行为。

2. 强调环境价值观中可持续本质与道德本质的普适性维度：生态尊重、道德自律和仁爱利他

生态尊重维度认为人类需从根本转变"人是自然的征服者"的价值观，尊重和维护自然界以及整体利益，不断超越自身利益，实现人与自然关系的和谐统一。同时，亲环境行为通常被认为是个体道德责任的体现（Dumont et al.，2017），道德自律维度恰好验证了此类观点，认为所涉及的道德品质可迁移至对自然环境的态度与行为，如严格"遵守法制"的员工也会遵守国家或组织所要求的环境行为或规范。同时，仁爱利他维度关注组织中成员所应具有的忠诚、担当等传承于中华民族优秀品质的价值观，虽与"组织公民行为"内涵上有异曲同工之处，但仁爱利他维度内涵边界更为深广。此外，生态尊重强调组织理应从自然、国家、社会、公众的公共利益出发来承担塑造员工生态尊重价值观的责任和义务；仁爱利他维度提倡的是个体积极影响他人或事物的"榜样"品质；道德自律维度关注的是个人所应遵循的道德规范，三者皆可影响员工乃至组织边界外其他群体或个人的利他行为，使他们履行环保行为，因此，三者是普适性的亲环境价值观。

3. 关注实现环保目标的工具性特征价值观维度：公共责任与节能减排

公共责任维度立足组织的社会主体角色，强调组织在追求自身利益或

目标的同时需响应国家政策，履行对公众及周围社区的义务，保障员工和社区公众的健康、安全，维护公共利益。节能减排是指节约能源和减少环境有害物排放，关注的是"俭"（节能）和"减"（减排）。"俭"意味着美德和相应生活方式特征（李林等，2014），强调组织绿色生产实践过程中的成本控制、清洁生产以及员工节能行为；"减"则提倡污染物排放的减少，要求组织积极响应国家环保政策，实现排放达标、生产绿色化。然而，节能必定减排，减排却未必节能，组织须重视节能理念和预防控制，真正做到低能耗、低污染、低排放。

总体而言，基于"宣称-执行"亲环境价值观的"规范-价值观"结构皆扎根于中国本土文化，其内涵既体现中国传统文化对当代人亲环境价值观的影响，也反映了企业和员工应共同遵守的规范，体现了中国组织亲环境价值观的"宣称"与"执行"形态。

第九章 概念模型与研究假设

一 概念模型构建的理论基础

（一）价值观、规范和情感

1. 规范与价值观

对规范的研究起源于社会科学，Thibaut 和 Kelley（1959）将规范定义为被群体中的个人分享（至少是被部分个人分享）的关于行为的期望。W. 理查德·斯格特（2008）认为规范是规定事情应该如何完成，并规定追求所要结果的合法方式或手段。因此，本书认为将规范视为一种集体规范更为恰当，这个集体可以是社会、组织或群体，只要是通过某一任务、特征或力量凝结的集体均存在其特有的规范。

规范指导人们如何行动，那么价值观与规范具有怎样的联系与区别呢？一方面，台湾学者文崇一（1989）认为，社会规范是用来约束个人或群体行为的工具，并认为规范与价值观存在互动关系，规范代表了大众所接受的价值取向；也有学者认为社会规范会内化成人们的价值取向进而指导个体的行为。由此可以判断，规范和价值观的关系犹如一种折射关系，规范代表了多数人的行为准则或活动标准，而这些准则或活动标准折射出组织或群体规范性期待，个人被期望遵守这些规范的时候会逐渐内化为自己行动的标准，即价值观。因此，由规范可以折射群体的价值观，也可以内化为个体的价值观，规范可视为个体和群体价值观的代表。另一方面，邱羚和秦迎林（2013）指出规范为不正式的声明，多数为口头传达或成员沟通过程中自发形成的，可见规范是一种非正式的规则。根据上述分析，我们可以推理出规范产生于集体，依赖于集体而存在，只有在集体中规范才可以立足，进而转化为个人规范或价值观。因此，规范既是某种特定的行为趋向，也可以是心照不宣的统一标准。它的一个最重要特征是组织、群体或大多数人的"期望"，而这个期望是不加限定的，可以是符合社会主流价值观倾向的，也可以是非社会主流价值观倾向的。简单来说，规范表达的是"群体是什么样的"而不一定是"群体应该是什么样的"，而价值观代表了人们的基本信念（Robbins，2010），价值观决定主体喜好，指导主体行为选择，并指明其应该或值得做的事情，不仅反映了人们的需要和动机，也反映了人们对事物价值观的主观评价。价值观可以由不同层次组成价值观体系，如社会价值观、组织价值观、群体价值观和个体价值观，并且价值观具有稳定的特征，是不同层级主体行动的准则。通过分析可以推理出，组织价值观体系中包含群体价值观是合理的，而规范作为群体价值观的表现形式，它的状态与表现形式会对群体的不同成员起到不同的作用（邱羚、秦迎林，2013）。

2. 价值观与情感

情感是人对客观事物是否满足自己的需要而产生的态度体验，反映了客观事物与个体需要间的关系（卢毅刚，2013）。情感是有别于情绪的，社会学词典（章人英，1992）对两者做了详细区分，情绪与人的自然性需要有关，具有较大的情景性、短暂性，并带有明显的外部表现，如喜悦、悲哀、愤怒等；情感则与人的社会性需要有关，是人类特有的高级而复杂的体验，具有较大的稳定性和深刻性，如道德感、荣誉感等。从内涵来看，情感是人类所特有的对客观事物的主观体验，因此相比较于情绪，情感更具有社会性、强稳定性和深刻性，对个体的影响也就更稳定。情感是人的精神生活的核心成分，它们在人的心理生活中起着推动和组织作用，支配着个体的思想和行为。

国外的研究通常不区分情绪与情感。弗洛伊德认为"成为人"不仅要发展人格和道德，还应发展情感（卢毅刚，2013）。并且他将人格分为三个要素：本我（驱动我们寻求自我满足感的内驱力，如食物、安全等基本需要）、自我（本我和压制本我的社会需要之间的平衡力量）和超我（个体在社会群体中内化的规范和价值观），超我是人格中的道德成分，会在个体触犯社会规则时唤起负罪感和羞耻感，而在个体遵从社会规则时唤起自豪感和自我满足感。个人所处的情境会使人通过自身的信仰、价值观、义务感和目的产生认知和评价，进而产生情绪，该理论强调了认知是情绪产生的前提。那么，从理论视角我们可以推断出，情感的产生除了基本需要被满足外，由规范、价值观等心理因素产生的认知评价也是促使情感产生的重要因素。

价值观对人的指导作用是显而易见的，并且是相对稳定和持久的，并且价值观从总体上影响人的态度和行为（Moon et al., 2003）。情感既是态度的三要素之一，也是形成态度最关键的因素，因此，可以推断出价值观对态度和行为的影响，可能更多的是通过情感产生的。孟昭兰强调，人类的高级目的行为和意志行为的驱动，包含十分重要的情感因素（卢毅刚，2013），这表明，情感也是驱动人行为的重要因素。

通过上述论证，可以简单地梳理规范、价值观、情感和行为之间的关系：规范是群体价值观的代理，规范和价值观可以促进情感的产生，规范、价值观和情感均可作为行为产生的重要驱动。由此可见，本书构建"价值观匹配-情感-行为"的反应机制是合理且严谨的。此外，综合来看，情感为完善制度和规范提供了情感诉求，与价值观一起共同驱动着行为选择。

（二）群体规范、行为与个体行为

作为组织价值观系统中非常重要且容易被忽略的成分，群体价值观的产生和演变值得深入探究。群体是指为了实现特定的目标，由两个或两个以上相互作用相互依赖的个体组合而成的集合体。规范则是群体成员共同接受的一些行为标准。群体规范使个体知道自己在特定情境下应该做什么和不应该做什么，同时也代表着群体对个体的行为期望，所有的群体都有自己的规范。著名的霍桑实验得出一个重要的结论就是规范在决定个体的工作行为中具有重要作用。当群体规范内化为个体的心理尺度和自觉行动的内部观念时，就完成了一个个体的社会化进程，因而，群体规范具有表现群体核心价值观、增进内聚力、预测个体行为和改善人际关系的作用（苏勇、何智美，2011）。然而，每一个群体所表达的都是他们关于表现其价值观"正确"方式的期望（詹姆斯·M.汉斯林，2014），因此，群体规范的作用并不总是积极的，那么群体规范是如何驱动个体行为的呢？

群体规范是群体存在的基础，对成员具有约束作用，为成员提供行为准则，使群体内每一个成员自觉或不自觉地保持着与大多数人的一致性，这时大多数人的意见形成了一种无形的力量，即群体压力。群体成员的行为通常具有跟随群体行为的倾向。当一个人发觉自己行为和意见与群体多数人不一致时，一般会感到心理紧张，产生心理压力，而这种压力会促使其与群体主流行为和意见趋于一致，这种行为也被称为从众行为。从众行为背后的推动力又是什么呢？

Festinger（1950）认为从众行为产生的原因有两个。一是人们基于信念正确性（或相反）所获取的信息使他们认为其他人都赞同他们的信念。简单来讲，就是个体通过与群体成员进行比较产生的自我评价，从而获取满足或不满足感，这种"信息规范"暗示了"了解其他人"比"了解你自己"更容易让人们做出选择（Bartlett，1962），社会比较理论认为，人们往往会重视群体的一致性，而且通常其行为举止是为了维持它。二是重要的群体目标的出现，此时，群体目标可能会引发群体成员行动的一致性，尤其是当目标达成有赖于他们全体的努力的时候，这就要求群体成员对群体目标的高度一致。多伊奇和杰拉德（1955）随后补充了第三点理由，他们指出从众不是因为他们依赖同谋的判断去界定现实，而是为了避免可能的社会嘲弄，避免成为"怪异者"，这种观点也被称为"规范影响"，从需求理论视角来说，成员趋同于群体规范是为了获得安全需要或关系需要。除此之外，特纳（1991）又提出了"参照信息影响"的存在，他指出当人们认同于某一群体，会将自己视为它的成员，并从思想上将自己与他们视为群体一部分，将自己与他们的特质和规范联系起来，即人们更愿意被自己所认同归属的群体规范所指引，因而，可以得出这样一个观点："人们应该更易受源于内群而非外群的影响。"这启示了我们在研究群体行为对个体影响的过程中，应该针对的群体是个体所归属的群体而非组织内的任何一个群体。

从群体规范到群体行为，人们往往因为不同的动机选择与群体保持一致，实际上，这也是人们寻求归属感的方式之一。一个人是否愿意全身心地为一个集体服务，很大程度上取决于他以何种方式来看待工作、同事和上司，证明自己在社会上具有重要意义以及获得一种安全感，而安全感源于自己被接纳为某个群体的成员（丹尼尔，2014）。然而，群体生活经历不可能是完全积极的，虽然成员会被群体吸引，但也存在其他不吸引人的地方，在消极方面可能会削弱群体的凝聚力，致使个体在加入群体之后发现自己不总是愉快的。根据认知失调理论，在这样的情境下个体实际上产生了认知失调，不一致的感知在心理上是不舒服的，因此，个体会寻求办法来降低这种不一致，减少失调的一种方法就是提高对群体的评价。由此可见，从认知失调视角也可以推断出群体规范对个体行为的重要影响，并且遵守群体规范会增强人们积极的情感也成为重要暗示。因此，情感是规范存在的重要因素之一，并且价值观和规范都可以引起相应的情感，将情感作为个体行为选择影响过程的中介变量符合逻辑。

那么组织价值观和群体价值观究竟在个体行为选择中扮演怎样的角色呢？规范焦点理论或许会为本研究提供理论依据。美国社会心理学家 Cialdini et al. （1990）提出的"规范焦点理论"指出人们做出很多好行为的原因并不是像他们所说的那样，是因为有一个好的意识、态度或目的，而是主要受到社会规范（尤其是描述性规范，即大多数人的实际行为和典型做法）的强大影响。这个理论涉及社会规范的两个类型：命令性规范和描述性规范。描述性规范指大多数人在特定情境中自发形成的行为规范，是一种被大多数人认为有效的和正确的规范，如从众现象；命令性规范指社会、组织或道德中所规定和倡导的规范，即大多数人的赞同或不赞同的意见将对个体行为产生约束。由描述性规范和命令性规范的含义，我们可以联想到制度三大支柱中的规范性要素和群体规范之间的联系，与命令性规范相似，制度规范性要素源自道德评价，通常是符合社会主流价值观的，而群体规范则更接近于描述性规范，即大多数人都赞同的观点或大多数人都认同的行为，具有从众效应。但根据 Cialdini et al. （1990）的研究可以判断，群体规范（描述性规范）比制度规范性要素（命令性规范）更能影响人们的行为。组织价值观与群体价值观相比，更多的是建立在合法性和道德性基础之上，是较为稳定和持久的价值观体系。然而，每个个体所归属的群体价值观是不完全相同的且并不总是积极的，如果组织价值观和群体价值观不一致，根据规范焦点理论，个体很有可能遵从群体价值观而非组织价值观。故而本书也可以认为：群体价值观对个体行为选择的影响有可能会超越组织价值观。那么，在本篇所针对的研究问题中，群体价值观

（描述性规范）更适合作为调节变量，企业价值观（命令性价值观）则更适合作为情感和行为的前因变量。

二　企业员工亲环境行为选择模型构建

（一）内源和外源性员工亲环境行为内涵解析

近年来，企业员工亲环境行为得到了广泛的关注，其内涵为员工为达到组织环保目标努力实施的一系列有益于环境的行为及扩展行动（Lu et al.，2017）。许多学者也对员工亲环境行为进行了维度划分，如应用最广泛的是公私领域类型的划分，Lu et al.（2017）以 Stern（2000）、Larson 等（2015）、Lavelle 等（2015）、孙岩等（2012）对亲环境行为结构的研究为基础，提出了员工公领域亲环境行为（如对工作场所存在的环境问题能够向有关部门或领导提出改善建议）和私领域亲环境行为（如在工作场所中将垃圾分类投放）的结构。这是从员工亲环境行为的表现类型入手得出的维度划分。综观员工亲环境行为的研究，学者们似乎忽略了对员工亲环境行为产生动机的思考与探讨。动机作为激发和维持个体活动的基础，是人们行动的动力，从动机视角探讨员工亲环境行为将更有助于理解员工亲环境行为的内外部激发机制。

动机可分为内在动机（Intrinsic Motivation）和外在动机（Extrinsic Motivation）两类。其中，外在动机是指活动动机由外在因素引起的，追求活动外之前的某种目标；内在动机是指活动动机处于活动者本人且活动本身就能使活动者的需要得到满足（郭德俊，2017）。行为是对环境刺激做出的反应，动机可以从行为结果中得到结果，内在动机偏向于主动积极，外在动机则偏向于外在奖赏或惩罚。因果知觉点也可以说明这一点，它是指个体对他为什么开始一项活动的知觉，是一个从内部到外部的连续体。当个体认为他的行为起源于他自己的需要、思想、情感和欲望时，他的行为知觉点是内部的，而当他们认为行为起源于行为的影响时，那么他们的知觉点是外部的，比如典型的环境影响包括重要的他人、奖赏、压力（期限）、威胁（特权的丧失）、限制（规则）等。内在动机行动的知觉点在内部，外在动机的行为知觉点在外部。

同时，Deci 和 Ryan（1985）提出的自我决定理论也区分了自主性动机和控制性动机，自主性动机包括内部动机和内化很好的外部动机，自主性动机意味着人们从事活动是出于兴趣，或者活动的价值被整合为自我的一部分，行动完全是自觉自愿的；控制性动机是指行动出于压力感，即不得不做。此外，在组织行为研究领域，Tyler 和 Blader（2005）将制度遵从行为分为组织制度顺从和组织制度自觉遵从行为两类，顺从的表现形式是被动的、强制性的，而自觉遵从则是主动的、自发的，与上述外在动机和内在动机以及自主性动机和控制性动机的内涵是一致的。另外，在一项歧视黑人动机的研究中，Plant 和 Devine（1998）开发的"对黑人无偏见的内外源动机量表"也是从内在和外在动机视角出发进行维度划分的，内在动机主要表达了"发自内心的认同不应该歧视黑人""不歧视黑人的行为源于价值观"等意图，外在动机主要表达了不歧视黑人是希望"避免惩罚""获取他人好感""融入群体"等意图。这项研究也符合本研究前述所分析的内外动机特征。

企业员工亲环境行为作为道德行为的一种，是符合社会主流价值观倡导的行为，既有利于节约组织成本，也有利于组织实现绿色责任。同时，企业员工亲环境行为也可以看作一种自我决定行为，在组织、群体等以及自身因素的作用下进行认知选择，那么这就为动机的形成铺垫了条件。因此，本书对企业员工亲环境行为的研究也将从内在和外在动机的视角展开，初步将基于内在动机驱动而产生的员工亲环境行为称为内源性亲环境行为，将基于外在动机驱动而产生的员工亲环境行为称为外源性亲环境行为。其中，内源性亲环境行为主要表达了人们实施亲环境行为是出于自愿、自觉和积极响应主流价值观的目的，外源性亲环境行为的实施则出于规章制度的要求、群体压力、他人评价等目的。对内源性和外源性亲环境行为结构的划分，为员工亲环境行为结构发展提供了理论依据。

（二）概念剖析与模型构建

在详细阐述与本书研究内容相关核心概念词的含义与关系的基础上，本书还严密论证了企业价值观、群体价值观、情感和行为之间的关系，以及各个层面价值观和情感在员工亲环境行为选择模型中所扮演的角色。然而，本书所采用的并非仅仅是单独的企业价值观和群体价值观，而是二者分别与员工执行价值观匹配所形成的新变量作为相应的研究变量。因此，还需要着重对基于"企业宣称-员工执行"亲环境价值观匹配的"命令性环境规范-员工亲环境价值观"这一变量，以及基于"群体执行-员工执行"亲环境价值观匹配的"描述性环境规范-员工亲环境价值观"这一变量进行重点的概念剖析。同时，还需根据变量间的理论基础和内涵构建出本书所研究的概念模型。需要提出的是，既然"企业宣称-员工执行"亲环境价值观匹配和"群体执行-员工执行"亲环境价值观匹配统一作为"命令性环境规范-员工亲环境价值观"匹配和"描述性环境规范-员工亲环境价值观"匹配的代理，后续将不再赘述"命令性环境规范-员工亲环境价值观"匹配和"描述性环境规范-员工亲环境价值观"匹配的内涵。

1. 概念剖析

（1）"企业宣称-员工执行"亲环境价值观匹配。"人-组织"匹配理论强调个体与所在组织特征的交互作用的一致性。"人-组织"价值观匹配也是研究匹配过程中最常见的匹配方式。个体与组织价值观的匹配可以预测员工的行为，匹配契合度越高，员工就越可能产生正向行为（朱青松、陈维政，2005）。本书采用企业宣称的亲环境价值观和员工执行的亲环境价值观进行匹配研究，是为了衡量企业期望与员工实际表现所体现的价值观之间的契合度（芦慧，2014），从而探求员工行为与企业要求中不一致的深层原因，并从企业和员工的双向亲环境价值观诉求视角出发，考虑如何让员工更好地践行企业亲环境价值观，以及企业宣称亲环境价值观如何更好地融入员工价值观诉求。企业宣称亲环境价值观代表企业对内宣称的亲环境价值准则，包括制度、口号、文化等载体所折射出的亲环境价值观，执行亲环境价值观则是员工群体或员工个体实际行为中所折射出的亲环境价值观。根据宣称和执行亲环境价值观内涵，企业宣称亲环境价值观是指企业通过相应的环境制度、环境规则、环保文化等书面形式或口头形式所宣称的价值观，执行亲环境价值观是指员工群体或员工个体实施的与环境有关的行为中所折射出来的价值观。

（2）"群体执行-员工执行"亲环境价值观匹配。随着群体和团队的概念广泛运用于组织运作，人-群体匹配也逐渐受到关注。通过上述分析可以看出，群体行为所折射的群体价值观的确对员工行为选择产生了重要的影响，此外，O'Neal（2011）强调管理者和雇员间的互动、同事之间的互动都会影响成员如何感知他们所处的工作环境以及他们是否信仰组织宣称的价值观。从社会认同理论视角，个体认为自己置身于价值观一致的群体中，价值观一致会对团队成员的态度起到积极作用（甄宽，2016）。因此，本书将个体所处的群体行为所折射出的亲环境价值观作为重要变量，认为群体执行的亲环境价值观是群体中大部分人表现出来的与环境有关的行为所折射出的价值观。

因此，"企业宣称-员工执行"亲环境价值观匹配和"群体执行-员工执行"亲环境价值观匹配均是由企业层面的宣称价值观和群体层面的执行价值观与员工执行价值观匹配所得，这样一来，既可保证企业亲环境价值观体系在企业、群体和员工层面上的结构一致性，也可衡量企业与员工、群体与员工亲环境价值观的契合程度与缺口形态，从而深入分析中国企业亲环境价值观体系的现状和问题。

（3）预期环境自豪感和预期环境愧疚感。预期环境情感在亲环境行为研究领域受到了越来越多的关注（Perugini and Bagozzi，2001），主要是通过前瞻性的预期推测（关于执行或不执行某种行为）所产生的积极或消极情感（Bagozzi et al.，2000），从而影响个体行为。预期环境自豪感和预期环境愧疚感被视为与亲环境行为有关的重要情感，其中预期环境自豪感是积极的环境情感，预期环境愧疚感是消极的环境情感。当人们内心认同环保的理念并积极实施亲环境行为，或者他们跟群体保持一致实施更多的亲环境行为时，他们就会获得更多的预期环境自豪感；而当人们内心认同环保理念但没有实施亲环境行为，或者他们没有实施亲环境行为，从而违背了群体规范时，他们的预期环境愧疚感就会增强。因此，预期环境自豪感和愧疚感极有可能是价值观与预期行为不一致所致，也有可能是群体规范与预期行为不一致所致，因此，本书将其视作中介变量，来考察自变量和调节变量对预期环境情感的作用。

（4）内源性和外源性亲环境行为。基于上述研究，本书将亲环境行为划分为内源性行为和外源性行为。其中，内源性亲环境行为主要是指员工通过认知需要、价值观引导等所产生的自发性、自觉性、主动性的亲环境行为；外源性亲环境行为主要是指员工参与亲环境行为，是因为他们受制于规章制度、他人评价或获取归属感等外部因素。

2. 模型构建

在本书所探讨的概念模型中，个人因素主要涉及个人的价值观、情感，环境因素主要涉及企业价值观和群体价值观。而动机通过行为体现，行为的方向会反映动机的类型。价值观是一个人的思想和行为的核心，对人的思想和行为具有导向作用。价值观决定动机的性质、方向和强度，个体把目标价值观看得越高，由目标激发的动机就越强，在行为中发挥的力量就越大。因此，本书将"企业宣称-员工执行"的亲环境价值观匹配作为亲环境行为选择模型的自变量，这是因为，"企业宣称-员工执行"的亲环境价值观匹配变量相对于"群体执行-员工执行"亲环境价值观匹配而言，具有稳定性和主导性，"人-组织"价值观匹配也一直是影响个体行为的重要力量。而群体执行的亲环境价值观因个体所属的群体不同会存在多样性，并且群体规范对人们的影响是基于从众效应和群体压力产生，只能说"群体执行-员工执行"亲环境价值观匹配对个体行为存在诱导性，而非指导作用。在"企业宣称-员工执行"亲环境价值观匹配对情感和行为的作用过程中，由于群体执行价值观的存在可能会影响情感流露，因此，"群体执行-员工执行"亲环境价值观匹配可视作调节变量。

在前述理论基础分析中，我们已经详细阐明了价值观、规范和情感之间的内在联系，人们会通过认知评价形成对客观事物的感受情绪，如果评价结果是愉快的、合适的、舒适的、有利的，就会出现正向情感，并引起趋近的行为倾向，而当评价不愉快、不舒适、不合适，就可能引起负面情绪，产生逃避感受情绪的行为，这与本书所采用的主要情感变量——预期环境自豪感和愧疚感不谋而合，暗示了群体层面的行为规范可以使个体在预期到自己是否执行某一行为时产生相应的情感。同时，人们对制度也有不同的情感反应，表明了企业层面的制度要求对个体情感也具有一定的影响作用。这就为本书探讨"企业宣称-员工执行"亲环境价值观匹配对预期环境情感的作用以及"群体执行-员工执行"亲环境价值观匹配的调节作用提供了理论基础。

价值观是个体人格动力系统的核心成分，影响着个体的心理与行为。在这个过程中，个体将依据价值观对各种情境进行评价，从而影响情绪或主观体验（即情感）的产生及调节，可以判断价值观引发情感。Izard（1993）的分化情绪理论指出，情感是情绪的核心成分，预示着某种行动倾向或行为准备状态，具有动力特征，表明情感是引起动机和行为的重要条件。考虑到本书所关注的是基于动机的员工亲环境行为，并且从价值观匹配和预期环境情感视角探讨企业宣称环境价值观、群体执行环境价值观与员工亲环境价值观的匹配对内源和外源性亲环境行为的作用过程，因此本书遵循了"价值观匹配-情感-行为"的逻辑关系来考量各个变量之间的反应机制。

此外，在评价理论看来，无论是自豪感还是愧疚感，都是基于对人们行为的评价而产生的，而评价是基于人们关于道德正确或错误的标准所得。如果人们相信他们所做的事情是道德的，他们可能会感到自豪，相反，如果人们认为自己的行为违背了道德或规范，那么就会产生愧疚感（Bissing-Olson et al.，2016）。由于参与亲环境行为符合社会道德和期望，故而我们认为，预期环境自豪感有利于激发促进亲环境行为提升的动机。比如，预期环境自豪感可以增加人们环保捐款的愿望（Harth et al.，2013），这种自豪感更多的是建立在自我认同或他人认同的前提下。可见，预期环境自豪感越强，人们内源和外源性亲环境行为均会提升。而预期环境愧疚感会激发修复环境损害的动机和行为（Harth et al.，2013），还会增加未来的努力，这种修复和努力是一种自发、自觉责任的体现。有学者认为，预期环境愧疚感对塑造人们的行为和意向的作用更强，并且人们会倾向于避免产生与他们预期感到愧疚的行为（Lindsey，2005）。因此，预期环境愧疚感越强，人们的内源性亲环境行为表现可能会越突出。

基于上述分析，本书提出了企业员工亲环境行为选择模型（见图1），自变量"企业宣称-员工执行"亲环境价值观匹配影响预期的环境情感，其中以"群体执行-员工执行"亲环境价值观匹配作为二者的调节变量，预期环境情感影响企业员工亲环境行为，因而预期环境情感起到了中介变量的作用。

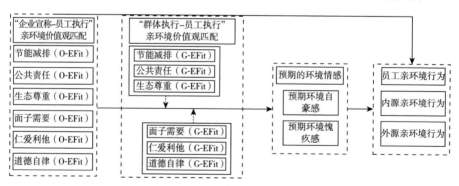

图 1　企业员工亲环境行为选择模型

三　理论分析与研究假设

（一）不同维度的"宣称-执行"亲环境价值观匹配与预期环境情感、员工亲环境行为之间的理论分析与假设

1. 节能减排维度下的分析与假设

（1）"企业宣称-员工执行"亲环境价值观匹配和亲环境行为。基于"宣称-执行"亲环境价值观的"规范-价值感"体系中的节能减排维度包括排放达标、预防控制应急、清洁生产、成本控制和节约利用资源5个主要内容，前四项主要是以企业为实施主体所得的价值观，而节约利用资源则是对企业和员工主体均适用的价值观，5项内容既强调企业应加强在绿色生产实践过程中的自我约束，也强调企业和员工都应努力维持资源利用的平衡性，"减"和"俭"同步推行才可有效保障组织与生态的双重效益。"企业宣称-员工执行"亲环境价值观匹配在节能减排维度上的一致性代表了二者在排放达标、预防控制应急、清洁生产、成本控制和节约利用资源5项价值观上的目标行动一致性或认同一致性。同时，对该维度而言，企业宣称价值观代表了企业对自身做法的声明，员工执行价值观代表了对企业宣称的践行程度以及价值观认同程度。并且企业关于实施节能减排中所列项目的做法是基于国家政策、制度、文化和访谈共同所得，既代表了国家、社会的强烈要求和期望，组织自身的环境责任，也代表了个体的环境期望和政策认同，因此，就该维度的价值观而言，制度的规制性要素体现得更加强烈，对个体行为的约束更加明确。

从动机视角出发，本书将亲环境行为分为内源性亲环境行为和外源性亲环境行为。随着"企业宣称-员工执行"亲环境价值观匹配一致性的增强，企业和员工对节能减排维度的价值观认同度也更加一致，外部奖惩机制与内在驱动机制在行动上是一致的。研究表明，与组织价值观匹配度高的员工能够实施更多的正面行为和角色外行为（Cable and DeRue，2012），因此，二者越一致，代表员工越认可企业所宣称的价值观，以及企业内与节能减排维度相关的制度要求，因此，内源性亲环境行为和外源性亲环境行为都会随之增强。基于此，提出以下假设：

假设 1a：节能减排维度下，"企业宣称－员工执行"亲环境价值观匹配正向影响员工的内源性亲环境行为。

假设 1b：节能减排维度下，"企业宣称－员工执行"亲环境价值观匹配正向影响员工的外源性亲环境行为。

（2）"企业宣称－员工执行"亲环境价值观匹配与预期环境情感。若"企业宣称－员工执行"亲环境价值观匹配一致性高，则代表企业和员工关于"减"和"俭"并行的价值观在认知和行为上均具有高度一致性，此时员工考虑到执行亲环境行为符合组织制度和政策，也更容易被组织所认可，其身份感也相应增强（Lazarus，2000），因而会表现出较高的预期环境自豪感。二者的一致性越高，表明企业和自身所向往的价值观越趋于一致，当人们考虑到不执行亲环境行为可能会违反二者价值的一致性时，其预期环境愧疚感随之增高。

而当二者一致性低的时候，会出现两种情况。第一，如果企业宣称高于员工执行，那么企业对于节能减排维度价值观是非常重视的，将会出台一系列制度和措施通过高度制度化约束员工行为，此时员工的情感与制度之间形成了强烈的碰撞，归属感降低。根据认知失调理论，员工预期到执行亲环境行为也仅仅是为了减少失调感，同时避免受到惩罚，并非发自内心，因而预期环境自豪感会降低。根据认知评价理论，个体的目标、价值观影响着人们对事物的评价，进而产生相应情感（Lazarus，1968）。由于其自身对于节能减排维度价值观的认同度较低，企业宣称价值观这一外部因素的强化降低了其内在行为激励机制，即使预期到不执行亲环境行为可能会受到惩罚，也不会增加其愧疚感。第二，如果员工执行高于企业宣称，代表个体关于节能减排维度价值观是更加符合社会和国家期许的主流价值观。当面对企业较低的宣称价值观时，即使个体预期到执行亲环境价值观符合自己的道德标准或自我期望，但由于企业关于此维度的价值观信念感过低，使得员工个体在企业中显得格格不入。一方面，员工个体的合群动机可能会使他们重新找到自我评价的比较标准（郭德俊，2017），会让员工觉得既然企业不支持环保，即使预期到自己会执行亲环境行为，也不会产生较多的预期环境自豪感；另一方面，如果企业不推崇节能减排价值观，其相应的制度和惩罚机制也会最小化，对员工个人而言，即使不执行亲环境行为也不会显得不合群，更不会影响企业对自己的认同，因此，预期的环境愧疚感也会随之降到最低。基于上述分析，提出以下假设：

假设 1c：节能减排维度下，"企业宣称-员工执行"亲环境价值观匹配正向影响员工预期环境自豪感。

假设 1d：节能减排维度下，"企业宣称-员工执行"亲环境价值观匹配正向影响员工预期环境愧疚感。

（3）"群体执行-员工执行"亲环境价值观匹配的调节作用。群体执行亲环境价值观代表了员工个体所属群体对企业宣称价值观的执行程度，在高"群体执行-员工执行"亲环境价值观匹配情境下，"群体执行-员工执行"亲环境价值观匹配趋于一致，代表员工被其所属群体所认同，个体也将更加认同群体规范，认为与群体规范保持一致会带来强烈的归属感（丹尼尔，2014），预期环境自豪感增强。同时，个体会在遵从社会规则时唤起自豪感和自我满足感，而在触犯社会规则时唤起负罪感和羞耻感，那么，"群体执行-员工执行"亲环境价值观匹配越一致，个体就显得越合群，不执行亲环境行为引发的预期环境愧疚感也就越强烈。因此，"群体执行-员工执行"亲环境价值观匹配较高的一致性对于"企业宣称-员工执行"亲环境价值观匹配与预期环境情感之间的关系具有正向的调节作用。

低"群体执行-员工执行"亲环境价值观匹配情境下，由于群体压力的存在导致个体认知失调，个体会努力寻求办法来降低这种不一致，减少失调的方法就是提高对群体的评价，努力变得合群，并崇尚群体价值观。随着"企业宣称-员工执行"亲环境价值观匹配一致性的增高，遵守群体规范也会增加员工的积极情感，预期环境自豪感随之增强。另外，随着"企业宣称-员工执行"亲环境价值观匹配一致性的增高，低"群体执行-员工执行"亲环境价值观匹配情境无疑是一个不和谐的因素。此时员工通过努力与企业保持一致的价值观思想将受到群体规范的冲击，节能减排价值观维度无疑是与亲环境行为息息相关的价值观，在节能减排的社会期望下，不执行亲环境行为的预期无论是不符合群体期望还是不符合企业期望，都将使员工产生强烈的预期环境愧疚感，并且群体价值观带来的影响可能会更加深远，继而对预期环境愧疚感的调节作用可能会更加强烈。基于此，提出以下假设：

假设 1e：节能减排维度下，"群体执行-员工执行"亲环境价值观匹配对"企业宣称-员工执行"亲环境价值观匹配和预期环境自豪感具有正向调节作用；低"群体执行–员工执行"亲环境价值观匹配情境的调节作用强于高"群体执行–员工执行"亲环境价值观匹配情境。

假设 1f：节能减排维度下，"群体执行–员工执行"亲环境价值观匹配对"企业宣称–员工执行"亲环境价值观匹配和预期环境愧疚感具有正向调节作用；低"群体执行–员工执行"亲环境价值观匹配情境的调节作用强于高"群体执行–员工执行"亲环境价值观匹配情境。

2. 公共责任维度下的分析与假设

（1）"企业宣称–员工执行"亲环境价值观匹配和亲环境行为。基于"宣称–执行"亲环境价值观的"规范–价值观"体系中的公共责任维度包括保障周边社区安全、责任明晰、公开透明、同步并行、权责对等 5 个主要内容，均是以企业为实施主体所得的价值观，因此需要企业要求员工对公众及周围社区履行义务与承担责任，不仅体现了国家政策、制度的要求，也体现了企业自觉履行社会责任的积极性和员工对组织的期望。对于该维度而言，企业在一系列政策压力和社会压力的驱动下，会对员工进行相应的价值观和行为引导。

从企业层面来讲，公共责任不仅是政策、制度的体现，还采取了正式或非正式的行为标准或规范方式，以此鼓励企业采取更恰当的行为，因此在外部环境的约束下，企业会结合自身情况形成一定的内部规范，并对个体进行行为约束和绩效评价，如果企业所提倡的价值观与员工价值观相悖，就有可能引发争议。可见，当"企业宣称–员工执行"亲环境价值观匹配一致性不断增强时，员工对公共责任维度价值观的认同程度与企业自身的公共责任履行程度也会更为契合，内源性亲环境行为随之增加；同时，企业公共责任机制也包含了"命令与控制"的定义形式，并伴随着奖惩机制，员工外源性亲环境行为会随之增加。反之，企业和员工关于公共责任亲环境价值观维度一致性较低，容易形成企业与员工间的不和谐状态（Kwantes et al.，2007），员工内源性和外源性亲环境行为也会随之降低。基于此，可以提出如下假设：

假设 2a：公共责任维度下，"企业宣称–员工执行"亲环境价值观匹配正向影响员工内源性亲环境行为。

假设 2b：公共责任维度下，"企业宣称–员工执行"亲环境价值观匹配正向影响员工外源性亲环境行为。

（2）"企业宣称–员工执行"亲环境价值观匹配与预期环境情感。一方面，若"企业宣称–员工执行"亲环境价值观匹配一致性越高，员工考虑到执行亲环境行为既符合企业环保制度和政策，也符合企业对公共责任的履行愿望，那么员工会更认为组织符合他们的期望。另外，员工积极履行亲环境行为也更容易被组织所认可，其身份感也相应增强（Lazarus，2000），与企业目标的一致性也越强，因而会表现出较高的预期环境自豪感。另一方面，二者的一致性越高，表明企业为履行公共责任所设立的政策或制度也符合员工预期，那么环保制度的实施便存在可操作性（虞维华，2006），亲环境价值观也会起到企业内部主流示范作用，因此，当员工考虑到不执行亲环境行为可能会违反企业政策或制度，且有可能失去企业信任时，其预期环境愧疚感也随之增高。

而当二者价值观一致性较低的时候，无论是企业宣称价值观高于员工执行价值观，还是员工执行价值观高于企业宣称价值观，所表现的均是"责任失灵"。当面对员工不同的公共责任期望时，企业政策或员工期望承担公共责任会变得模糊甚至是矛盾的；当企业努力满足自身和员工的共同期望时，可能会导致企业功能紊乱，其结果必然是"责任失灵"（Koppell，2005）。此时，当员工感知到自身执行亲环境价值观与企业宣称亲环境价值观一致性较低时，容易与企业公共责任机制形成强烈的情感冲突，员工身份认同感降低，预期环境自豪感也会降低。当企业所体现的公共责任并不能满足员工所需时，或者企业所体现的公共责任超越员工期望，所引发的企业"责任失灵"将会导致员工对企业的不满，那么不实施亲环境行为可能是员工的心理报复行为，也可能是员工自身道德素质不高的体现，因此，随着二者价值观不一致程度的增加，预期环境愧疚感可能会不增反降。基于上述分析，我们提出以下假设：

假设2c：公共责任维度下，"企业宣称–员工执行"亲环境价值观匹配正向影响员工的预期环境自豪感。

假设2d：公共责任维度下，"企业宣称–员工执行"亲环境价值观匹配正向影响员工的预期环境愧疚感。

（3）"群体执行–员工执行"亲环境价值观匹配的调节作用。在高"群体执行–员工执行"亲环境价值观匹配情境下，"企业宣称–员工执行"亲环境价值观匹配越一致，越能够使得企业、群体和员工保持一致，个体对企业的归属感和对群体的归属感也会越来越强烈，身份感也会增强（Lu et al.，2019）。在此情景下预期环境自豪感将起到正向促进作用，同时企业等三类主体对亲环境价值观公共责任维度的认同度一致性越高，代表个体愿意服从企业和群体规范，如果不实施亲环境行为可能要承担巨大的群体压力和制度压力，故而员工的预期环境愧疚感也随之增加。

低"群体执行-员工执行"亲环境价值观匹配情境下，随着"企业宣称-员工执行"亲环境价值观匹配一致性的增强，个体虽与企业价值观越来越吻合，但是与群体价值观依然存在差距。如果企业中存在不和谐的因素，容易引发"责任失灵"，企业公共责任将处于模糊状态，此时就算个体付出努力与企业保持一致，但仍会感受到强烈的群体压力，此时，认知失调依然存在，员工为了缓解认知失调，则可能通过能证明他们价值的任何方式来证明自我价值的存在，这时候不一致感虽然存在，但个体依然会按照自己认为正确的方式实施行为，故而预期环境自豪感会逐渐增强。随着"企业宣称-员工执行"亲环境价值观匹配一致性的增强，群体价值观依然是一个不和谐的因素。如果群体规范是积极的，据认知失调理论的诱导服从范式，员工容易产生与自身观念相违背的行为，进而与群体保持一致，增加群体认同感，预期环境愧疚感增加；如果群体规范是消极的，员工个人责任感的存在会促使员工产生对负向行为结果的预期（沃切尔，2008），即不执行亲环境行为，将无法满足企业和个体的期望，预期环境愧疚感也会随之增加，而且群体价值观对个体的影响是深远的。基于此，我们提出以下假设：

假设2e：公共责任维度下，"群体执行-员工执行"亲环境价值观匹配对"企业宣称-员工执行"亲环境价值观匹配和预期环境自豪感具有正向调节作用；低"群体执行-员工执行"亲环境价值观匹配情境的调节作用强于高"群体执行-员工执行"亲环境价值观匹配情境。

假设2f：公共责任维度下，"群体执行-员工执行"亲环境价值观匹配对"组织宣称-员工执行"亲环境价值观匹配和预期环境愧疚感具有正向调节作用；低"群体执行-员工执行"亲环境价值观匹配情境的调节作用强于高"群体执行-员工执行"亲环境价值观匹配情境。

3. 生态尊重维度下的分析与假设

（1）"企业宣称-员工执行"亲环境价值观匹配和亲环境行为。基于

"宣称-执行"亲环境价值观的"规范-价值观"体系中的生态尊重维度包括环保理念共享、人类福祉、人与自然和谐、可持续发展、社会祥和安定、公民身心健康、绿色创新、敬畏与关爱生命和平衡兼顾9个主要内容,表达了企业、员工以及社会对人与自然终极生存模式的肯定,企业宣称的生态尊重价值观不仅代表着政策、文化和制度的要求,也包含企业责任和员工的期望,该维度涉及亲环境行为的工具价值观与终极价值观,方方面面均涉及个体现在与未来的人与自然的相处状态。

亲环境行为是一种亲社会行为,也是一种道德行为,生态尊重维度则属于环境道德价值观(Steg et al.,2012)。随着"企业宣称-员工执行"亲环境价值观匹配一致性的增强,企业和员工对于生态尊重维度的价值观认同度也更加一致。因而,在生态尊重导向下,员工的内驱动机明显(Lu et al.,2017),内源性亲环境行为逐渐增加。对于外源性亲环境行为来讲,企业与员工生态尊重价值观维度的一致性使得组织形成相应的规则:企业面对人、社会、自然展现出的与员工一致的环境责任和道义责任,会显著增强对员工的示范与榜样作用(Lord and Brown,2001),因此,在外部榜样或示范的约束下,员工的外源性亲环境行为也逐渐增加。基于此,提出以下假设:

假设3a:生态尊重维度下,"企业宣称-员工执行"亲环境价值观匹配正向影响员工的内源性亲环境行为。

假设3b:生态尊重维度下,"企业宣称-员工执行"亲环境价值观匹配正向影响员工的外源性亲环境行为。

(2)"企业宣称-员工执行"亲环境价值观匹配与预期环境情感。随着"企业宣称-员工执行"亲环境价值观匹配一致性的增高,企业和员工对人、社会、自然和谐相处的愿望也趋向一致,企业与员工面对人与自然关系所设立的价值尺度也将融合个体与组织的双向目标(李淑文,2014),员工对于企业宣称价值观的认同也就引申为对企业环境目标的认同,企业宣称的生态尊重价值观维度也就能更好地指导员工行为,员工更容易被组织认可,增强其组织身份感(Lazarus,2000),因而会表现出较高的预期环境自豪感。企业面对人与自然价值观终极发展方向会采取相应的措施与规则要求,倘若员工感知到不执行亲环境行为会受到组织批评,甚至惩罚,那么相应的预期环境愧疚感也随之增加。

而当二者价值观一致性较低的时候，员工关于生态尊重价值观所引发的个体责任感必定与企业关于生态尊重价值观所激发的环境责任感是不一致的。此时，员工期望得不到满足，容易与企业产生强烈的情感冲突，员工归属感降低，预期环境自豪感也随之降低。同时，企业与员工间价值观的一致性程度较低，可能会导致员工违反企业规则，也可能使员工认为企业亲环境责任较低，员工行为与企业要求之间就会存在认知失调。前一种情况下，员工因不实施亲环境行为受到组织惩罚并非源自内心道德感使然，因此，预期环境愧疚感较低；后一种情况下，企业内相应的环境规范趋于形式化或处于失范形态，会给员工造成一种"如果与企业要求不一致也不会造成什么坏的情况发生"的感受（沃切尔，2008）。简言之，当员工受到的惩罚较小时，与其本身价值观相反的行为并不会受到关注或惩罚，预期环境愧疚感也会随之降低。基于上述分析，我们提出以下假设：

假设 3c：生态尊重维度下，"企业宣称-员工执行"亲环境价值观匹配正向影响员工预期环境自豪感。

假设 3d：生态尊重维度下，"企业宣称-员工执行"亲环境价值观匹配正向影响员工预期环境愧疚感。

（3）"群体执行-员工执行"亲环境价值观匹配的调节作用。在高"群体执行-员工执行"亲环境价值观匹配情境下，"企业宣称-员工执行"亲环境价值观匹配越一致，企业、群体和员工对于生态尊重维度所表现的环境道德感是趋于一致的，员工期望得到满足，组织内部也呈现和谐的状态，在制度、规范的作用下，员工也会增强自身归属感和身份感（Deal and Kennedy，1982），预期环境自豪感将起到正向促进作用。同时，随着"企业宣称-员工执行"亲环境价值观匹配一致性的增强，员工不仅感知到自己与企业生态尊重价值观一致，也会感受到与群体间存在高度的生态尊重价值观一致性，这样企业压力和群体压力对员工来讲都是强有力的约束，一旦员工预期到不执行亲环境行为的后果，他们便会产生强烈的愧疚感，因此，预期环境愧疚感也会逐渐增强。

低"群体执行-员工执行"亲环境价值观匹配情境下，随着"企业宣称-员工执行"亲环境价值观匹配一致性的增强，企业和员工都在努力维持对方期望，但是与群体之间的低度一致性依然会引发员工产生认知失调。随着"企业宣称-员工执行"亲环境价值观匹配一致性的增强，这种认知失调感也会相继减弱，员工意识到与企业价值观越来越吻合，其个人责任感也会增强，员工可能通过能证明他们价值的任何方式来证明自我价值的存在。一方面，与群体间的不一致感虽然存在，但个体依然会按照自己认为正确的方式实施行为，因此执行亲环境行为依然会带来预期的自豪感。另一方面，随着"企业宣称-员工执行"亲环境价值观匹配一致性的增强，群体价值观依然是一个不和谐的因素，此时员工关于生态尊重这一与环境发展密切相关的价值观将受到群体规范的冲击，无论群体执行价值观是积极的还是消极的，由于群体规范的约束作用以及"个体责任感的存在将使员工接受由他自身的行为而导致的负性事件的责备"（沃切尔，2008），都将使个体对不执行亲环境行为产生强烈的预期环境愧疚感。一致性低的时候，群体规范的力量不容小觑（韦庆旺、孙健敏，2013）。基于此，提出以下假设：

假设3e：生态尊重维度下，"群体执行-员工执行"亲环境价值观匹配对"组织宣称-员工执行"亲环境价值观匹配和预期环境自豪感具有正向调节作用；低"群体执行-员工执行"亲环境价值观匹配情境的调节作用强于高"群体执行-员工执行"亲环境价值观匹配情境。

假设3f：生态尊重维度下，"群体执行-员工执行"亲环境价值观匹配对"组织宣称-员工执行"亲环境价值观匹配和预期环境愧疚感具有正向调节作用；低"群体执行-员工执行"亲环境价值观匹配情境的调节作用强于高"群体执行-员工执行"亲环境价值观匹配情境。

4. 面子需要维度下的分析与假设

（1）"企业宣称-员工执行"亲环境价值观匹配和亲环境行为。基于"宣称-执行"亲环境价值观的"规范-价值观"体系中的面子需要维度包括人情世故、尊重权威、人际融合、功名地位、求同依赖、贪图享乐和顺从权威等7项主要内容，该维度也是中国传统文化背景下中国人传统面子观的体现。本书所研究的内容既包含能力性面子需要（如功名地位、贪图享乐），也包含了关系性面子需要（如人情世故、尊重权威等）。前者主要反映了个体对他人的认同，后者主要凸显了个人对和谐、融洽人际关系的渴望。面子需要维度展现了强烈的中国文化色彩，而这些文化色彩已融入中国人生活的方方面面。在企业中，员工无时无刻不被"人情""关系""面子"等"礼制"限制和笼罩，这些都将决定其行为。显然，本书所阐述的面子需要维度实际上反映的是人们对于权威、地位、物质利益、人情关系等面子的追求，而这些价值观反映了个体的利己价值观，很多研究中利己价值观对于亲环境行为的负面作用已经得到证实（曲英，2007；Jansson，2009）。

内源性亲环境行为和外源性亲环境行为的划分源自不同的动机，人们对于面子需要的追求实际上也是源自对关系的需要动机，当"企业宣称-员工执行"亲环境价值观匹配一致性增高时，员工面子需要和企业所提倡的较为吻合，那么员工将追求权威、人际关系、功名地位等面子需要价值观视为人生中重要的部分，关系需要在组织中得到认可，企业也更倾向于以权威、物质、人情等限制员工行为。根据认知评价理论，关系需要受到阻碍会对内部动机有所损害，员工为了迎合组织期望，会降低内部行动的动机，进而员工内源性亲环境行为会降低。Reeve（2006）认为自我决定是外部环境因素与内部心理资源相互作用的结果，如果环境因素提供了更多的自主性支持，就会促进行为的自我决定性。相反，如果提供了更多的控制性和压力，就会减弱行为的自我决定性。因而，当外部因素对于活动的内部动机具有削弱作用时，外源性亲环境行为则在企业压力下逐渐增强。基于此，我们提出以下假设：

假设4a：面子需要维度下，"企业宣称-员工执行"亲环境价值观匹配负向影响员工的内源性亲环境行为。

假设4b：面子需要维度下，"企业宣称-员工执行"亲环境价值观匹配正向影响员工的外源性亲环境行为。

（2）"企业宣称-员工执行"亲环境价值观匹配与预期环境情感。随着"企业宣称-员工执行"亲环境价值观匹配一致性的增强，企业和员工对于面子需要价值观的认同趋于一致，员工努力追求物质、权威、人情、关系等利益以满足企业期望。在这样一种高利己状态下，企业对于亲环境行为等道德行为的关注将远不及组织利益或高管利益，因此，在企业内实施亲环境行为虽然一定程度上促进了绿色化，但就员工而言，实施亲环境行为得不到企业的赞扬与认同，反而一定程度上可能威胁其关系需要，故而预期环境自豪感可能会降低。面子同时也成为一种有效的惩罚机制，这主要源于不遵守组织规范所带来的羞耻感，但是"企业宣称-员工执行"亲环境价值观匹配一致性越高，员工对于物质利益和权威地位的追求越符合企业要求，此时员工实施亲环境行为的内部动机降低，那么不执行亲环境行为所引发的羞愧感也会因为他律作用而逐渐降低。

而当二者价值观一致性较低的时候，企业与员工对待追求物质利益和权威地位等面子需要价值观的态度截然不同。此时，如果企业过于追求物质利益和权威地位等面子需要价值观，企业将极大触发自身的权力动机，而权力动机是一种通过获得高的社会地位而对他人施加影响的循环偏好。当权力动机与恋权情结联系在一起，以强迫性权力运用于那些权力与地位较低的人时，并不是一种正确的动机形式。但权力动机在一些情况下对成功的领导能力很重要，当这样的领导对被领导的集体产生积极结果时，权力动机就会被看作服务大众的活动（Emmons，1997）。基于对权力动机的解释，如果组织在面子需要价值观上表现得过于强烈，其结果也被视为企业的积极结果，那么即使员工不完全认同企业宣称价值观，但可以获得赞扬或避免惩罚，因而其预期的环境自豪感和愧疚感都会增加；如果员工过于追求物质利益和权威地位，那么企业对于面子需要价值观维度的提倡力度则远远低于员工的期望。根据社会交换理论，人们都期望有一种相对利益的收支平衡，当人们认为自己对于面子需要价值观的追求超过企业期望或要求，企业并不能满足其对权威、功名等利己的面子需要价值观的追求。根据社会交换理论，员工与企业的交换关系是不平衡的，那么为了维持与企业持久的关系，员工很有可能降低利己期望，采取与企业一致的价值观或行为。另外，根据人际吸引的报偿模型（Byren and Clore，1970），人们喜欢那些能够使自己获得奖赏的人。如果将组织视为一个整体，员工感知到降低利己期望时，可以得到企业的赞扬或奖赏，那么员工预期环境自豪感也会随之增加。同时，员工对自己是否符合企业规则的感知是是否引发面子需要价值观的先决条件，当企业提倡非面子需要型价值观时，企业对员工的约束是一种他律机制，故而在组织规则的要求下，员工预期环境愧疚感也会随之增加。基于此，我们假设如下：

假设4c：面子需要维度下，"企业宣称-员工执行"亲环境价值观匹配负向影响员工预期环境自豪感。

假设4d：面子需要维度下，"企业宣称-员工执行"亲环境价值观匹配负向影响员工预期环境愧疚感。

（3）"群体执行－员工执行"亲环境价值观匹配的调节作用。在高"群体执行－员工执行"亲环境价值观匹配情境下，随着"企业宣称－员工执行"亲环境价值观匹配一致性的增加，企业、群体和员工关于面子需要价值观的认知趋向一致，都处于一种高度的利己状态。对于企业和群体来讲，实施亲环境行为需要耗费大量的成本，不符合控制成本以及他们对物质财富的追求，因而即使员工实施亲环境行为，他们的身份感和认同感并不能增强，预期环境自豪感继续降低。同时，企业、群体和员工都着迷于对物质利益追求的过程中，会逐渐淡化道德行为观念，此时即使员工不实施亲环境行为也不会受到企业或群体的排斥，相反或许还会受到企业和群体支持，因而预期环境愧疚感也随之降低。

低"群体执行－员工执行"亲环境价值观匹配情境下，随着"企业宣称－员工执行"亲环境价值观匹配一致性的增强，企业和员工处于高度利己状态，与群体所追求的非面子需要显然不和谐。在中国人的工作观念中，尽力满足上司或同事的期望，赢得他们的认同才能更好地成就个人事业，故而员工总是愿意树立符合组织或群体期望的形象（赵卓嘉，2012）。一方面，虽然个体与企业面子需要价值观较为接近，但与群体面子需要价值观依然有所差距，为了获得群体的信任，员工会努力调节与群体之间价值观的认知失调。如果执行亲环境行为符合群体期望却不符合组织期望，那么为了稳固与所属群体之间的积极的人际关系（Tong and Mitra，2009），获得面子与支持，员工很有可能倾向于做出符合群体价值观的行动，提升实施亲环境行为的预期环境自豪感。反之，如果执行亲环境行为符合企业期望却不符合群体期望，根据自我决定理论，积极的反馈如口头表扬提高了内部动机，会显著增强自豪感（郭德俊，2017）。因此，倘若执行亲环境行为会获得企业赞扬，那么员工的预期环境自豪感也会随之增强。另一方面，面子成为一种有效的惩罚机制源自羞耻感的作用，并以他律的形式约束员工行为，面子需要价值观能够促进员工之间的人际互动（陈之昭，2006），但对于"丢面子"的关注度远远超过"挣面子"。故而，不执行亲环境行为无论是不符合企业规范还是不符合群体规范，都将使员工感到难堪，进而采取补救行动，增强预期的愧疚感。基于以上分析，提出以下假设：

假设4e：面子需要维度下，"群体执行－员工执行"亲环境价值观匹配对"企业宣称-员工执行"亲环境价值观匹配和预期环境自豪感具有调节作用；高"群体执行-员工执行"亲环境价值观匹配情境起到正向调节作用，低"群体执行-员工执行"亲环境价值观匹配情境起到负向调节作用。

假设 4f：面子需要维度下，"群体执行-员工执行"亲环境价值观匹配对"企业宣称-员工执行"亲环境价值观匹配和预期环境愧疚感具有调节作用；高"群体执行-员工执行"亲环境价值观匹配情境起到正向调节作用，低"群体执行-员工执行"亲环境价值观匹配情境起到负向调节作用。

5. 仁爱利他维度下的分析与假设

（1）"企业宣称-员工执行"亲环境价值观匹配和亲环境行为。基于"宣称-执行"亲环境价值观的"规范-价值观"体系中的仁爱利他维度包括忠诚无私、敬业守礼、乐于助人、服务奉献和勇于担当 5 个主要内容，强调了个体基于社会或组织层面应具有的责任与奉献精神，与组织公民行为所强调的利他性、责任心和内驱性内涵较为一致，是一项利他价值观。

仁爱利他维度也是一种道德价值观（Steg et al.，2012），其对于亲环境行为的正向作用也得到了证实。仁爱利他维度提倡的是个体对他人或事物应具有的促进行为，是一种具有引导性质的升华行为。随着"企业宣称-员工执行"亲环境价值观匹配一致性增高，企业和员工对于仁爱利他价值观的认同趋于一致，员工可以从企业及成员那里得到仁爱利他价值观的反馈，从而产生共情喜悦（Smith et al.，1989），产生更多利他行为。由于仁爱利他价值观的产生更多地源自内驱动机（Lu et al.，2019），员工内源性亲环境行为增加。同时，企业展现出与员工一致的利他倾向，会通过一系列规范提倡仁爱利他价值观，从而增强对员工的示范和榜样作用（Lu et al.，2019），在企业内部容易形成"帮助需要帮助的人"的社会责任规范（沃切尔，2008），有利于形成员工与企业间的互惠规范。员工可以通过互惠规范建立与企业间强韧的联系，企业也可以通过各种规范约束员工的利他行为，那么员工的外源性亲环境行为也逐渐增加。基于此提出以下假设：

假设 5a：仁爱利他维度下，"企业宣称-员工执行"亲环境价值观匹配正向影响员工的内源性亲环境行为。

假设 5b：仁爱利他维度下，"企业宣称-员工执行"亲环境价值观匹配正向影响员工的外源性亲环境行为。

（2）"组织宣称-员工执行"亲环境价值观匹配与预期环境情感。随着"企业宣称-员工执行"亲环境价值观匹配一致性的增高，企业和员工对员工需要承担的社会或企业层面的利他性责任也趋向一致，员工亲环境行为将受到组织认同，容易与组织建立互惠规范和共情喜悦（Gouldner，1960；Smith et al.，1989），员工身份感不断增强（Lazarus，2000），因而会表现出较高的预期自豪感。以仁爱之心关注企业发展、社会发展以及他人的利益，随着"企业宣称-员工执行"亲环境价值观匹配一致性的增高，企业内会形成仁爱利他价值观规范，倘若员工感知到不执行亲环境行为会受到组织批评，那么相应的预期环境愧疚感也会增加。

一方面，当二者价值观一致性较低的时候，企业与员工关于仁爱利他价值观的评价显然不一致，员工期望得不到企业认同，容易与企业产生强烈的情感冲突，预期环境自豪感也随之降低。另一方面，与企业宣称价值观的不一致也容易引发员工认知失调，无论员工是否认同仁爱利他价值观的实施，都得不到企业的支持。如果员工仁爱利他执行价值观较高，也会形成一种"不执行也不会导致坏情况发生"的普遍心理（沃切尔，2008），预期环境愧疚感降低；如果组织推崇仁爱利他价值观，那么对于员工来讲就会受到规范、制度的约束，在外部压力下，员工会为了提升认同感与归属感而与企业趋于一致，但并非员工发自内心认同组织的仁爱利他价值观，预期环境愧疚感也会降低。基于上述分析，提出以下假设：

假设5c：仁爱利他维度下，"企业宣称-员工执行"亲环境价值观匹配正向影响员工预期环境自豪感。

假设5d：仁爱利他维度下，"企业宣称-员工执行"亲环境价值观匹配正向影响员工预期环境愧疚感。

（3）"群体执行-员工执行"亲环境价值观匹配的调节作用。在高"群体执行-员工执行"亲环境价值观匹配情境下，"企业宣称-员工执行"亲环境价值观匹配越一致，代表企业、群体和员工之间对于仁爱利他价值观的认同越一致，员工在与企业、群体进行互相交换的过程中，感受到组织和群体成员的反馈，进而使员工产生共情喜悦（Smith et al.，1989），增强与企业和群体间的情感联系，身份感也不断增强，预期环境自豪感也随之增强。随着"企业宣称-员工执行"亲环境价值观匹配一致性的增强，基于社会交换理论，员工与企业之间的互动将处于平衡状态，组织与员工形成稳定的互惠关系。当员工意识到不执行亲环境行为可能会破坏与企业之间稳定的互惠关系，或者可能会打破组织规则的时候，便会产生强烈的愧疚感，因此，预期环境愧疚感也随之增强。

在低"群体执行-员工执行"亲环境价值观匹配情境下，随着"企业宣称-员工执行"亲环境价值观匹配一致性的增强，企业和员工都在努力维持对方期望，但是与群体之间的低度一致性依然会引发员工产生认知失调。由于仁爱利他强调的是如何无私地对待他人或组织，因而与群体执行价值观的不一致容易引发员工内心的不公平感受。随着与企业宣称价值观一致性的增高，员工与企业间逐渐建立公平的利他关系，但是与群体执行价值观之间仍然存在认知失调。员工为了减少认知失调带来的痛苦感，可能会采取自己认为正确的方式证明自己的价值（Steele and Liu, 1981），希望能通过和企业保持一致回应与群体间的不一致关系，此时员工执行亲环境行为可能带来更多的预期环境自豪感。随着"企业宣称-员工执行"亲环境价值观匹配一致性的增强，如果企业和员工的仁爱利他价值观得不到群体反馈，企业和员工很有可能对群体产生负向的看法（Lu et al., 2019），群体在接受企业和员工更多的助人行为后可能会感到不舒服与愧疚感并反馈给员工，增强员工对仁爱利他价值观的信任度，导致员工预期环境愧疚感增加。相反，如果员工接受群体的利他行为同样可能产生不舒服与愧疚感，进而保持与群体规范一致的价值观与行为，员工预期环境愧疚感也会增强。前述分析提到，当企业与群体不一致时，群体规范的作用可能会更强烈。因此，提出以下假设：

假设5e：仁爱利他维度下，"群体执行-员工执行"亲环境价值观匹配对"企业宣称-员工执行"亲环境价值观匹配和预期环境自豪感具有正向调节作用；低"群体执行-员工执行"亲环境价值观匹配情境的调节作用强于高"群体执行-员工执行"亲环境价值观匹配情境。

假设5f：仁爱利他维度下，"群体执行-员工执行"亲环境价值观匹配对"企业宣称-员工执行"亲环境价值观匹配和预期环境愧疚感具有正向调节作用；低"群体执行-员工执行"亲环境价值观匹配情境的调节作用强于高"群体执行-员工执行"亲环境价值观匹配情境。

6. 道德自律维度下的分析与假设

（1）"组织宣称-员工执行"亲环境价值观匹配和亲环境行为。基于

"宣称-执行"亲环境价值观的"规范-价值观"体系中的道德自律维度包括诚信正直、审慎合宜、公正廉洁、宽容体谅、遵守法制、知恩图报、勤奋务实 7 个主要内容，反映了个体在组织或社会中应该遵守的行为观念，并形成自律品质。道德在不断的发展和继承的过程中，逐渐成为一种社会意识形态，在道德的驱使下，社会、组织、社区、家庭逐渐趋于和谐，同时，自律则是维持道德的手段。

老子言："道者，万物之奥。善人之宝，不善人之所保。"道德是中国传统美德，善良、自律、正直等均是道德的代名词，对于塑造道德行为具有重要作用。随着"企业宣称-员工执行"亲环境价值观匹配一致性的增高，员工的道德标准与企业所提倡的道德标准较为一致，员工愿意遵守企业宣称的道德自律价值观准则，而企业和员工关于道德自律价值观的一致性有利于员工达到"知行合一"（吴瑾菁，2010），进而发自内心地遵守企业道德规范，故而内源性亲环境行为作为道德行为的一种也会逐渐增加。员工与企业关于道德自律价值观的一致性越高，代表企业道德规范也更趋于稳定，企业对员工的引导也会形成一套正式或非正式的引导规则。那么，对员工来说，遵守道德规范也是获取强烈归属感的方式，外源性亲环境行为也会随之增加。基于此，提出以下假设：

假设 6a：道德自律维度下，"企业宣称-员工执行"亲环境价值观匹配正向影响员工内源性亲环境行为。

假设 6b：道德自律维度下，"企业宣称-员工执行"亲环境价值观匹配正向影响员工外源性亲环境行为。

（2）"企业宣称-员工执行"亲环境价值观匹配与预期环境情感。随着"企业宣称-员工执行"亲环境价值观匹配一致性的增高，企业和员工的道德自律价值观认同度也趋于一致。当员工遵守企业道德规范时，会得到企业认可与接纳，员工身份感不断增强（Lazarus，2000），预期环境自豪感增强。个体违背道德规范容易表现出内疚或自我谴责的态度或情感，因而当个体意识到不执行亲环境行为会违背企业和个体道德准则时，会引发强烈的预期愧疚感。

当二者价值观一致性较低的时候，企业与员工关于道德自律价值观的认同度显然不一致，员工感知到自身道德期望得不到企业认同，容易与企业产生情感冲突，预期环境自豪感下降。即使与企业道德自律价值观认知存在失调，无论企业是否推崇道德自律价值观，员工都会感觉到不和谐。如果企业比员工更为推崇道德自律价值观，那么员工为了减少认知失调，会提升对企业的评价，不得不以企业要求的方式行事，但这并非源自内心，预期环境愧疚感降低。如果员工比企业更为推崇道德自律价值观，那么也会形成一种"不执行也不会导致坏情况发生"（沃切尔，2008）的普遍心理，预期环境愧疚感降低。基于上述分析，提出以下假设：

假设6c：道德自律维度下，"企业宣称-员工执行"亲环境价值观匹配正向影响员工预期环境自豪感。

假设6d：道德自律维度下，"企业宣称-员工执行"亲环境价值观匹配正向影响员工预期环境愧疚感。

（3）"群体执行-员工执行"亲环境价值观匹配的调节作用。在高"群体执行-员工执行"亲环境价值观匹配情境下，"企业宣称-员工执行"亲环境价值观匹配越一致，代表企业、群体和员工之间对于道德自律价值观的认同越一致。由于企业、群体和个体保持高度一致，针对道德自律价值观问题，个体会感知到自己强烈地融入了企业和群体，会对自己产生积极的自我评价，身份感也不断增强（Deal and Kennedy，1982），预期环境自豪感也随之增强。道德认识过程也是情感活动过程（吴瑾菁，2010），随着"企业宣称-员工执行"亲环境价值观匹配一致性的增强，员工如果采取违背组织或群体规范的行为，那么内心也会受到道德的谴责，预期环境愧疚感也会随之增强。

在低"群体执行-员工执行"亲环境价值观匹配情境下，随着"企业宣称-员工执行"亲环境价值观匹配一致性的增强，企业和员工都在努力维持对方期望，但是与群体之间的低度一致性依然会引发员工产生认知失调。当员工感知到群体价值观并不符合企业和自身期望时，员工感受不到与群体成员交流的乐趣与快乐。但是道德自律价值观源自员工长久以来从生活、工作中所获取的价值认知，具有非常稳定的特性，员工为了减少认知失调带来的痛苦感，可能会采取自己认为正确的方式证明自己的价值（Steele and Liu，1981），希望能通过与企业保持一致回应与群体间的不一致关系，故而执行亲环境行为可能带来更多的预期环境自豪感。随着"企业宣称-员工执行"亲环境价值观匹配一致性的增强，员工虽然与企业价值观保持一致，却得不到群体的反馈。此时，群体的不道德行为很有可能激发员工极大的反感（Cropanzano et al.，2003），如果员工道德自律价值观高于群体道德自律价值观，道德的"应当性"成为员工评价群体行为或规范的重要特征，员工如果不执行亲环境行为，很可能受到内心强烈的谴责，预期环境愧疚感增加。由于人是社会性动物，每个人都会寻求得到他所关心和重视的个人和群体的支持、喜爱和接纳。合群动机是指人们由于不安而接近、靠拢周围的人或群体进而建立或维持友好亲密的人际关系的愿望，但这并不是人们产生合群动机的唯一原因，促使人们希望和他人联系的还有很多因素，如享受交流的乐趣、找到自我评价的比较标准等（郭德俊，2017）。如果群体道德自律价值观高于员工道德自律价值观，显然群体规范的压力可能会促使员工实施亲环境行为，合群动机也使得员工从情感上感受到与群体交流的乐趣，激发其亲环境意识，预期环境愧疚感增加。前述分析提到，当企业与群体不一致时，群体规范的作用可能会更强烈。因此，提出以下假设：

假设 6e：道德自律维度下，"群体执行–员工执行"亲环境价值观匹配对"企业宣称–员工执行"亲环境价值观匹配和预期环境自豪感具有正向调节作用；低"群体执行–员工执行"亲环境价值观匹配情境的调节作用强于高"群体执行–员工执行"亲环境价值观匹配情境。

假设 6f：道德自律维度下，"群体执行–员工执行"亲环境价值观匹配对"企业宣称–员工执行"亲环境价值观匹配和预期环境愧疚感具有正向调节作用；低"群体执行–员工执行"亲环境价值观匹配情境的调节作用强于高"群体执行–员工执行"亲环境价值观匹配情境。

（二）预期环境情感与员工亲环境行为之间的理论分析与假设

认知评价理论指出，对事件和情境的不同评估会引发特定的情绪（Roseman and Smith，2001）。亲环境行为作为一种道德性和亲社会性的行为，如果人们感知到自己所做的事情是道德的，会引发强烈的自豪感，进而促进个体产生相应的亲环境行为（Bissing-Olson et al.，2016）。如王建明（2015）研究发现自豪、赞赏和愧疚情感均能显著预测绿色购买行为。从动机视角来讲，预期环境自豪感是发自内心感受到的愉悦、满足的心情，代表对预期行为的积极情感，故而预期环境自豪感可以积极促进内源亲环境行为。同时，预期环境自豪感的产生可能与企业的奖赏、赞扬以及群体的接纳融入有关，因而在合群动机的促使下，预期环境自豪感也会促进外源亲环境行为。

预期环境愧疚感的产生源自人们对违背道德规范的内心谴责，预期的愧疚感会激发修复环境损害的动机和行为（王建明，2015），故而预期环境愧疚感对于亲环境行为的提升具有重要意义。从动机视角来讲，个体触犯社会规则会引起内心的极度不适感，由道德所引发的责任评估也会唤醒员工对不执行道德行为的内疚与懊悔等情感（Nerb and Spada，2001），进而在之后的行动中，会努力避免类似行为再次发生。可见，预期环境愧疚感有利于内源亲环境行为的提升。同时，由于企业环境规范和群体规范的存在，员工的预期环境愧疚感也可以通过压力实现，在外部规则和奖惩措施的制约下，不实施道德行为将难以融入集体，因此预期环境愧疚感也可促进外源亲环境行为的提升。基于此，提出以下假设：

假设 7a：预期环境自豪感正向影响内源亲环境行为；

假设 7b：预期环境自豪感正向影响外源亲环境行为；

假设 7c：预期环境愧疚感正向影响内源亲环境行为；

假设 7d：预期环境愧疚感正向影响外源亲环境行为。

（三）预期环境情感的中介作用研究假设

在本书所形成的"规范-价值观"结构体系中，节能减排、公共责任、生态尊重、仁爱利他、道德自律等五个维度的价值观均是积极性价值观，面子需要则偏向于消极价值观。但是无论积极价值观还是消极价值观，都是个体人格系统的核心成分，对个体心理和行为具有深远的影响（吴江霖，2000）。Nerb 和 Spada（2001）认为人们在面对环境问题时，认知过程会激发情感，而情感又反过来影响认知过程，二者是一个双向作用的关系。在本书的研究中，个体通过判断"企业宣称-员工执行"亲环境价值观的一致性，形成相应对执行亲环境行为与否的情感感知——预期环境自豪感和预期环境愧疚感，将会进一步影响个体的亲环境行为。同时，情感也预示着个体行动的倾向和准备状态，具有动机特征（王建明，2015），而行为本身也是动机的体现。可见，以情感为载体可以更好地传递价值观对行为的影响。

在以往研究中，也有学者对将情感作为行为反应过程的中介变量，如

Koenig-Lewis 等（2014）在研究居民购买环保产品等亲环境行为的驱动因素的过程中，发现积极情感和消极情感完全中介了认知利益对购买行为的影响；Onwezen 等（2013）认为自豪感和愧疚感可以作为个人规范和亲环境行为之间的中介变量；Antonetti 和 Maklan（2014）认为自豪感和愧疚感完全中介了个人规范对绿色购买的影响。朱苏丽和龙立荣（2010）研究发现，工作中的积极情感在工作要求和创新行为间也起到了中介作用。由此可见，情感作为行为选择过程的中介变量得到了诸多学者的认可。结合前述分析，本书认为"企业宣称-员工执行"亲环境价值观各个维度也可以通过预期环境自豪感和愧疚感作用于员工的内源性和外源性亲环境行为。基于此，我们提出假设如下：

假设 8a：节能减排维度下，预期环境自豪感在"企业宣称-员工执行"亲环境价值观对内源亲环境行为影响过程起中介作用；

假设 8b：节能减排维度下，预期环境自豪感在"企业宣称-员工执行"亲环境价值观对外源亲环境行为影响过程起中介作用；

假设 8c：节能减排维度下，预期环境愧疚感在"企业宣称-员工执行"亲环境价值观对内源亲环境行为影响过程起中介作用；

假设 8d：节能减排维度下，预期环境愧疚感在"企业宣称-员工执行"亲环境价值观对外源亲环境行为影响过程起中介作用。

假设 9a：公共责任维度下，预期环境自豪感在"企业宣称-员工执行"亲环境价值观对内源亲环境行为影响过程起中介作用；

假设 9b：公共责任维度下，预期环境自豪感在"企业宣称-员工执行"亲环境价值观对外源亲环境行为影响过程起中介作用；

假设 9c：公共责任维度下，预期环境愧疚感在"企业宣称-员工执行"亲环境价值观对内源亲环境行为影响过程起中介作用；

假设 9d：公共责任维度下，预期环境愧疚感在"企业宣称-员工执行"亲环境价值观对外源亲环境行为影响过程起中介作用。

假设 10a：生态尊重维度下，预期环境自豪感在"企业宣称-员工执行"亲环境价值观对内源亲环境行为影响过程起中介作用；

假设 10b：生态尊重维度下，预期环境自豪感在"企业宣称-员工执行"亲环境价值观对外源亲环境行为影响过程起中介作用；

假设 10c：生态尊重维度下，预期环境愧疚感在"企业宣称-员工执行"

亲环境价值观对内源亲环境行为影响过程起中介作用；

假设 10d：生态尊重维度下，预期环境愧疚感在"企业宣称-员工执行"亲环境价值观对外源亲环境行为影响过程起中介作用。

假设 11a：面子需要维度下，预期环境自豪感在"企业宣称-员工执行"亲环境价值观对内源亲环境行为影响过程起中介作用；

假设 11b：面子需要维度下，预期环境自豪感在"企业宣称-员工执行"亲环境价值观对外源亲环境行为影响过程起中介作用；

假设 11c：面子需要维度下，预期环境愧疚感在"企业宣称-员工执行"亲环境价值观对内源亲环境行为影响过程起中介作用；

假设 11d：面子需要维度下，预期环境愧疚感在"企业宣称-员工执行"亲环境价值观对外源亲环境行为影响过程起中介作用。

假设 12a：仁爱利他维度下，预期环境自豪感在"企业宣称-员工执行"亲环境价值观对内源亲环境行为影响过程起中介作用；

假设 12b：仁爱利他维度下，预期环境自豪感在"企业宣称-员工执行"亲环境价值观对外源亲环境行为影响过程起中介作用；

假设 12c：仁爱利他维度下，预期环境愧疚感在"企业宣称-员工执行"亲环境价值观对内源亲环境行为影响过程起中介作用；

假设 12d：仁爱利他维度下，预期环境愧疚感在"企业宣称-员工执行"亲环境价值观对外源亲环境行为影响过程起中介作用。

假设 13a：道德自律维度下，预期环境自豪感在"企业宣称-员工执行"亲环境价值观对内源亲环境行为影响过程起中介作用；

假设 13b：道德自律维度下，预期环境自豪感在"企业宣称-员工执行"亲环境价值观对外源亲环境行为影响过程起中介作用；

假设 13c：道德自律维度下，预期环境愧疚感在"企业宣称-员工执行"亲环境价值观对内源亲环境行为影响过程起中介作用；

假设 13d：道德自律维度下，预期环境愧疚感在"企业宣称-员工执行"亲环境价值观对外源亲环境行为影响过程起中介作用。

第十章 调查问卷编制与结构分析

一 研究量表设计与开发

（一） 量表开发过程

1. 量表开发的原则与过程

问卷调查法作为本研究概念模型验证过程中的重要测量工具，问卷的质量是关系研究结果可信度和科学性的重要因素。在问卷编制的过程中，本研究严格遵循量表开发设计的三大原则：第一，详细定义目标构念；第二，清楚说明测量指标；第三，控制随机因素对测量过程的影响（陈晓萍等，2012）。

依据上述原则，本书进行量表开发的过程由三个阶段组成。第一阶段，通过查阅大量的文献确定研究命题和方向，确定研究变量，严谨定义变量；为保证问卷设计的合理性与严谨性，参考了大量的相关研究和成熟量表，在梳理相关文献的基础上参考以往研究中学者们对量表开发过程的方法，具体包括咨询专家、自主编制、本土化访谈修正，形成初始的调查量表。第二阶段，即量表开发的预调研和预试阶段，本书通过实地调研和网络调研相结合的方式，对在企工作者进行预调研，将收集的数据进行整理、录入至分析软件，然后，通过 SPSS 19.0 和 AMOS 24.0 等相关统计软件对其进行探索性和验证性因子分析，对初始量表进行不断地修正，直至结果符合要求，确定问卷题项。第三阶段，本书将结合第一阶段、第二阶段中所发现的问题对第二阶段中确定的题项进行最终的语句修饰与语义明确，最终形成正式问卷并投入正式调研中。

需要说明的是，本书已经完成了基于"宣称–执行"亲环境价值观的

"规范-价值观"结构和维度开发，在本部分我们分别将企业、群体和员工三类主体形成结构一致的三套亲环境价值观量表，而在预期环境情感量表的设计过程中将采用成熟量表研究。

2. 量表结构和内容

调查问卷主要由三部分构成，第一部分是卷首语。主要介绍本调查问卷的目的、内容以及匿名、保密性原则，并表达对被调查者的感谢等。

第二部分为基本信息。主要搜集被调查者的基本个人信息，包括性别、婚姻状况、居住地、年龄、现单位工龄、受教育水平、级别、岗位性质、行业、所在单位性质、家庭成员人数、住宅类型、住宅面积、个人月支配收入等 14 项内容。该部分主要用于了解被试的基本情况，并用于后续的人口统计学特征分析，以获得不同人口特征在亲环境价值观和亲环境行为上的显著性差异。

第三部分为问卷主体部分。主要包括亲环境行为量表、预期环境情感量表和"宣称-执行"亲环境价值观量表三大部分。其中，"宣称-执行"亲环境价值观量表又可划分为三个小量表，分别为感知到的企业宣称亲环境价值观量表、感知到的群体执行亲环境价值观量表和员工执行亲环境价值观量表。该部分使用 Likert 刻度评分法来衡量各项题目的表现情况，以保证评价过程中的科学性和严谨性。在本研究中，每项题目均划分 5 个等级，1代表"非常不符合"、2 代表"不太符合"、3 代表"一般"、4 代表"比较符合"、5 代表"非常符合"，即分值越高，表明被试者对该问题的认同程度越高。

（二）量表编制

1. "宣称-执行"亲环境价值观量表编制

对应 Farh et al.（2006）提到的量表开发取向，本书之前章节所开发的基于"宣称-执行"亲环境价值观的"规范-价值观"量表应当属于情境化取向性量表，也是适用于中国企业环境管理情境的量表。然而，本书所开发的匹配量表仅仅是"规范-价值观"体系整体结构，如何测量"企业宣称"、"群体执行"和"员工执行"三类亲环境价值观还需要进一步设计。由于本书涉及三类主体：企业、群体和个人，故而将形成 3 套亲环境价值观量表。在题项设计过程中，Howell et al.（2012）和芦慧等（2015）均采用员工感知视角来测量宣称和执行价值观，即"员工感知到企业平时宣称和提倡的价值观是什么"，执行价值观测量的是员工日常工作经验中认为对企业重要的价值观，二者都是以员工感知为视角进行评价。这样一来，企业宣称的价值观便可以量化，并且宣称价值观与执行价值观的感知主体也将保持一致，有助于检验匹配度。

本书从员工感知视角出发设计题项，如针对"成本控制：企业运营须减少生产耗费，降低管理成本（如节约用纸、用电）"这一价值观及内容，企业视角的题项设计为"我所在单位一直都在大力提倡上述要求"，群体视角的题项设计为"我单位同事都会按照上述内容认真履行"，员工视角的题项设计为"实际中，我会认真履行上述内容"。同时，设计一项反向计分题目以消除回答者的敏感性和顾虑性，将"贪图享乐"题项描述设计为"贪图享乐：任何企业和员工都不能只顾贪图享乐而牺牲环境利益"。如此一来，就形成了"企业宣称亲环境价值观问卷"、"群体执行亲环境价值观问卷"和"员工执行亲环境价值观问卷"三套内容结构一致的问卷题项。三套亲环境价值观量表均以 Likert 5 点式量表为基础进行编制，1 代表"非常不认同"，5 代表"非常认同"，以此来测量员工感知视角下"宣称–执行"亲环境价值观现状。量表的具体内容见附录 5。

2. 亲环境行为量表编制

本书在编制亲环境行为量表时将采取修改取向原则，参考目前已有的相关文献，选取合适量表并结合原文语意修改为所研究内容背景下的量表。

我们在查阅大量的文献的基础上，通过比对分析、专家咨询等方式，最终选取了 Plant 和 Devine（1998）开发的"对黑人无偏见的内外源动机量表"作为内外源亲环境行为的原始修改量表（见表 1）。从量表的具体内容分析来看，外源性动机主要表达了希望"避免惩罚""获取他人好感""融入群体"等意图，而不是发自内心地去平等看待黑人群体，因此这是一种表面的不歧视黑人的行为；而内源性动机则表达了"发自内心的认同不应该歧视黑人""不歧视黑人的行为源于价值观""歧视黑人是错误"意图，因此，这是一种真正的不歧视黑人的行为。该量表的内外源行为在心理活动的表达上非常符合本研究对内源和外源行为的理解，因此，用作修改的原始量表也是合理的。

表 1　内源和外源行为代表性量表

研究者	内容	分类
Plant 和 Devine （1998）	由于现如今的政治立场正确标准的限制，我尽力去展现出对黑人群体的无偏见性	外源
	为了避免他人的负面反应，我尽可能隐藏任何关于黑人群体的歧视性想法	
	如果我对黑人群体表现出歧视，我担心人们会对我产生愤怒	
	为了避免他人对我的不赞成态度，我试图展现出对黑人群体的无偏见性	
	由于受到人们的压力，我尽力表现出对黑人群体的无偏见性	
	表现出对黑人的无偏见性行为是因为这对我来说是重要的	内源
	对黑人群体保持偏见符合我的个人价值观 （R）	
	在我个人信念的推动下，我不会对黑人群体有歧视性	
	就我个人价值观而言，我认为对黑人群体采用偏见性看法是错误的	
	对黑人群体保持无偏见性是自我观念中重要的部分	
芦慧等 （2015）	不管是否认同上级意见，我都会按照上级的意见去办事	外源
	我非常遵守上级所制定的安全管理制度	
	我十分认真并努力执行上级的安全生产指示	
	矿上与安全工作相关的规程、规则我一直都遵守	
	我自愿主动地遵守矿上安全规章制度	内源
	即使别人不在场或者没有要求我必须这样做，我也会自觉遵守矿上的安全管理制度	
	考虑到我工作的安全重要性，我会自愿遵守矿上的安全规则和制度	
	我自愿遵守上级有关安全相关的任何指令	

　　此外，Tyler 和 Blader （2005） 所开发的制度遵从行为和制度顺从行为量表是众多研究内外源行为的重要参考，国内学者芦慧等 （2015） 在此基础上形成了安全管理制度的内源遵从行为和外源遵从行为量表。因此，本书在修改 Plant and Devine （1998） 量表的过程中，将参考芦慧等 （2015） 的内外源行为量表对修改量表进行语意修饰。我们进行反复的修改、揣摩，并与 3 位研究者 （1 名副教授，2 名研究生） 讨论后，形成 10 题项的内源和外源性亲环境行为量表 （见表 2）。此量表中所有的题目均以 Likert 5 点式量表为基础进行编制，1 代表 "非常不符合"，5 代表 "非常符合"。

表 2　亲环境行为初始量表

题项内容	分类
我是因为"保护环境和节约资源"是组织或领导所要求的，才会在单位中实施亲环境行为的	外源
即使不情愿，但为了避免领导或同事对我的负面评价，我会在单位中实施亲环境行为	
我担心实施环境破坏行为会遭受领导或同事的鄙视，因此我不得不在单位中实施亲环境行为	
为了获得领导或同事的认同，我会在单位中实施亲环境行为	
迫于规范、制度和领导同事的要求和压力，我不得不在单位中实施亲环境行为	
由于保护环境对我来说很重要，因此我非常乐意在单位中实施亲环境行为	内源
我认为"在单位中，实施破坏环境的行为或者对环保无动于表的行为"都是合理的	
受到我个人环保信念的驱动，我会在单位中积极实施亲环境行为	
实施亲环境行为是符合我的环保价值观的，因此我会在单位中积极实施亲环境行为	
就我而言，实施亲环境行为是自我价值的体现，因此我会在单位中自觉实施亲环境行为	

　　关于新量表的形成，从内容上来讲，首先，每项题目与原始题目间均存在语义上的共鸣，所表达的意图清晰、明确；其次，在题项的设计方面，本书也遵循原始量表中反向计分的特点，将第七题用作反向计分考察，体现了设计过程的严谨性与科学性；最后，需要指出的是，在中国组织环境管理实践中，该量表是在原始量表基础上做了大量的修正获得的，不论是从研究背景、主体还是表达意图均做了较大幅度的修改。因此，相较于原始量表，该量表可视作一个新的测量工具，并且在国内的研究中也是首次使用，根据前文中所提到的量表特点，本书将重新检验其信效度。

　　3. 预期环境情感量表编制

　　情感是人心理活动属性的外在表现，无论是西方人还是东方人，在情感的表达上是具有一致性的，故而我们认为预期的环境情感量表可以采用国外成熟量表直接翻译。在量表的选取方面，首先，通过咨询 1 位专家、3 位研究生后，决定使用 Onwezen et al.（2013）开发的预期自豪感（α = 0.95）和预期愧疚感量表（α = 0.97）。为了确保 10 项情感的翻译结果与原文语意的一致性，我们通过查阅英文词典、与多位专家或研究生商议，形成了本研究所用量表。其次，原文的测量问题描述与本研究并不一致，因此，我们对问题描述进行了本研究背景下的修改。修改之后，预期的环境情感量表具体内容见表 3。此量表中所有的题目均以 Likert 5 点式量表为基础进行编制，1 代表"非常不符合"，5 代表"非常符合"。

表 3　预期的环境情感量表

分类	题项内容
预期的环境自豪感	1. 如果我实施了环境友好行为，我会感到自豪
	2. 如果我实施了环境友好行为，我会有成就感
	3. 如果我实施了环境友好行为，我会更加自信
	4. 如果我实施了环境友好行为，我的内心会非常满足
	5. 如果我实施了环境友好行为，我会觉得自己更有价值
预期的环境愧疚感	6. 如果我不实施环境友好行为，我会感到内疚
	7. 如果我不实施环境友好行为，我会感到懊悔
	8. 如果我不实施环境友好行为，我会感到遗憾
	9. 如果我不实施环境友好行为，我的内心会难过不安
	10. 如果我不实施环境友好行为，我会感到羞耻

二　亲环境行为的调研与预试

（一）预试目的与调研过程

为确保本研究开发的内源和外源亲环境行为量表的适用性和严谨性，我们将依据科学验证性原则，在正式调研之前对该量表进行预试检验，根据预试结果对量表结构和题目进行适当调整形成本研究的正式研究问卷。

调研于 2017 年 4~5 月进行，通过实地调研和网络调研的双重渠道针对全国在企工作员工发放问卷 500 份，共回收问卷 477 份，其中有效问卷 438 份，回收率为 95.4%，有效回收率为 87.6%。分析过程中将会把 438 份有效问卷等分为两部分，每部分 219 份问卷，一部分用于探索性因子分析，另一部分用于验证性因子分析。

（二）量表信度、效度检验

1. 内容效度检验

内源和外源亲环境行为量表是基于修改取向发展而来的，在对其进行修改的过程中，本研究者首先与 3 位研究者共同判断、识别、编写形成初稿，然后，多次发放给 5 名被试者填写，对他们的反馈意见进行多次修改，并对所用词语和句式进行了润色，以此形成该初始量表。因此，从内容上来讲，可以认为该量表的内容效度较好。

2. 结构效度和信度检验

首先对其进行探索性因子分析，分析过程主要借助软件 SPSS 19.0 进行。在进行因子分析之前，需要先进行 KMO 值和 Bartlett 球形检验，经过数据分析发现 KMO 值大于 0.7，Bartlett 球形检验值的近似卡方值为 1090.345，而且统计显著（Sig. =0.000<0.05），表明该量表适合做进一步的因子分析。

探索性因子分析主要采用主成分分析法对内外源亲环境行为进行主成分提取，提取标准为特征值大于 1，旋转方式为方差最大化正交旋转，数据分析结果为累计方差解释率为 67.025%，10 项题目确定因子个数为 2，解释效果比较理想，可以认为通过探索性因子检验。从表 4 可以看出，10 个题项均进入 2 个公共因子中，且在各自因子上的载荷值均大于 0.5，而在其他因子上的载荷值均较小，由此可以确定，亲环境行为量表具有很好的结构效度（见表 4）。

表 4 亲环境行为量表旋转后的因子载荷矩阵及特征根

题项	公共因子	
	1	2
外源 1	0.863	-0.122
外源 3	0.857	-0.023
外源 4	0.833	0.049
外源 2	0.825	-0.050
外源 5	0.805	-0.110
内源 9	-0.001	0.810
内源 6	-0.016	0.808
内源 10	-0.098	0.803
内源 8	0.091	0.787

续表

题项	公共因子	
	1	2
内源 7	−0.278	0.708

上述分析表明，亲环境行为量表通过探索性因子分析，拥有较好的结构效度，为了确保量表内部一致性，还需要进行信度检验，根据前文所述，本书将对其进行 Cronbach's α 系数检验。分析过程同样采用 SPSS 19.0 软件进行，结果如表 5 所示。

表 5 亲环境行为量表内部一致性

测量项	样本数（个）	测量数（项）	Cronbach's Alpha
亲环境行为	219	10	0.722
外源亲环境行为	219	5	0.895
内源亲环境行为	219	5	0.845

亲环境行为的总量表和内源、外源亲环境行为两个分量表的 Cronbach's α 值均大于 0.7，说明该量表具有较好的内部一致性。

（三）验证性因子分析与正式量表的形成

1. 基本模型

基于探索性因子分析的结果，本书认为亲环境行为的二维度模型可能会与抽样数据形成最佳契合度，这两个维度分别是外源性亲环境行为（5 项题目）和内源性亲环境行为（5 项题目），以此形成相应的基本模型，如图 1 所示。模型中，EPEB1 ~ EPEB5 代表外源性亲环境行为（Extrinsical Pro-environmental Behavior），IPEB1 ~ IPEB5 代表内源性亲环境行为（Intrinsical Pro-environmental Behavior）。

2. 验证性因子分析

根据图 1 中模型假设，我们通过 AMOS 24.0 运行出的模型结果见表 6 和图 2。从表 6 可知，卡方值（χ^2）为 65.177，较好；卡方自由度比（χ^2/df）为 1.917（小于 2），拟合度理想；GFI 值为 0.944（大于 0.9），指标较好；IFI 值为 0.972（大于 0.95，接近 1），指标较好；CFI 值为

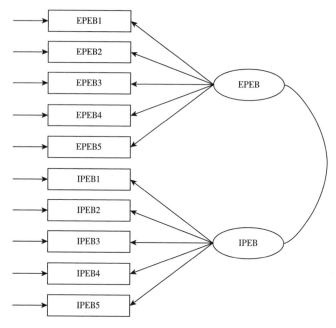

图 1　亲环境行为结构模型

0.972（大于 0.95，接近 1），指标较好；RMSEA 值为 0.065（小于 0.08），符合标准；RMR 值为 0.072（小于 0.08），符合标准。因此，图 1 中假设的基本模型与数据拟合度较好，表明亲环境行为是一个二维度结构量表，包括外源性行为和内源性行为。

表 6　验证性因子分析结果

	χ^2	df	χ^2/df	GFI	IFI	CFI	RMSEA	RMR
基本模型	65.177	34	1.917	0.944	0.972	0.972	0.065	0.072

从图 2 可以看出，所有因素载荷以 IPEB4 最高（0.904），IPEB2 最低（0.502），显示出我们假设的二维亲环境行为模型较好，并且残差估计值均在 0.25~0.82 区间，符合模型要求，因此通过对模型指标检验和路径检验可以认为通过修改所得的亲环境行为量表具有较好的结构效度，而正式量表则与初始量表一致，无须修改，这一结果也表明，本研究在以国外成熟量表为基础修改过程较为严谨、规范。

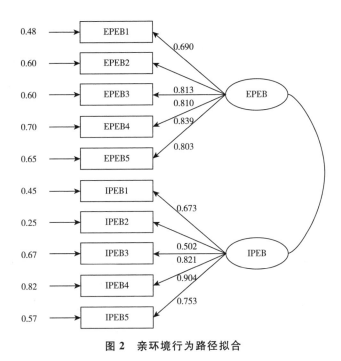

图 2　亲环境行为路径拟合

三　正式调研与样本情况

（一）数据收集过程

本研究以企业员工为调研对象，对全国中东部地区的企业员工进行了普遍式调查，调研样本的主要来源省份包括山东、江苏、安徽、山西、上海、北京等，也有少部分调查对象来自河北、河南、天津等地区，本次调研共涉及全国 50 多个地级市居住地的企业员工。本次调研采取分层抽样的方法，使调研对象的基本特征涵盖不同地区、性别、婚姻情况、年龄、职级、行业、收入等的企业员工，以期使调查对象的基本人口结构分布合理。

本次调研主要采取以实地发放调查问卷为主、网络发布调查问卷为辅的方式进行。其中，实地调研主要分为两种方式，一种是由调研团队成员两两一组分头在火车站、汽车站、高铁、商场等人流量大的地方进行，这种方式是实地调研的主要方式；另一种是委托在企工作的亲戚、朋友帮忙联络其他员工填写。网络调研则是借助问卷星平台，将问卷以链接的方式通过 QQ、微信等社交平台进行问卷的发布与扩散。正式调研从 2017 年 5 月至 2017 年 6 月，为期 2 个月，其中实地调研主要集中在 5 月，网络调研则集中在 6 月。本次调研纸质问卷共发放 1500 份，回收 1279 份，其中填写完整的问卷数为 1135 份，网络问卷发放 54 份，对所有问卷进行真实性删减后得到 954 份有效问卷，有效回收率为 61.39%。问卷来源分布见图 3。

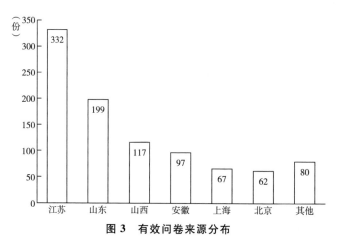

图 3　有效问卷来源分布

（二）样本特征分析

本研究对正式调研所得数据进行了样本特征的分析，主要包括 13 项人口统计特征，分别为性别、婚姻状况、年龄、现单位工龄、受教育水平、岗位级别、岗位性质、行业性质、单位性质、家庭成员数、住宅类型、住宅面积、可支配收入，通过计算每一个选项的频数和频率来对这 13 项人口统计特征进行初步的了解，具体的分布情况见表 7。

表 7　人口统计特征汇总（N = 954）

单位：人，%

人口统计学特征	分类	人数	比例
性别	男	561	58.8
	女	393	41.2
婚姻状况	已婚	408	42.8
	未婚	546	57.2

续表

人口统计学特征	分类	人数	比例
年龄	25 岁及以下	368	38.6
	26~35 岁	395	41.4
	36~45 岁	125	13.1
	46~55 岁	52	5.5
	56 岁及以上	14	1.5
现单位工龄	5 年及以下	585	61.3
	6~10 年	203	21.3
	11~15 年	68	7.1
	16~20 年	31	3.2
	20 年以上	67	7.0
受教育水平	初中及以下	22	2.3
	高中/中专	135	14.2
	大专	189	19.8
	本科	449	47.1
	硕士	148	15.5
	博士	11	1.2
岗位级别	高层管理人员	41	4.3
	中层管理人员	142	14.9
	基层管理人员	313	32.8
	普通一线员工	458	48.0
岗位性质	后勤文秘	63	6.6
	生产质检类	101	10.6
	媒体文化类	60	6.3
	技术研发类	226	23.7
	企业高管	33	3.5
	医疗餐饮类	64	6.7
	机关党政类	49	5.1
	市场营销类	79	8.3
	交通物流类	22	2.3
	商务贸易类	25	2.6
	金融投资类	35	3.7
	财会审计法律类	58	6.1
	教育科研类	36	3.8
	普通工勤类	20	2.1
	自由职业者	50	5.2
	其他	33	3.5

续表

人口统计学特征	分类	人数	比例
行业性质	农林牧渔业	18	1.9
	制造业	79	8.3
	采掘业	73	7.7
	电力/煤气/水生产和供应业	66	6.9
	地质勘查/水利管理业	5	0.5
	金融保险业	62	6.5
	互联网/电子商务业	126	13.2
	建筑业	50	5.2
	科学研究/综合技术服务业	30	3.1
	医疗/体育/社会福利业	78	8.2
	房地产业	28	2.9
	交通/物流/邮电通信业	32	3.4
	国家机关/党政机关/社会团体	62	6.5
	教育/文化/广播电影电视业	54	5.7
	批发/零售/餐饮业	96	10.1
	化学化工类	70	7.3
	其他	25	2.6
单位性质	国有企业	215	22.5
	私营企业	292	30.6
	外资企业	57	6.0
	合资企业	46	4.8
	事业单位	68	7.1
	集体企业/个体户	62	6.5
	政府机关/党政机关	39	4.1
	无业或其他	175	18.3
家庭成员数	1~2 人	55	5.8
	3 人	404	42.3
	4 人	304	31.9
	5 人及以上	191	20.0
住宅类型	租房	130	13.6
	自有产权房	824	86.4

人口统计学特征	分类	人数	比例
住宅面积	40 平方米以下	26	2.7
	40~80 平方米	157	16.5
	80~120 平方米	481	50.4
	120~150 平方米	184	19.3
	150~200 平方米	64	6.7
	200 平方米以上	42	4.4
可支配收入	3000 元以下	226	23.7
	3000~5000 元	317	33.2
	5001~10000 元	272	28.5
	10001~20000 元	93	9.7
	20001~50000 元	26	2.7
	50000 元以上	20	2.1

第十一章 基于 "F-E-B" 视角的企业员工亲环境行为选择影响机制研究

一 变量说明及数据处理过程

(一) 变量说明

为了简便直观，本书将对每个变量及其子维度赋以相应的代码，分别是企业宣称-员工执行亲环境价值观匹配（Organization-employee Pro-environmental Values Fit, O-E Fit）、群体执行-员工执行亲环境价值观匹配（Group-employee Pro-environmental Values Fit, G-E Fit）、预期环境情感（Anticipated Environmental Emotion, AEE）、员工亲环境行为（Pro-environmental Behavior, PEB）。企业宣称-员工执行亲环境价值观匹配（O-E Fit）和群体执行-员工执行亲环境价值观匹配（G-E Fit）均包含 6 个维度，分别为节能减排（Energy Conservation and Emission-reduction）、公共责任（Public Liability）、生态尊重（Ecological Respect）、面子需要（Mianzi Need）、仁爱利他（Kindheartedness and Altruism）和道德自律（Moral Self-discipline），且 6 个维度在结构上是一致的。为了区分二者，本书以 OEEE、OEPL、OEER、OEMS、OEMZ、OEKA 和 GEEE、GEPL、GEER、GEMS、GEMZ、GEKA 分别作为 O-E Fit 和 G-E Fit 的六维度简写。预期的环境情感（AEE）分为预期环境自豪感（Anticipated Pride, AP）和预期环境愧疚感（Anticipated Guilt, AG）。员工亲环境行为（PEB）分为内源亲环境行为（Intrinsical PEB, IPEB）和外源亲环境行为（Extrinsical PEB, EPEB）。

（二）数据处理过程

本书在测量企业、群体以及员工个人三个不同层级的亲环境价值观的过程中，采用的是客观匹配方法，每个被试者的价值观匹配得分通过组织实际价值观得分和员工期望价值观得分相减的绝对值获得，绝对值越小，说明个人与组织的匹配程度越高，反之，则越低。在后续分析过程中，我们先以匹配的数值含义进行分析，在后续的假设验证过程中会再进行结论的纠正，即匹配度越高说明变量得分越接近于 0，而在数值上会与预期环境情感或亲环境行为形成反比现象。实际上，这代表了正向影响关系，但考虑到分析过程的复杂性，本书在分析过程中所得到的正向或负向关系均代表变量数值间的关系，在后续分析或得出结论的过程中，会将数值含义转变为变量语言的含义。

调节变量效应分析的过程中，通常要将自变量和调节变量做中心化变换，即变量减去其均值（Aiken and West，1991）。因此，本书在后续做回归分析的过程中将采取中心化方法处理后再检验调节效应。

中介变量效应分析的过程中，为了避免在回归方程中出现与方法讨论无关的截距项，对自变量、中介变量和因变量进行相应的中心化处理，同样将数据减去样本均值，这样一来，中心化数据的均值为 0。

二 各变量的描述性统计分析

（一）自变量描述性统计分析

本部分将针对自变量 "企业宣称-员工执行" 亲环境价值观匹配及各维度做描述性统计分析，结果见表 1。由于自变量是通过企业宣称的亲环境价值观与员工执行的亲环境价值观的差绝对值获得，因此，0 代表高度一致匹配，4 代表匹配非常不一致。自变量中各个维度及题项的均值分布在 0~1 区间，说明员工所执行的亲环境价值观与企业宣称的亲环境价值观匹配度较高，其中最一致的是道德自律维度（Mean = 0.681），一致性最差的是面子需要维度（Mean = 0.947），表明无论是组织还是个人对于道德自律的要求具有较高的一致性，而对于面子需要等传统文化中所体现的价值观则分歧较大。

表 1　"企业宣称-员工执行"亲环境价值观匹配得分统计

维度	均值	标准差	题项	均值	标准差
节能减排	0.774	0.603	OEEE1	0.817	0.847
			OEEE2	0.788	0.863
			OEEE3	0.764	0.821
			OEEE4	0.760	0.841
			OEEE5	0.742	0.793
公共责任	0.830	0.689	OEPL1	0.886	0.877
			OEPL2	0.820	0.875
			OEPL3	0.787	0.851
			OEPL4	0.808	0.884
			OEPL5	0.849	0.863
生态尊重	0.820	0.612	OEER1	0.807	0.820
			OEER2	0.792	0.819
			OEER3	0.835	0.839
			OEER4	0.799	0.865
			OEER5	0.856	0.847
			OEER6	0.825	0.843
			OEER7	0.829	0.865
			OEER8	0.796	0.837
			OEER9	0.835	0.855
面子需要	0.947	0.671	OEMZ1	0.898	0.893
			OEMZ2	0.875	0.885
			OEMZ3	0.958	0.936
			OEMZ4	0.972	0.928
			OEMZ5	0.994	1.000
			OEMZ6	0.946	0.915
			OEMZ7	0.985	0.955
仁爱利他	0.725	0.637	OEKA1	0.697	0.818
			OEKA2	0.657	0.793
			OEKA3	0.724	0.828
			OEKA4	0.736	0.819
			OEKA5	0.812	0.871

续表

维度	均值	标准差	题项	均值	标准差
道德自律	0.681	0.460	OEMS1	0.654	0.797
			OEMS2	0.715	0.836
			OEMS3	0.672	0.834
			OEMS4	0.686	0.801
			OEMS5	0.701	0.817
			OEMS6	0.642	0.834
			OEMS7	0.697	0.815

（二）中介变量描述性统计分析

本部分将针对中介变量环境情感及各维度做描述性统计分析，结果见表 2，中介变量的两个维度的得分均值在 3.5~4.1 区间，其中预期的环境自豪感得分为 3.920，接近 4 分，其中各选项的得分区间为 [3.86, 4.01]，表明员工的预期环境自豪感水平处于较高水平，而预期的环境愧疚感均值为 3.623，处于一般偏高水平，其中各选项的得分区间为 [3.58, 3.70]，显著低于预期的环境自豪感的各个题项得分。图 1 更直观地展现了每个题项的得分情况。

表 2 环境情感得分统计

维度	均值	标准差	题项	均值	标准差
预期环境自豪感	3.920	0.709	AP1	3.87	0.888
			AP2	3.92	0.836
			AP3	3.86	0.837
			AP4	4.01	0.828
			AP5	3.94	0.829
预期环境愧疚感	3.623	0.799	AG1	3.70	0.909
			AG2	3.59	0.960
			AG3	3.63	0.893
			AG4	3.58	0.957
			AG5	3.61	1.001

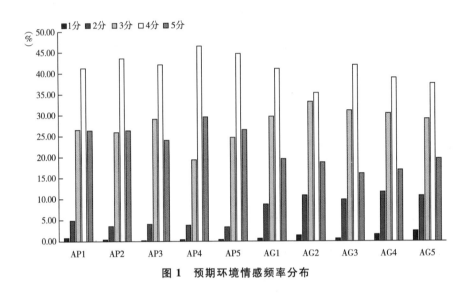

图 1　预期环境情感频率分布

图 1 显示，预期环境自豪感各个选项有 20% ~ 30% 的人认为如果实施了亲环境行为会拥有非常高的自豪感（得分为 5 分），而对于预期环境愧疚感，则有 15% ~ 20% 的人认为如果不实施亲环境行为会拥有非常高的愧疚感（得分为 5 分）；而得分为 4 分的预期环境自豪感的人群占比也显著高于预期的环境愧疚感占比，而得分为 1 分、2 分和 3 分的预期环境自豪感群体明显低于预期环境愧疚感群体。频率分析表明相较于预期不实施亲环境行为所引发的愧疚感，人们更偏向于在预期实施亲环境行为时产生自豪的情感。

（三）　调节变量描述性统计分析

本部分将针对调节变量"群体执行 - 员工执行"亲环境价值观匹配及各维度做描述性统计分析，结果见表 3。调节变量中各个维度及题项的均值为 0.6~0.8，说明员工所执行的亲环境价值观与群体执行的亲环境价值观匹配度较高，其中最一致的是仁爱利他维度（Mean = 0.677），其次是生态尊重和道德自律维度，二者均值都为 0.685，公共责任维度的均值得分为 0.700，而节能减排维度的均值得分为 0.724，一致性最差的是面子需要维度（Mean = 0.757），描述性分析结果表明无论是群体还是个人对于公共责任、道德自律和生态尊重的要求具有较高的一致性，而对于面子需要等传统文化中所体现的价值观则分歧较大。

表3　"群体执行-员工执行"亲环境价值观匹配得分统计

维度	均值	标准差	题项	均值	标准差
节能减排	0.724	0.605	GEEE1	0.764	0.797
			GEEE2	0.742	0.830
			GEEE2	0.675	0.813
			GEEE4	0.719	0.802
			GEEE5	0.721	0.819
公共责任	0.700	0.617	GEPL1	0.740	0.836
			GEPL2	0.615	0.730
			GEPL3	0.692	0.776
			GEPL4	0.677	0.836
			GEPL5	0.776	0.852
生态尊重	0.685	0.522	GEER1	0.711	0.779
			GEER2	0.698	0.799
			GEER3	0.683	0.764
			GEER4	0.649	0.766
			GEER5	0.686	0.801
			GEER6	0.695	0.788
			GEER7	0.685	0.801
			GEER8	0.683	0.796
			GEER9	0.673	0.799
面子需要	0.757	0.590	GEMZ1	0.744	0.822
			GEMZ2	0.724	0.772
			GEMZ3	0.730	0.803
			GEMZ4	0.765	0.827
			GEMZ5	0.794	0.850
			GEMZ6	0.780	0.848
			GEMZ7	0.762	0.872
仁爱利他	0.677	0.573	GEKA1	0.620	0.790
			GEKA2	0.610	0.769
			GEKA3	0.667	0.758
			GEKA4	0.676	0.756
			GEKA5	0.812	0.871

续表

维度	均值	标准差	题项	均值	标准差
道德自律	0.685	0.624	GEMS1	0.714	0.851
			GEMS2	0.674	0.789
			GEMS3	0.655	0.785
			GEMS4	0.716	0.807
			GEMS5	0.726	0.802
			GEMS6	0.657	0.797
			GEMS7	0.649	0.776

（四）因变量描述性统计分析

本节将针对因变量亲环境行为及各维度做描述性统计分析，结果见表4，可知因变量的两个维度的得分均值悬殊，其中外源亲环境行为得分为2.642，低于3分，其中各选项的得分区间为 [2.49, 2.77]，表明员工的外源亲环境行为处于较低水平；而内源亲环境行为均值为4.025，处于较高水平，其中各选项的得分区间为 [3.98, 4.08]，显著高于外源亲环境行为的各个题项得分。为了更加直观地观察每个题项的得分情况，我们绘制了频率分布图（见图2）。

表4　企业员工亲环境行为得分统计

维度	均值	标准差	题项	均值	标准差
外源亲环境行为	2.642	0.990	EPEB1	2.60	1.108
			EPEB2	2.74	1.191
			EPEB3	2.49	1.164
			EPEB4	2.77	1.165
			EPEB5	2.60	1.214
内源亲环境行为	4.025	0.654	IPEB1	4.02	0.851
			IPEB2	4.02	0.968
			IPEB3	3.98	0.833
			IPEB4	4.08	0.811
			IPEB5	4.03	0.853

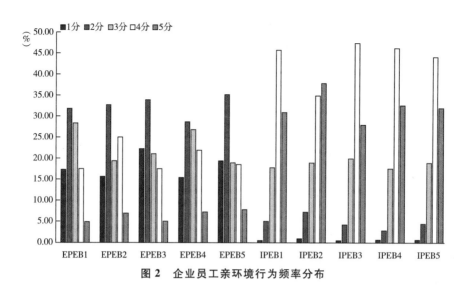

图 2　企业员工亲环境行为频率分布

图 2 显示，外源亲环境行为得分分布与内源亲环境行为得分分布大相径庭。内源亲环境行为的得分以 4 分居多，每题项有 35%～50% 的群体认为自己倾向于实施较多的内源亲环境行为（得分为 4 分），每题项有 28%～38% 的群体认为自己具有高度的内源亲环境行为（得分为 5 分），并且选择 1 分和 2 分的群体非常少；外源亲环境行为得分以 2 分居多，每题项有 28%～35% 的员工认为自己实施了较少的外源亲环境行为（得分为 2 分），每题项仅有 4%～8% 的员工认为自己倾向于实施高度外源亲环境行为（得分为 5 分）。频率分析表明相较于外源亲环境行为，人们更偏向于实施内源亲环境行为。

三　企业员工亲环境行为的差异性分析

本研究分别从性别、婚姻状况、年龄、现单位工龄、受教育水平、岗位级别、岗位性质、行业性质、单位性质、家庭成员数、住宅类型、住宅面积、可支配收入等 13 项人口统计学特征进行企业员工亲环境行为的差异性分析。由于前文已经分析了居住地的情况，并且涉及的地域较多，分析结果偶然性较大，因此在此就不再进行单因素方差分析。在单因素方差分析（采用 SPSS

19.0)中，主要关注的数据指标为 F 值和 p 值，当 p 值小于 0.05，说明应该拒绝原假设，即认为不同分组间的总体均值具有显著性差异。

1. 性别

本研究就不同性别员工亲环境行为的不同维度进行单因素方差分析，检验是否具有差异性，分析结果见表 5 和表 6。可见，性别在外源亲环境行为上具有显著性差异（p = 0.002，<0.05），而在内源亲环境行为上并未呈现出显著性差异（p = 0.730，>0.05）。进一步比较二者组间均值可知，男性在外源亲环境行为上表现出更高的得分（Mean = 2.724），而女性在外源亲环境行为上的表现稍差于男性，但均低于平均水平（3 分）。

表 5　性别单因素方程分析结果

类别		平方和	自由度	均方	F	显著性
外源	组间	9.220	1	9.220	9.500	0.002
	组内	923.926	952	0.971		
	总数	933.146	953			
内源	组间	0.051	1	0.051	0.119	0.730
	组内	407.455	952	0.428		
	总数	407.506	953			

表 6　性别因素下亲环境行为组间均值比较

类别	男		女	
	平均值	标准差	平均值	标准差
外源	2.724	0.988	2.525	0.981
内源	4.019	0.705	4.034	0.574

2. 婚姻状况

本研究就婚姻状况员工亲环境行为的不同维度进行单因素方差分析，检验是否具有差异性，分析结果见表 7、表 8。婚姻状况在外源亲环境行为上无显著性差异（p = 0.605，>0.05），在内源亲环境行为上呈现出显著性差异（p = 0.001，<0.05）。进一步比较二者组间均值可见，已婚群体内源亲环境行为表现更突出（Mean = 4.102），而未婚群体内源亲环境行为表现（Mean = 3.967）稍差于已婚群体。

表 7 婚姻状况单因素方程分析结果

类别		平方和	自由度	均方	F	显著性
外源	组间	0.263	1	0.263	0.268	0.605
	组内	932.884	952	0.980		
	总数	933.146	953			
内源	组间	4.306	1	4.306	10.168	0.001
	组内	403.200	952	0.424		
	总数	407.506	953			

表 8 婚姻状况因素下亲环境行为组间均值比较

类别	已婚		未婚	
	平均值	标准差	平均值	标准差
外源	2.661	1.004	2.628	0.979
内源	4.102	0.676	3.967	0.631

3. 年龄

本研究就不同年龄的员工亲环境行为的不同维度进行单因素方差分析，检验是否具有差异性，分析结果见表9、表10。年龄在外源亲环境行为上具有显著性差异（p=0.000，<0.05），在内源亲环境行为上也呈现出显著性差异（p=0.000，<0.05）。进一步比较二者组间均值可知，随着年龄的增加，员工的外源亲环境行为先降低再增加，呈U形分布，年龄在36~45岁的外源亲环境行为最低，年龄大于56岁的员工外源亲环境行为最高；随着年龄的增加，员工内源亲环境行为呈正比增加趋势，年龄越高的员工表现出更高的内源亲环境行为。进一步说明，年龄较大的员工（46岁及以上）内源亲环境行为和外源亲环境行为均较高。

表 9 年龄单因素方程分析结果

类别		平方和	自由度	均方	F	显著性
外源	组间	24.424	4	6.106	6.377	0.000
	组内	908.722	949	0.958		
	总数	933.146	953			

续表

类别		平方和	自由度	均方	F	显著性
内源	组间	17.360	4	4.340	10.557	0.000
	组内	390.146	949	0.411		
	总数	407.506	953			

表 10　年龄因素下亲环境行为组间均值比较

类别	≤25 岁		26~35 岁		36~45 岁		46~55 岁		≥56 岁	
	平均值	标准差	平均值	标准差	平均值	标准差	平均值	标准差	平均值	标准差
外源	2.714	0.998	2.558	0.974	2.458	1.015	3.004	1.029	3.429	0.911
内源	3.917	0.614	4.001	0.665	4.277	0.644	4.281	0.685	4.357	0.416

4. 现单位工龄

我们就不同工龄的员工亲环境行为的不同维度进行单因素方差分析，检验是否具有差异性，分析结果见表 11、表 12。现单位工龄在外源亲环境行为上没有显著性差异（$p = 0.414$，>0.05），在内源亲环境行为上呈现出显著性差异（$p = 0.000$，<0.05）。进一步比较二者组间均值可知，随着现单位工龄的增加，员工内源亲环境行为呈正比增加趋势，但现单位工龄在 16~20 年的员工表现出来的内源性亲环境行为最高，而现单位工龄超过 10 年的员工表现的内源亲环境行为要高于现单位工龄小于 10 年的群体。

表 11　现单位工龄单因素方程分析结果

类别		平方和	自由度	均方	F	显著性
外源	组间	3.865	4	0.966	0.987	0.414
	组内	929.281	949	0.979		
	总数	933.146	953			
内源	组间	12.305	4	3.076	7.387	0.000
	组内	395.201	949	0.416		
	总数	407.506	953			

表 12　现单位工龄因素下亲环境行为组间均值比较

类别	≤5 年		6~10 年		11~15 年		16~20 年		>20 岁	
	平均值	标准差	平均值	标准差	平均值	标准差	平均值	标准差	平均值	标准差
外源	2.619	0.977	2.626	0.976	2.641	1.051	2.690	1.174	2.869	0.997
内源	3.952	0.642	4.045	0.634	4.253	0.603	4.284	0.575	4.254	0.770

5. 受教育水平

我们就不同受教育水平的员工亲环境行为的不同维度进行单因素方差分析，检验是否具有差异性，分析结果见表 13。受教育水平在外源亲环境行为上具有显著性差异（p=0.000，<0.05），在内源亲环境行为上也呈现出显著性差异（p=0.019，<0.05）。进一步比较二者组间均值可知，随着受教育水平的增加，员工外源亲环境行为呈波动趋势，得分最高的是高中/中专学历水平的员工。

表 13　受教育水平单因素方程分析结果

类别		平方和	自由度	均方	F	显著性
外源	组间	25.932	5	5.186	5.420	0.000
	组内	907.214	948	0.957		
	总数	933.146	953			
内源	组间	5.779	5	1.156	2.727	0.019
	组内	401.727	948	0.424		
	总数	407.506	953			

6. 岗位级别

本研究就不同岗位级别的员工亲环境行为的不同维度进行单因素方差分析，检验是否具有差异性，分析结果见表 14、表 15。岗位级别在外源亲环境行为上具有显著性差异（p=0.000，<0.05），在内源亲环境行为上也呈现出显著性差异（p=0.000，<0.05）。进一步比较二者组间均值可知，随着岗位级别的降低，员工外源亲环境行为呈正态分布趋势，得分最高的

是中层管理人员和基层管理人员，得分最低的是高层管理人员；内源亲环境行为随着岗位级别的升高而增加，高层管理人员得分高达 4.385 分。

表 14   岗位级别单因素方程分析结果

类别		平方和	自由度	均方	F	显著性
外源	组间	17.972	3	5.991	6.219	0.000
	组内	915.174	950	0.963		
	总数	933.146	953			
内源	组间	8.883	3	2.961	7.057	0.000
	组内	398.623	950	0.420		
	总数	407.506	953			

表 15   岗位级别因素下亲环境行为组间均值比较

因变量	高层管理人员		中层管理人员		基层管理人员		普通一线员工	
	平均值	标准差	平均值	标准差	平均值	标准差	平均值	标准差
外源	2.376	1.199	2.830	0.961	2.758	0.938	2.529	0.996
内源	4.385	0.619	4.083	0.627	4.063	0.623	3.949	0.673

7. 岗位性质

本研究就不同岗位性质的员工亲环境行为的不同维度进行单因素方差分析，检验是否具有差异性，分析结果见表 16、表 17。岗位性质在外源亲环境行为上具有显著性差异（p = 0.003，<0.05），在内源亲环境行为上也呈现出显著性差异（p = 0.046，<0.05）。进一步比较二者组间均值可知，在外源亲环境行为方面，后勤文秘类、媒体文化类和普通工勤类的员工具有较高的外源亲环境行为（得分超过 2.9 分），医疗餐饮类的员工得分最低；在内源亲环境行为方面，教育科研类和企业高管的员工得分最高（等于或超过 4.3 分），说明教育科研类人员或高层领导具有较高的内驱力，因而所产生的内源亲环境行为较高，其次，技术研发类、医疗餐饮类、机关党政类、生产质检类、财会审计法律类以及其他得分也较高（超过 4.0分），得分较低的是后勤文秘类、交通物流类和普通工勤类。

表 16 岗位性质单因素方程分析结果

类别		平方和	自由度	均方	F	显著性
外源	组间	33.503	15	2.234	2.329	0.003
	组内	899.643	938	0.959		
	总数	933.146	953			
内源	组间	10.759	15	0.717	1.696	0.046
	组内	396.748	938	0.423		
	总数	407.506	953			

表 17 岗位性质因素下亲环境行为组间均值比较

工作性质	外源亲环境行为		内源亲环境行为	
	平均值	标准差	平均值	标准差
后勤文秘类	2.927	1.092	3.844	0.666
生产质检类	2.756	1.055	4.063	0.668
媒体文化类	2.900	1.008	3.993	0.643
技术研发类	2.524	0.925	4.027	0.646
企业高管	2.642	1.160	4.315	0.493
医疗餐饮类	2.281	0.856	4.125	0.669
机关党政类	2.849	0.909	4.102	0.611
市场营销类	2.527	0.931	3.965	0.693
交通物流类	2.636	0.804	3.855	0.532
商务贸易类	2.832	0.964	3.984	0.451
金融投资类	2.897	0.939	3.954	0.703
财会审计法律类	2.534	1.020	4.010	0.635
教育科研类	2.667	1.002	4.300	0.538
普通工勤类	2.930	0.993	3.860	0.859
自由职业者	2.636	1.194	3.940	0.706
其他	2.345	0.725	4.030	0.700

综合比较来看，医疗餐饮类的员工具有较低的外源亲环境行为同时具有较高的内源亲环境行为，深层剖析来看，医疗餐饮类与可回收垃圾、厨余垃圾、水电费缴纳联系较为密切，减少浪费也是减少成本之举，其亲环境行为会更多由内驱力驱使。而后勤文秘类和普通工勤类具有较高的外源亲环境行为和较低的内源亲环境行为，这两类员工通常具有较低的学历水平与职级，在领导的监督与指令下，他们更趋向于服从命令，相应的亲环境行为会更多地受到外驱力驱使。

8. 行业性质

本研究就不同行业的员工亲环境行为的不同维度进行单因素方差分析，检验是否具有差异性，分析结果见表 18。

表 18　行业性质单因素方程分析结果

类别		平方和	自由度	均方	F	显著性
外源	组间	35.291	16	2.206	2.302	0.003
	组内	897.855	937	0.958		
	总数	933.146	953			
内源	组间	13.163	16	0.823	1.955	0.013
	组内	394.343	937	0.421		
	总数	407.506	953			

从表 18、表 19 可知，行业性质在外源亲环境行为上具有显著性差异（p = 0.003，<0.05），在内源亲环境行为上也呈现出显著性差异（p = 0.013，<0.05）。进一步比较二者组间均值可知，在外源亲环境行为方面，身处农林牧渔业和建筑业的员工具有较高的外源亲环境行为（得分超过 3.0 分），身处金融保险业、科学研究/综合技术服务业和房地产业的员工得分最低（得分低于 2.5 分）；在内源亲环境行为方面，地质勘查/水利管理业的员工得分最高（得分超过 4.5 分），其次是制造业、建筑业、科学研究/综合技术服务业、教育/文化/广播电影电视业得分较高（得分超过 4.1 分），农林牧渔业、金融保险业、互联网/电子商务业、交通/物流/邮电通信业、化学化工类以及其他得分较低（得分低于 4.0 分）。由此可见，农林牧渔业的员工外源亲环境行为较高而内源亲环境行为较低，建筑业的员工

外源亲环境行为和内源亲环境行为均较高，金融保险业的员工则具有较低的外源亲环境行为和内源亲环境行为。

表19　行业性质因素下亲环境行为组间均值比较

行业性质	外源亲环境行为		内源亲环境行为	
	平均值	标准差	平均值	标准差
农林牧渔业	3.367	1.187	3.989	0.588
制造业	2.537	0.981	4.134	0.619
采掘业	2.600	1.082	4.079	0.754
电力/煤气/水生产和供应业	2.864	0.969	4.076	0.621
地质勘查/水利管理业	2.720	1.361	4.600	0.548
金融保险业	2.390	0.795	3.929	0.570
互联网/电子商务业	2.659	0.956	3.883	0.655
建筑业	3.004	0.951	4.108	0.658
科学研究/综合技术服务业	2.287	0.746	4.147	0.493
医疗/体育/社会福利业	2.577	0.985	4.036	0.621
房地产业	2.450	0.742	4.029	0.524
交通/物流/邮电通信业	2.906	0.950	3.775	0.811
国家机关/党政机关/社会团体	2.800	0.994	4.074	0.677
教育/文化/广播电影电视业	2.541	1.083	4.226	0.606
批发/零售/餐饮业	2.531	0.981	4.069	0.641
化学化工类	2.654	1.050	3.891	0.736
其他	2.520	1.028	3.888	0.589

9. 单位性质

本研究就不同单位性质的员工亲环境行为的不同维度进行单因素方差分析，检验是否具有差异性，分析结果见表20、表21。单位性质在外源亲环境行为上具有显著性差异（p=0.001，<0.05），在内源亲环境行为上也呈现出显著性差异（p=0.010，<0.05）。进一步比较二者组间均值可知，

在外源亲环境行为方面，外资企业、合资企业、集体企业/个体户和政府机关/党政机关的员工具有较高的外源亲环境行为（得分超过 2.7 分），身处事业单位和国有企业的员工得分最低（得分低于 2.6 分）；在内源亲环境行为方面，外资企业、事业单位和政府机关/党政机关的员工得分较高（得分超过 4.1 分），其次是国有企业和集体企业/个体户得分较高（得分超过 4.05 分），私营企业、合资企业、无业或其他得分较低（得分低于 4.05 分）。可见，内源和外源亲环境行为上的差异较为明显。

表 20　单位性质单因素方程分析结果

类别		平方和	自由度	均方	F	显著性
外源	组间	24.853	7	3.550	3.698	0.001
	组内	908.293	946	0.960		
	总数	933.146	953			
内源	组间	7.818	7	1.117	2.643	0.010
	组内	399.688	946	0.423		
	总数	407.506	953			

表 21　单位性质因素下亲环境行为组间均值比较

单位性质	外源亲环境行为		内源亲环境行为	
	平均值	标准差	平均值	标准差
国有企业	2.570	0.908	4.060	0.614
私营企业	2.618	1.014	4.034	0.667
外资企业	3.225	1.043	4.109	0.557
合资企业	2.726	1.096	4.022	0.848
事业单位	2.576	0.877	4.182	0.661
集体企业/个体户	2.771	1.111	4.055	0.655
政府机关/党政机关	2.708	0.868	4.108	0.634
无业或其他	2.525	0.966	3.854	0.630

10. 家庭成员数

本研究就不同家庭成员数的员工亲环境行为的不同维度进行单因素方差分析，检验是否具有差异性，分析结果见表22、表23。家庭成员数在外源亲环境行为上没有显著性差异（p = 0.185，>0.05），并且在内源亲环境行为上也没有呈现出显著性差异（p = 0.386，>0.05）。

表 22　家庭成员数单因素方程分析结果

类别		平方和	自由度	均方	F	显著性
外源	组间	4.729	3	1.576	1.613	0.185
	组内	928.417	950	0.977		
	总数	933.146	953			
内源	组间	1.299	3	0.433	1.013	0.386
	组内	406.207	950	0.428		
	总数	407.506	953			

表 23　家庭成员数因素下亲环境行为组间均值比较

类别	1~2 人		3 人		4 人		5 人及以上	
	平均值	标准差	平均值	标准差	平均值	标准差	平均值	标准差
外源	2.611	1.068	2.573	0.967	2.737	0.998	2.647	0.995
内源	3.927	0.622	4.060	0.627	3.995	0.642	4.029	0.676

11. 住宅类型

本研究就不同住宅类型员工亲环境行为的不同维度进行单因素方差分析，检验是否具有差异性，分析结果见表24、表25。可见，住宅类型在外源亲环境行为上没有显著性差异（p = 0.155，>0.05），在内源亲环境行为上也未呈现出显著性差异（p = 0.395，>0.05）。

表 24　住宅类型单因素方程分析结果

类别		平方和	自由度	均方	F	显著性
外源	组间	1.983	1	1.983	2.027	0.155
	组内	931.163	952	0.978		
	总数	933.146	953			

续表

类别		平方和	自由度	均方	F	显著性
内源	组间	0.310	1	0.310	0.724	0.395
	组内	407.196	952	0.428		
	总数	407.506	953			

表 25　住宅类型因素下亲环境行为组间均值比较

类别	租房		自有产权房	
	平均值	标准差	平均值	标准差
外源	2.767	0.991	2.624	0.989
内源	3.980	0.680	4.033	0.650

12. 住宅面积

本研究就不同住宅面积的员工亲环境行为的不同维度进行单因素方差分析，检验是否具有差异性，分析结果见表26、表27。住宅面积仅在外源亲环境行为上具有显著性差异（p = 0.010，<0.05），而在内源亲环境行为上并没有呈现出显著性差异（p = 0.819，>0.05）。进一步比较住宅面积在外源亲环境行为上的组间均值可知，在外源亲环境行为方面，住宅面积为200平方米以上的员工得分最高（超过3分），其次是40~80平方米的员工得分较高（超过2.7分），住宅面积为151~200平方米的员工得分最低（低于2.5分）。

表 26　住宅面积单因素方程分析结果

类别		平方和	自由度	均方	F	显著性
外源	组间	14.674	5	2.935	3.029	0.010
	组内	918.472	948	0.969		
	总数	933.146	953			
内源	组间	0.950	5	0.190	0.443	0.819
	组内	406.557	948	0.429		
	总数	407.506	953			

表 27　住宅面积因素下亲环境行为组间均值比较

住宅面积	外源亲环境行为		内源亲环境行为	
	平均值	标准差	平均值	标准差
40平方米以下	2.623	1.093	4.046	0.546

住宅面积	外源亲环境行为		内源亲环境行为	
	平均值	标准差	平均值	标准差
40~80 平方米	2.701	1.016	4.051	0.618
81~120 平方米	2.617	0.985	4.008	0.642
121~150 平方米	2.613	0.919	4.002	0.676
151~200 平方米	2.444	0.977	4.106	0.794
200 平方米以上	3.157	1.068	4.090	0.672

13. 可支配收入

可支配收入作为分组变量，就不同可支配收入的员工亲环境行为的不同维度进行单因素方差分析，检验是否具有差异性，分析结果见表28、表29。外源亲环境行为在每月可支配收入上具有显著性差异（p = 0.002，< 0.05），内源亲环境行为也呈现出显著性差异（p = 0.010，<0.05）。进一步比较二者组间均值可知，在外源亲环境行为方面，随着收入的增加，外源亲环境行为呈正态分布趋势，月收入在 10000~20000 元的员工得分最高（超过2.9分），3000 元以下的员工得分最低（低于2.5分）；内源亲环境行为基本上随着月收入的增加而增加，其中月收入为 20000~50000 元的员工得分最高，总体来看，月收入高于 10000 元的员工内源亲环境行为明显高于月收入低于 10000 元的员工。

表 28　可支配收入单因素方程分析结果

类别		平方和	自由度	均方	F	显著性
外源	组间	18.802	5	3.760	3.899	0.002
	组内	914.344	948	0.964		
	总数	933.146	953			
内源	组间	6.420	5	1.284	3.035	0.010
	组内	401.086	948	0.423		
	总数	407.506	953			

表 29　可支配收入因素下亲环境行为组间均值比较

可支配收入	外源亲环境行为		内源亲环境行为	
	平均值	标准差	平均值	标准差
3000 元以下	2.431	0.915	3.897	0.628

续表

可支配收入	外源亲环境行为		内源亲环境行为	
	平均值	标准差	平均值	标准差
3000~5000 元	2.695	0.964	4.045	0.639
5001~10000 元	2.654	0.996	4.040	0.673
10001~20000 元	2.929	1.049	4.161	0.644
20001~50000 元	2.715	1.042	4.177	0.628
50000 元以上	2.610	1.360	4.130	0.816

以上 13 项人口统计学特征在亲环境行为上大多具有明显的差异，本研究将结论汇总于表 30。

表 30 企业员工亲环境行为差异性分析汇总

人口统计学特征	外源亲环境行为	内源亲环境行为
性别	显著	不显著
婚姻状况	不显著	显著
年龄	显著	显著
现单位工龄	不显著	显著
受教育水平	显著	显著
岗位级别	显著	显著
岗位性质	显著	显著
行业性质	显著	显著
单位性质	显著	显著
家庭成员数	不显著	不显著
住宅类型	不显著	不显著
住宅面积	显著	不显著
可支配收入	显著	显著

由表 30 可知，性别、年龄、受教育水平、岗位级别、岗位性质、行业性质、单位性质、住宅面积和可支配收入在外源亲环境行为上具有显著性差异，而婚姻状况、现单位工龄、家庭成员数和住宅类型在外源亲环境行为上没有显著性差异。

婚姻状况、年龄、现单位工龄、受教育水平、岗位级别、岗位性质、行业性质、单位性质和可支配收入在内源亲环境行为上具有显著性差异,性别、家庭成员数、住宅类型和住宅面积在内源亲环境行为上没有显著性差异。

家庭成员数和住宅类型在内源亲环境行为和外源亲环境行为上均无显著性差异,年龄、受教育水平、岗位级别、岗位性质、行业性质、单位性质、可支配收入在内源亲环境行为和外源亲环境行为上均具有显著性差异。

四 员工亲环境行为与各变量间的相关性分析

(一)"企业宣称-员工执行"亲环境价值观匹配与预期环境情感间的相关性分析

本研究将借助 SPSS 19.0 工具对两个或多个具备相关性的变量元素进行分析,从而衡量两个变量因素的相关密切程度。首先对自变量"企业宣称-员工执行"亲环境价值观匹配(O-E Fit)和中介变量预期的环境情感(AEE)做相关性分析。其中,"企业宣称-员工执行"亲环境价值观匹配(O-E Fit)包括 6 个维度,分别是节能减排(OEEE)、公共责任(OEPL)、生态尊重(OEER)、面子需要(OEMZ)、仁爱利他(OEKA)、道德自律(OEMS),预期的环境情感(AEE)包括预期的环境自豪感(AP)和预期的环境愧疚感(AG)两个维度。具体分析结果见表31。

表 31 "企业宣称-员工执行"亲环境价值观匹配与预期环境情感的相关性分析结果

	OEEE	OEPL	OEER	OEMZ	OEKA	OEMS	AP	AG
OEEE	1							
OEPL	0.531***	1						
OEER	0.469***	0.503***	1					
OEMZ	0.211***	0.179***	0.281***	1				
OEKA	0.349***	0.359***	0.449***	0.287***	1			
OEMS	0.189***	0.214***	0.304***	0.190***	0.594***	1		
AP	-0.180***	-0.207***	-0.257***	0.032	-0.147***	-0.137***	1	
AG	-0.206***	-0.183***	-0.230***	-0.037	-0.137***	-0.100***	0.474***	1

注:*** 表示 $p<0.001$,** 表示 $p<0.01$,* 表示 $p<0.05$。

从分析结果来看，除了面子需要维度（OEMZ），其他各维度与中介变量均存在相关关系，本研究将进一步通过回归验证自变量和因变量之间的关系。

（二）"企业宣称–员工执行"亲环境价值观匹配与员工亲环境行为间的相关性分析

本节对自变量"企业宣称–员工执行"亲环境价值观匹配（O-E Fit）和因变量员工亲环境行为（PEB）做相关性分析。具体分析结果见表 32，从数值关系"企业宣称–员工执行"亲环境价值观匹配中的节能减排维度（OEEE）与内源亲环境行为（IPEB）、外源亲环境行为（EPEB）均呈显著负相关；公共责任维度（OEPL）与内源亲环境行为（IPEB）呈显著负相关，而与外源亲环境行为（EPEB）相关性不显著；生态尊重维度（OEER）与内源亲环境行为（IPEB）、外源亲环境行为（EPEB）均呈显著负相关；面子需要维度（OEMZ）与内源亲环境行为（IPEB）呈显著负相关，与外源亲环境行为（EPEB）呈显著正相关；仁爱利他维度（OEKA）与内源亲环境行为（IPEB）呈显著负相关，而与外源亲环境行为（EPEB）相关性不显著；道德自律维度（OEMS）与内源亲环境行为（IPEB）呈显著负相关，与外源亲环境行为（EPEB）相关性不显著。

表 32 "企业宣称–员工执行"亲环境价值观匹配与员工
亲环境行为的相关性分析结果

	OEEE	OEPL	OEER	OEMZ	OEKA	OEMS	IPEB	EPEB
OEEE	1							
OEPL	0.531 ***	1						
OEER	0.469 ***	0.503 ***	1					
OEMZ	0.211 ***	0.179 ***	0.281 ***	1				
OEKA	0.349 ***	0.359 ***	0.449 ***	0.287 ***	1			
OEMS	0.189 ***	0.214 ***	0.304 ***	0.190 ***	0.594 ***	1		
IPEB	−0.285 ***	−0.311 ***	−0.347 ***	−0.186 ***	−0.257 ***	−0.156 ***	1	
EPEB	−0.097 **	−0.058	−0.131 ***	0.112 **	−0.062	−0.036	−0.076 *	1

注：*** 表示 $p<0.001$，** 表示 $p<0.01$，* 表示 $p<0.05$。

（三）预期环境情感与员工亲环境行为间的相关性分析

我们对预期环境情感（AEE）和因变量员工亲环境行为（PEB）做相关性分析。具体结果见表33。可以看出，预期环境自豪感维度（AP）与内源亲环境行为（IPEB）、外源亲环境行为（EPEB）均呈显著正相关；预期环境愧疚感维度（AG）与内源亲环境行为（IPEB）、外源亲环境行为（EPEB）均呈显著正相关。

表 33 预期环境情感与员工亲环境行为的相关性分析结果

	AP	AG	IPEB	EPEB
AP	1			
AG	0.474 ***	1		
IPEB	0.361 ***	0.287 ***	1	
EPEB	0.158 ***	0.182 ***	−0.076 *	1

注：*** 表示 p<0.001，** 表示 p<0.01，* 表示 p<0.05。

（四）"企业宣称-员工执行"亲环境价值观匹配、预期环境情感与"群体执行-员工执行"亲环境价值观匹配间的相关性分析

我们对自变量"企业宣称-员工执行"亲环境价值观匹配（O-E Fit）、中介变量预期的环境情感（AEE）和调节变量"群体执行-员工执行"亲环境价值观匹配做相关性分析，具体分析结果见表34~39。

表 34 节能减排（OEEE）、预期环境情感和节能减排（GEEE）的相关性分析结果

	GEEE	OEEE	AP	AG
GEEE	1			
OEEE	0.390 ***	1		
AP	−0.060	−0.180 ***	1	
AG	−0.080 *	−0.206 ***	0.474 ***	1

注：*** 表示 p<0.001，** 表示 p<0.01，* 表示 p<0.05。

表 35 公共责任（OEPL）、预期环境情感和公共责任（GEPL）的相关性分析结果

	GEPL	OEPL	AP	AG
GEPL	1			
OEPL	0.525***	1		
AP	-0.181***	-0.207***	1	
AG	-0.142***	-0.183***	0.474***	1

注：*** 表示 $p<0.001$，** 表示 $p<0.01$，* 表示 $p<0.05$。

表 36 生态尊重（OEER）、预期环境情感和生态尊重（GEER）的相关性分析结果

	GEER	OEER	AP	AG
GEER	1			
OEER	0.602***	1		
AP	-0.182***	-0.257***	1	
AG	-0.114***	-0.230***	0.474***	1

注：*** 表示 $p<0.001$，** 表示 $p<0.01$，* 表示 $p<0.05$。

表 37 面子需要（OEMZ）、预期环境情感和面子需要（GEMZ）的相关性分析结果

	GEMZ	OEMZ	AP	AG
GEMZ	1			
OEMZ	0.680***	1		
AP	0.016	0.032	1	
AG	0.009	-0.037	0.474***	1

注：*** 表示 $p<0.001$，** 表示 $p<0.01$，* 表示 $p<0.05$。

表 38 仁爱利他（OEKA）、预期环境情感和仁爱利他（GEKA）的相关性分析结果

	GEKA	OEKA	AP	AG
GEKA	1			
OEKA	0.699***	1		
AP	-0.041	-0.147***	1	
AG	-0.074*	-0.137***	0.474***	1

注：*** 表示 $p<0.001$，** 表示 $p<0.01$，* 表示 $p<0.05$。

表 39　道德自律（OEMS）、预期环境情感和道德自律（GEMS）的相关性分析结果

	GEMS	OEMS	AP	AG
GEMS	1			
OEMS	0.521 ***	1		
AP	-0.031	-0.137 ***	1	
AG	-0.017	0.100 **	0.474 ***	1

注：*** 表示 $p<0.001$，** 表示 $p<0.01$，* 表示 $p<0.05$。

可见，节能减排（OEEE）与调节变量节能减排（GEEE）显著正相关，调节变量节能减排（GEEE）与预期的环境愧疚感（AG）呈显著负相关关系，与预期的环境自豪感（AP）并无显著相关性；公共责任（OEPL）与调节变量公共责任（GEPL）显著正相关，预期的环境自豪感（AP）和预期的环境愧疚感（AG）与调节变量公共责任（GEPL）呈显著负相关；生态尊重（OEER）与调节变量生态尊重（GEER）显著正相关，而预期的环境自豪感（AP）和预期的环境愧疚感（AG）与调节变量生态尊重（GEER）呈显著负相关关系，其中，预期的环境自豪感与调节变量生态尊重的相关性更强；自变量面子需要（OEMZ）与调节变量面子需要（GEMZ）显著正相关，预期的环境自豪感（AP）和预期的环境愧疚感（AG）与调节变量面子需要（GEMZ）均无显著相关关系；仁爱利他（OEKA）与调节变量仁爱利他（GEKA）显著正相关，而预期的环境愧疚感（AG）与调节变量仁爱利他（GEKA）呈显著负相关关系，预期的环境自豪感（AP）与调节变量仁爱利他（GEKA）并无显著相关性；道德自律（OEMS）与调节变量道德自律（GEMS）显著正相关，而预期的环境自豪感（AP）和预期的环境愧疚感（AG）与调节变量道德自律（GEMS）均无显著相关关系。

五　预期环境情感中介效应分析

本研究通过构建结构方程模型来检验预期的环境情感的中介效应，采用温忠麟和叶宝娟（2014）所提出的中介效应检验流程，具体的检验步骤为：①检验自变量各维度作用于因变量的路径系数 c 是否显著，如果显著后

续按中介效应立论，不显著则按遮掩效应立论，但无论是否显著，都进行后续检验；②依次检验系数 a 和 b 是否显著，若都显著，则间接效应显著，转到第④步，如果系数 a 和 b 至少有一个不显著，则需要进行第③步的 Bootstrap 检验；③用 Bootstrap 法直接检验 H0：$ab=0$，如果显著，则间接效应显著，进行第④步，如果不显著则间接效应不显著，停止分析；④检验系数 c'，如果 c' 显著则表明直接效应显著，进行第⑤步，如果不显著，说明是完全中介效应；⑤比较 ab 和 c' 的符号，如果同号，则属于部分中介效应，报告中介效应占总效应的比例 ab/c，如果异号，属于遮掩效应，报告间接效应与直接效应的比例的绝对值 $|ab/c'|$。

同时，本研究选择 Mplus 作为结构方程模型的分析工具。实际研究过程中，同验证性因子分析过程一致，需要通过多种拟合指数来判断模型的拟合优度（王济川等，2011）。本研究选取模型的卡方值、比较拟合优度指数（CFI）、Tucker Lewis 指数（TLI）、近似误差均方根（RMSEA）、RMSEA 的 90% 置信区间及精确拟合的 p 值、标准化残差均方根（SRMR）。其中，卡方值越小越好，CFI 和 TLI 越接近 1 越好（大于 0.8 可接受），RMSEA 小于 0.08 可接受，RMSEA 的 90% 置信区间上限小于 0.08 可接受，SRMR 小于 0.08 可接受。

（一）自变量作用于因变量的效应检验

1. 自变量各维度作用于外源亲环境行为的效应检验

（1）节能减排（OEEE）维度下自变量作用于外源亲环境行为（EPEB）的效应检验。我们运用 Mplus 7 软件（下同）对节能减排（OEEE）维度的价值观匹配与员工外源亲环境行为（EPEB）的效应进行检验。检验结果如表 40、表 41 所示，可以看出模型拟合优度指数符合要求，各指数均达到可接受水平。同时，节能减排维度下，"企业宣称-员工执行"亲环境价值观匹配与因变量员工外源亲环境行为的标准化估计值（即系数 c）显著（p=0.002，<0.05），路径系数值为 -0.116，从数值上表现为负向影响效应。由于匹配值越小代表匹配度越高，此处虽然数值上表现为负向效应，但从内涵上可认定为正向影响效应，后续分析只显示数值上的负向效应。

表 40　自变量（OEEE）作用于因变量（EPEB）的模型拟合优度指数

模型拟合卡方检验		近似误差均方根		
数值	105.438	估值		0.047
自由度	34	90%置信区间		0.037~0.057
p 值	0.0000	Probability RMSEA ≤0.05		0.674
CFI	0.982	TLI	0.976	SRMR	0.025

表 41　自变量（OEEE）作用于因变量（EPEB）的路径系数

	估值	标准误差	估计标准误差	双尾 p 值
OEEE→EPEB	-0.116	0.038	-3.044	0.002

（2）公共责任（OEPL）维度下自变量作用于外源亲环境行为（EPEB）的效应检验。自变量公共责任（OEPL）与因变量员工外源亲环境行为（EPEB）效应检验结果如表 42、表 43 所示。各指数均达到可接受水平，公共责任维度下自变量"企业宣称-员工执行"亲环境价值观匹配与员工外源亲环境行为的标准化估计值（即系数 c）在数值上不显著（p = 0.078，>0.05），但为了保证研究的可靠性，将继续下一步验证。

表 42　自变量（OEPL）作用于因变量（EPEB）的模型拟合优度指数

模型拟合卡方检验		近似误差均方根		
数值	103.406	估值		0.046
自由度	34	90%置信区间		0.036~0.057
p 值	0.0000	Probability RMSEA ≤0.05		0.712
CFI	0.985	TLI	0.980	SRMR	0.020

表 43　自变量（OEPL）作用于因变量（EPEB）的路径系数

	估值	标准误差	估计标准误差	双尾 p 值
OEPL→EPEB	-0.065	0.037	-1.762	0.078

（3）生态尊重（OEER）维度下自变量作用于外源亲环境行为（EPEB）的效应检验。自变量生态尊重（OEER）维度与因变量员工外源亲

环境行为（EPEB）的效应如表 44、表 45 所示。模型拟合优度指数结果显示，各指数均达到可接受水平。生态尊重维度下，自变量"企业宣称-员工执行"亲环境价值观匹配与因变量员工外源亲环境行为的标准化估计值（即系数 c）显著（p = 0.000，＜0.05），从数值上表现为负向影响效应。

表 44　自变量（OEER）作用于因变量（EPEB）的模型拟合优度指数

模型拟合卡方检验		近似误差均方根	
数值	168.148	估值	0.036
自由度	76	90%置信区间	0.028~0.043
P 值	0.0000	Probability RMSEA ≤ 0.05	1.000
CFI	0.985	TLI	0.982	SRMR	0.026

表 45　自变量（OEER）作用于因变量（EPEB）的路径系数

	估值	标准误差	估值标准误差	双尾 p 值
OEER→EPEB	-0.141	0.035	-3.980	0.000

（4）面子需要（OEMZ）维度下自变量作用于外源亲环境行为（EPEB）的效应检验。对自变量面子需要（OEMZ）维度与员工外源亲环境行为（EPEB）的效应进行检验，结果如表 46、表 47 所示。结果显示，模型拟合优度各指数均达到可接受水平。面子需要维度下，自变量"企业宣称-员工执行"亲环境价值观匹配与因变量员工外源亲环境行为的标准化估计值（即系数 c）显著（p = 0.001，＜0.05），从数值上表现为正向影响效应。

表 46　自变量（OEMZ）作用于因变量（EPEB）的模型拟合优度指数

模型拟合卡方检验		近似误差均方根	
数值	162.716	估值	0.047
自由度	53	90%置信区间	0.039~0.055
p 值	0.0000	Probability RMSEA ≤ 0.05	0.743
CFI	0.978	TLI	0.973	SRMR	0.025

表 47　自变量（OEMZ）作用于因变量（EPEB）的路径系数

	估值	标准误差	估计标准误差	双尾 p 值
OEMZ→EPEB	0.125	0.036	3.415	0.001

（5）仁爱利他（OEKA）维度下自变量作用于外源亲环境行为（EPEB）的效应检验。对自变量仁爱利他（OEKA）维度与员工外源亲环境行为（EPEB）的效应进行检验，结果如表48、表49所示。模型拟合优度各指数均达到可接受水平。仁爱利他维度下，自变量"企业宣称-员工执行"亲环境价值观匹配与因变量员工外源亲环境行为的标准化估计值（即系数 c）在数值关系上不显著（p = 0.077，>0.05），但为了确保研究的可靠性，将继续进行下一步检验。

表 48　自变量（OEKA）作用于因变量（EPEB）的模型拟合优度指数

模型拟合卡方检验		近似误差均方根	
数值	111.660	估值	0.049
自由度	34	90%置信区间	0.039~0.059
p 值	0.0000	Probability RMSEA ≤0.05	0.550
CFI	0.983	TLI	0.977	SRMR	0.026

表 49　自变量（OEKA）作用于因变量（EPEB）的路径系数

	估值	标准误差	估计标准误差	双尾 p 值
OEKA→EPEB	−0.066	0.037	−1.077	0.077

（6）道德自律（OEMS）维度下自变量作用于外源亲环境行为（EPEB）的效应检验。自变量道德自律（OEMS）维度与员工外源亲环境行为（EPEB）的效应如表50、表51所示。模型拟合优度各指数均达到可接受水平。道德自律维度下，自变量"企业宣称-员工执行"亲环境价值观匹配与因变量员工外源亲环境行为的标准化估计值（即系数 c）在数值关系上不显著（p = 0.311，>0.05），为确保研究的可靠性，将继续进行下一步检验。

表 50　自变量（OEMS）作用于因变量（EPEB）的模型拟合优度指数

模型拟合卡方检验		近似误差均方根		
数值	111.033	估值		0.034
自由度	53	90%置信区间		0.025~0.043
p 值	0.0000	Probability RMSEA ≤0.05		0.999
CFI	0.990	TLI	0.987	SRMR	0.024

表 51　自变量（OEMS）作用于因变量（EPEB）的路径系数

	估值	标准误差	估计标准误差	双尾 p 值
OEMS→EPEB	-0.037	0.036	-1.012	0.311

2. 自变量各维度作用于内源亲环境行为的效应检验

（1）节能减排（OEEE）维度下自变量作用于内源亲环境行为（IPEB）的效应检验。本部分将运用 Mplus 7 软件（下同）对自变量"企业宣称-员工执行"亲环境价值观匹配的节能减排（OEEE）维度与因变量员工内源亲环境行为（IPEB）的效应进行检验，发现模型拟合优度各项指数均达到可接受水平。节能减排维度下，自变量"企业宣称-员工执行"亲环境价值观匹配与因变量员工内源亲环境行为的标准化估计值（即系数 c）显著（$p = 0.000$，<0.05），从数值上表现为负向影响效应（见表 52、表 53）。

表 52　自变量（OEEE）作用于因变量（IPEB）的模型拟合优度指数

模型拟合卡方检验		近似误差均方根		
数值	104.324	估值		0.047
自由度	34	90%置信区间		0.037~0.057
p 值	0.0000	Probability RMSEA ≤0.05		0.695
CFI	0.975	TLI	0.967	SRMR	0.038

表 53　自变量（OEEE）作用于因变量（IPEB）的路径系数

	估值	标准误差	估计标准误差	双尾 p 值
OEEE→IPEB	-0.324	0.037	-8.877	0.000

（2）公共责任（OEPL）维度下自变量作用于内源亲环境行为（IPEB）

的效应检验。自变量公共责任（OEPL）维度与员工内源亲环境行为
（IPEB）的效应如表54、表55所示。模型拟合优度各指数均达到可接受水
平。公共责任维度下，自变量"企业宣称-员工执行"亲环境价值观匹配与
因变量员工内源亲环境行为的标准化估计值（即系数 c）显著（p = 0.000，
<0.05），从数值上表现为负向影响效应。

表 54 自变量（OEPL）作用于因变量（IPEB）的模型拟合优度指数

模型拟合卡方检验		近似误差均方根		
数值	77.178	估值		0.036
自由度	34	90%置信区间		0.026~0.04
p 值	0.0000	Probability RMSEA ≤0.05		0.981
CFI	0.988	TLI	0.984	SRMR	0.022

表 55 自变量（OEPL）作用于因变量（EPEB）的路径系数

	估值	标准误差	估计标准误差	双尾 p 值
OEPL→IPEB	-0.373	0.034	-11.085	0.000

（3）生态尊重（OEER）维度下自变量作用于内源亲环境行为（IPEB）
的效应检验。自变量生态尊重（OEER）维度与员工内源亲环境行为
（IPEB）的效应如表56、表57所示。结果显示，模型拟合优度各指数均达
到可接受水平。生态尊重维度下，自变量"企业宣称-员工执行"亲环境价
值观匹配与因变量员工内源亲环境行为的标准化估计值（即系数 c）显著
（p = 0.000，<0.05），从数值上表现为负向影响效应。

表 56 自变量（OEER）作用于因变量（IPEB）的模型拟合优度指数

模型拟合卡方检验		近似误差均方根		
数值	123.696	估值		0.026
自由度	76	90%置信区间		0.017~0.034
p 值	0.0005	Probability RMSEA ≤0.05		1.000
CFI	0.991	TLI	0.989	SRMR	0.020

表 57　自变量（OEER）作用于因变量（IPEB）的路径系数

	估值	标准误差	估计标准误差	双尾 p 值
OEER→IPEB	-0.436	0.031	-13.969	0.000

（4）面子需要（OEMZ）维度下自变量作用于内源亲环境行为（IPEB）的效应检验。自变量面子需要（OEMZ）维度与员工内源亲环境行为（IPEB）的效应检验结果如表 58、表 59 所示。模型拟合优度各指数均达到可接受水平。面子需要维度下，自变量"企业宣称-员工执行"亲环境价值观匹配与因变量员工内源亲环境行为的标准化估计值（即系数 c）显著（p = 0.000，< 0.05），从数值上表现为负向影响效应。

表 58　自变量（OEMZ）作用于因变量（IPEB）的模型拟合优度指数

模型拟合卡方检验		近似误差均方根	
数值	116.959	估值	0.036
自由度	53	90% 置信区间	0.027 ~ 0.044
p 值	0.0007	Probability RMSEA ≤ 0.05	0.997
CFI	0.983	TLI	0.979	SRMR	0.030

表 59　自变量（OEMZ）作用于因变量（IPEB）的路径系数

	估值	标准误差	估计标准误差	双尾 p 值
OEMZ→IPEB	-0.197	0.037	-5.322	0.000

（5）仁爱利他（OEKA）维度下自变量作用于内源亲环境行为（IPEB）的效应检验。自变量仁爱利他（OEKA）维度与员工内源亲环境行为（IPEB）的效应检验结果显示：模型拟合优度各指数均达到可接受水平；仁爱利他维度下，自变量"企业宣称-员工执行"亲环境价值观匹配与因变量员工内源亲环境行为的标准化估计值（即系数 c）显著（p = 0.000，< 0.05），从数值上表现为负向影响效应（见表 60、表 61）。

表60 自变量（OEKA）作用于因变量（IPEB）的模型拟合优度指数

模型拟合卡方检验		近似误差均方根	
数值	70.952	估值	0.034
自由度	34	90%置信区间	0.023~0.045
p值	0.0002	Probability RMSEA ≤0.05	0.993
CFI	0.989	TLI	0.985	SRMR	0.022

表61 自变量（OEKA）作用于因变量（IPEB）的路径系数

	估值	标准误差	估计标准误差	双尾p值
OEKA→IPEB	−0.306	0.036	−8.592	0.000

（6）道德自律（OEMS）维度下自变量作用于内源亲环境行为（IPEB）的效应检验。自变量道德自律（OEMS）维度与员工内源亲环境行为（IPEB）的效应检验结果显示：模型拟合优度各指数均达到可接受水平；道德自律维度下，自变量"企业宣称-员工执行"亲环境价值观匹配与因变量员工内源亲环境行为的标准化估计值（即系数 c）显著（p = 0.000，<0.05），从数值上表现为负向影响效应（见表62、表63）。

表62 自变量（OEMS）作用于因变量（IPEB）的模型拟合优度指数

模型拟合卡方检验		近似误差均方根	
数值	80.340	估值	0.023
自由度	53	90%置信区间	0.012~0.033
p值	0.0091	Probability RMSEA ≤0.05	1.000
CFI	0.994	TLI	0.992	SRMR	0.021

表63 自变量（OEMS）作用于因变量（IPEB）的路径系数

	估值	标准误差	估计标准误差	双尾p值
OEMS→IPEB	−0.275	0.035	−7.871	0.000

（二）预期环境情感的中介效应检验

1. 预期的环境自豪感对自变量各维度与外源亲环境行为的中介效应
检验

（1）节能减排（OEEE）维度。我们对预期环境自豪感（AP）在自
变量节能减排（OEEE）维度与因变量外源亲环境行为（EPEB）的中介
效应进行检验发现：模型拟合优度指数显示指标基本符合要求。节能减排
维度下，自变量"组织宣称-员工执行"亲环境价值观匹配与中介变量预
期环境自豪感（AP）的标准化估计值（即系数 a）显著（p = 0.000，
<0.05），从数值上表现为负向影响效应；中介变量预期环境自豪感
（AP）与因变量外源亲环境行为（EPEB）的标准化估计值（即系数 b）
显著（p = 0.000，<0.05），表现为正向影响效应。而加入中介变量后，
自变量"组织宣称-员工执行"亲环境价值观匹配与因变量外源亲环境行
为（EPEB）的标准化估计值（即系数 c'）显著（p = 0.026，<0.05），且
ab 与 c'同号，因此，可以判定预期环境自豪感（AP）起到了部分中介
作用。

从表 64 至表 66 和图 3 可以看出，自变量到因变量的间接效应为
-0.034，自变量到因变量的直接效应为-0.082，间接效应占总效应的比例
为-0.034/（-0.034-0.082）≈0.293，说明节能减排维度下"企业宣称-
员工执行"亲环境价值观作用于外源亲环境行为的过程中有 29.3%是通过
预期环境自豪感起作用的。

表 64　自变量（OEEE）、中介变量（AP）作用于因变量（EPEB）的
模型拟合优度指数

模型拟合卡方检验		近似误差均方根		
数值	659.780	估值	0.083	
自由度	87	90%置信区间	0.077~0.089	
p 值	0.0000	Probability RMSEA ≤0.05	0.000	
CFI	0.921	TLI	0.904	SRMR	0.039

表65 自变量（OEEE）、中介变量（AP）作用于因变量（EPEB）的路径系数

		估值	双尾 p 值
	OEEE→AP	-0.212***	0.000
OEEE	→EPEB	-0.082*	0.026
AP		0.159***	0.000

注：*** 表示 p<0.001，** 表示 p<0.01，* 表示 p<0.05。

表66 特定间接效应分析（OEEE→AP→EPEB）

效应	估值	标准误差	估计标准误差	双尾 p 值
OEEE→AP→EPEB	-0.034	0.010	-3.282	0.001

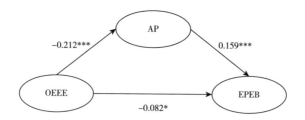

图3 中介效应检验的 SEM 路径（OEEE-AP-EPEB）

注：*** 表示 P<0.001，** 表示 P<0.01，* 表示 P<0.05。

（2）公共责任（OEPL）维度。根据上述分析模式，参考公共责任维度的数据分析，可以看出：模型拟合优度指数显示指标基本符合要求，预期环境自豪感（AP）起到了不一致的中介作用，即遮掩效应，因此，中介效应不显著。自变量到因变量的间接效应为-0.039，自变量到因变量的直接效应为-0.025，间接效应占直接效应的比例绝对值为1.56，说明公共责任维度下"企业宣称-员工执行"亲环境价值观更多的是间接作用于外源亲环境行为，间接效应的解释量是直接效应的1.56倍（见表67~69、图4）。

表67 自变量（OEPL）、中介变量（AP）作用于因变量（EPEB）的
模型拟合优度指数

模型拟合卡方检验		近似误差均方根	
数值	660.425	估值	0.083
自由度	87	90%置信区间	0.077~0.089

续表

模型拟合卡方检验		近似误差均方根			
p 值	0.0000	Probability RMSEA ≤0.05		0.000	
CFI	0.928	TLI	0.913	SRMR	0.036

表 68　自变量（OEPL）、中介变量（AP）作用于因变量（EPEB）的路径系数

	估值	双尾 p 值
OEPL→AP	−0.230 ***	0.000
OEPL →EPEB	−0.025	0.488
AP	0.171 ***	0.000

注：*** 表示 p<0.001，** 表示 p<0.01，* 表示 p<0.05。

表 69　特定间接效应分析（OEPL→AP→EPEB）

效应	估值	标准误差	估计标准误差	双尾 p 值
OEPL→AP→EPEB	−0.039	0.011	−3.527	0.000

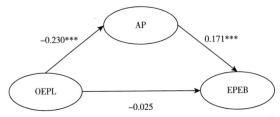

图 4　中介效应检验的 SEM 路径（OEPL-AP-EPEB）

注：*** 表示 P<0.001。

（3）生态尊重（OEER）维度。参考生态尊重维度的数据分析，可以看出：所示的模型拟合优度指数显示指标均可以接受，预期环境自豪感（AP）起到了部分中介作用。自变量到因变量的间接效应为−0.043，自变量到因变量的直接效应为−0.098，间接效应占总效应的比例约为0.305，说明生态尊重维度下"企业宣称-员工执行"亲环境价值观作用于外源亲环境行为的过程中有30.5%是通过预期的环境自豪感起作用的（见表70~72、图5）。

表 70　自变量（OEER）、中介变量（AP）作用于因变量（EPEB）的模型拟合优度指数

模型拟合卡方检验		近似误差均方根		
数值	721.146	估值		0.063
自由度	149	90%置信区间		0.059~0.068
p 值	0.0000	Probability RMSEA ≤0.05		0.000
CFI	0.940	TLI	0.931	SRMR	0.035

表 71　自变量（OEER）、中介变量（AP）作用于因变量（EPEB）的路径系数

		估值	双尾 p 值
	OEER→AP	−0.293***	0.000
OEER	→EPEB	−0.098**	0.008
AP		0.148***	0.000

注：*** 表示 $p<0.001$，** 表示 $p<0.01$，* 表示 $p<0.05$。

表 72　特定间接效应分析（OEER→AP→EPEB）

效应	估值	标准误差	估计标准误差	双尾 p 值
OEER→AP→EPEB	−0.043	0.013	−3.454	0.001

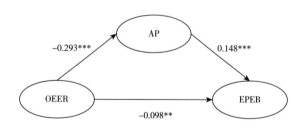

图 5　中介效应检验的 SEM 路径（OEER-AP-EPEB）

注：*** 表示 $P<0.001$，** $P<0.01$。

（4）面子需要（OEMZ）维度。参考面子需要维度的数据分析，可以看出：模型拟合优度指数显示指标勉强可以接受，但由于自变量到中介变量效应的 95%的置信区间内包含 0，自变量到中介效应再到因变量的间接效应也包含 0，因此 ab 不显著，无须进行下一步检验，可判定中介效应不显著（见表 73~75）。

表73 自变量（OEMZ）、中介变量（AP）作用于因变量（EPEB）的模型拟合优度指数

模型拟合卡方检验		近似误差均方根		
数值	715.572	估值	0.074	
自由度	116	90%置信区间	0.068~0.079	
p值	0.0000	Probability RMSEA ≤0.05	0.000	
CFI	0.927	TLI	0.915	SRMR	0.035

表74 自变量（OEMZ）、中介变量（AP）作用于因变量（EPEB）的路径系数

	估值	双尾p值
OEMZ→AP	0.030	0.432
OEMZ →EPEB	0.119 **	0.002
AP	0.173 ***	0.000

注：*** 表示p<0.001，** 表示p<0.01，* 表示p<0.05。

表75 Bootstrap检验结果（OEMZ→AP→EPEB）

	低于2.5%	低于5%	估值	高于5%	高于2.5%
OEMZ→AP	-0.057	-0.045	0.043	0.136	0.154
OEMZ →EPEB	0.062	0.082	0.183	0.284	0.307
AP	0.113	0.122	0.190	0.252	0.265
OEMZ→AP→EPEB	-0.008	-0.006	0.005	0.016	0.019

（5）仁爱利他（OEKA）维度。参考仁爱利他维度的数据分析，可以看出：模型拟合优度指数显示指标勉强符合要求，预期环境自豪感（AP）起到了不一致的中介作用，即遮掩效应（见表76~78、图6）。

自变量到因变量的间接效应为-0.029，自变量到因变量的直接效应为-0.038，间接效应占直接效应的比例绝对值约为0.76，表明仁爱利他维度下"企业宣称-员工执行"亲环境价值观更多的是间接作用于外源亲环境行为，间接效应的解释量是直接效应的0.76倍。

表76 自变量（OEKA）、中介变量（AP）作用于因变量（EPEB）的
模型拟合优度指数

模型拟合卡方检验		近似误差均方根	
数值	668.072	估值	0.084
自由度	87	90%置信区间	0.078~0.090
p值	0.0000	Probability RMSEA ≤0.05	0.000

续表

模型拟合卡方检验		近似误差均方根			
CFI	0.925	TLI	0.909	SRMR	0.041

表 77　自变量（OEKA）、中介变量（AP）作用于因变量（EPEB）的路径系数

	估值	双尾 p 值
OEKA→AP	−0.169 ***	0.000
OEKA →EPEB	−0.038	0.315
AP	0.170 ***	0.000

注：*** 表示 p<0.001，** 表示 p<0.01，* 表示 p<0.05。

表 78　特定间接效应分析（OEKA→AP→EPEB）

效应	估值	标准误差	估计标准误差	双尾 p 值
OEKA→AP→EPEB	−0.029	0.009	−3.141	0.002

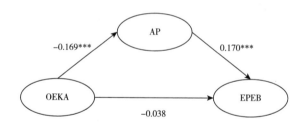

图 6　中介效应检验的 SEM 路径（OEKA-AP-EPEB）

注：*** 表示 P<0.001，** 表示<0.01。

（6）道德自律（OEMS）维度。参考道德自律维度的数据分析，可以看出：模型拟合优度指数显示指标基本符合要求，且预期环境自豪感（AP）起到了不一致的中介作用，即遮掩效应，因此，中介效应不显著。自变量到因变量的间接效应为−0.030，自变量到因变量的直接效应为−0.007，间接效应占直接效应的比例绝对值约为 4.29，表明道德自律维度下"组织宣称-员工执行"亲环境价值观主要是通过预期环境自豪感间接作用于外源亲环境行为，而这种间接效应是遮掩效应并非中介效应，且间接效应的解释量是直接效应的 4.29 倍（见表 79~81、图 7）。

表 79　自变量（OEMS）、中介变量（AP）作用于因变量（EPEB）的模型拟合优度指数

模型拟合卡方检验		近似误差均方根		
数值	660.327	估值	0.070	
自由度	116	90%置信区间	0.065~0.075	
p 值	0.0000	Probability RMSEA ≤0.05	0.000	
CFI	0.938	TLI	0.928	SRMR	0.036

表 80　自变量（OEMS）、中介变量（AP）作用于因变量（EPEB）的路径系数

	估值	双尾 p 值
OEMS→AP	-0.170***	0.000
OEMS →EPEB	-0.007	0.839
AP	0.175***	0.000

注：*** 表示 p<0.001，** 表示 p<0.01，* 表示 p<0.05。

表 81　特定间接效应分析（OEMS→AP→EPEB）

效应	估值	标准误差	估计标准误差	双尾 p 值
OEMS→AP→EPEB	-0.030	0.009	-3.270	0.001

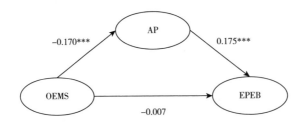

图 7　中介效应检验的 SEM 路径（OEMS-AP-EPEB）

注：*** 表示 P<0.001，** 表示 P<0.01。

2. 预期环境愧疚感对自变量各维度与外源亲环境行为的中介效应检验

（1）节能减排（OEEE）维度。本研究对预期环境愧疚感（AG）在自变量"企业宣称-员工执行"亲环境价值观匹配的节能减排（OEEE）维度与因变量外源亲环境行为（EPEB）的中介效应进行检验，表82、表83的结果显示模型拟合优度指数基本符合要求。同时，节能减排维度下，自变量"企业宣称-员工执行"亲环境价值观匹配与中介变量预期的愧疚感

（AG）的标准化估计值（即系数 a）显著（p＝0.000，<0.05），从数值上表现为负向影响效应；中介变量预期的愧疚感（AG）与因变量外源亲环境行为（EPEB）的标准化估计值（即系数 b）显著（p＝0.000，<0.05），表现为正向影响效应。而加入中介变量后，自变量"企业宣称－员工执行"亲环境价值观匹配与因变量外源亲环境行为（EPEB）的标准化估计值（即系数 c′）依然显著（p＝0.045，<0.05）。因此，可以判定预期环境愧疚感（AG）在自变量节能减排维度和因变量之间起到了部分中介作用。

表 82　自变量（OEEE）、中介变量（AG）作用于因变量（EPEB）的模型拟合优度指数

模型拟合卡方检验		近似误差均方根	
数值	339.155	估值	0.055
自由度	87	90%置信区间	0.049~0.061
p 值	0.0000	Probability RMSEA ≤0.05	0.083
CFI	0.964	TLI	0.956	SRMR	0.034

表 83　自变量（OEEE）、中介变量（AG）作用于因变量（EPEB）的路径系数

		估值	双尾 p 值
	OEEE→AG	−0.226***	0.000
OEEE	→EPEB	−0.075*	0.045
AG		0.181***	0.000

注：*** 表示 p<0.001，** 表示 p<0.01，* 表示 p<0.05。

表 84 和图 8 显示，自变量到因变量的间接效应为−0.041，自变量到因变量的直接效应为−0.075，间接效应占总效应的比例为−0.041/（−0.041−0.075）≈0.353，说明节能减排维度下"企业宣称－员工执行"亲环境价值观作用于外源亲环境行为的过程中有 35.3%是通过预期的愧疚感起作用的。

表 84　特定间接效应分析（OEEE→AG→EPEB）

效应	估值	标准误差	估计标准误差	双尾 p 值
OEEE→AG→EPEB	−0.041	0.011	−3.744	0.000

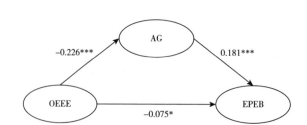

图 8　中介效应检验的 SEM 路径 （OEEE-AG-EPEB）

注: *** 表示 p<0.001, ** 表示 p<0.01, * 表示 p<0.5。

（2）公共责任（OEPL）维度。根据上述分析模式，参考公共责任维度的数据分析，可以看出：模型拟合优度指数显示指标基本符合要求，同时预期环境愧疚感在此起到了遮掩效应，而中介作用不显著（见表85、表86）。

表 85　自变量 （OEPL）、中介变量 （AG） 作用于因变量 （EPEB） 的模型拟合优度指数

模型拟合卡方检验		近似误差均方根			
数值	322.708	估值		0.053	
自由度	87	90%置信区间		0.047~0.060	
p 值	0.0000	Probability RMSEA ≤0.05		0.185	
CFI	0.969	TLI	0.963	SRMR	0.026

表 86　自变量 （OEPL）、中介变量 （AG） 作用于因变量 （EPEB） 的路径系数

		估值	双尾 p 值
	OEPL→AG	-0.206 ***	0.000
OEPL	→EPEB	-0.025	0.496
AG		0.193 ***	0.000

注: *** 表示 p<0.001, ** 表示 p<0.01, * 表示 p<0.05。

表 87 和图 9 也显示，自变量到因变量的间接效应为-0.040，自变量到因变量的直接效应为-0.025，间接效应占直接效应的比例绝对值约为 1.6，说明公共责任维度下"企业宣称-员工执行"亲环境价值观主要是通过预期愧疚感作用于外源亲环境行为的。

表 87 特定间接效应分析（OEPL→AG→EPEB）

效应	估值	标准误差	估计标准误差	双尾 p 值
OEPL→AG→EPEB	−0.040	0.011	−3.640	0.000

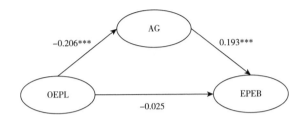

图 9 中介效应检验的 SEM 路径（OEPL-AG-EPEB）

注：*** 表示 p<0.001。

（3）生态尊重（OEER）维度。参考生态尊重维度的数据分析，可以看出：模型拟合优度指数显示指标均可以接受，而且预期环境愧疚感（AG）起到了部分中介作用（见表 88、表 89）。

表 88 自变量（OEER）、中介变量（AG）作用于因变量（EPEB）的模型拟合优度指数

模型拟合卡方检验		近似误差均方根			
数值	399.188	估值		0.042	
自由度	149	90%置信区间		0.037~0.047	
p 值	0.0000	Probability RMSEA ≤0.05		0.996	
CFI	0.973	TLI	0.969	SRMR	0.027

表 89 自变量（OEER）、中介变量（AG）作用于因变量（EPEB）的路径系数

		估值	双尾 p 值
OEER→AG		−0.259 ***	0.000
OEER	→EPEB	−0.096 **	0.009
AG		0.173 ***	0.000

注：*** 表示 p<0.001，** 表示 p<0.01，* 表示 p<0.05。

表 90 和图 10 显示：自变量到因变量的间接效应为−0.045，自变量到因变量的直接效应为−0.096，间接效应占总效应的比例为 0.319，说明生态尊重维度下"企业宣称-员工执行"亲环境价值观作用于外源亲环境行为的过

程中有 31.9% 是通过预期的愧疚感起作用的。

表 90　特定间接效应分析（OEER→AG→EPEB）

效应	估值	标准误差	估计标准误差	双尾 p 值
OEER→AP→EPEB	-0.045	0.012	-3.789	0.000

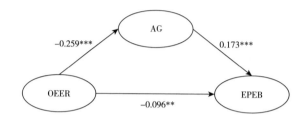

图 10　中介效应检验的 SEM 路径（OEER-AG-EPEB）

注：*** 表示 p<0.001，** 表示 p<0.01。

（4）面子需要（OEMZ）维度。参考面子需要维度的数据分析，可以看出：模型拟合优度指数显示指标均可以接受。同时，面子需要维度下，自变量"企业宣称-员工执行"亲环境价值观匹配（OEMZ）与中介变量预期的愧疚感（AG）的标准化估计值（即系数 a）不显著（p=0.242，>0.05）；中介变量预期的愧疚感（AG）与因变量外源亲环境行为（EPEB）的标准化估计值（即系数 b）显著（p=0.000，<0.05），表现为正向影响效应。因此，系数 a 和 b 仅有一个显著，需要进行 Bootstrap 检验，检验结果见表 93。结果显示，自变量到中介变量的效应和自变量到中介变量再到因变量的间接效应的 95% 的置信区间均包含 0，因此，ab 乘积系数不显著，无须进行下一步检验，可判定中介效应不显著（见表 91~93）。

表 91　自变量（OEMZ）、中介变量（AG）作用于因变量（EPEB）的
模型拟合优度指数

模型拟合卡方检验		近似误差均方根		
数值	401.796	估值		0.051
自由度	116	90%置信区间		0.045~0.056
p 值	0.0000	Probability RMSEA ≤0.05		0.392
CFI	0.964	TLI	0.958	SRMR	0.028

表 92　自变量（OEMZ）、中介变量（AG）作用于因变量（EPEB）的路径系数

	估值	双尾 p 值
OEMZ→AG	−0.045	0.242
OEMZ ——→EPEB	0.134 **	0.001
AG	0.204 ***	0.000

注：*** 表示 p<0.001，** 表示 p<0.01，* 表示 p<0.05。

表 93　Bootstrap 检验结果（OEMZ→AG→EPEB）

	低于 2.5%	低于 5%	估值	高于 5%	高于 2.5%
OEMZ→AG	−0.168	−0.150	−0.063	0.020	0.042
OEMZ ——→EPEB	0.091	0.112	0.205	0.313	0.329
AG	0.146	0.153	0.123	0.285	0.299
OEMZ→AG→EPEB	−0.025	−0.022	−0.009	0.004	0.007

（5）仁爱利他（OEKA）维度。参考仁爱利他维度的数据分析，可以看出：模型拟合优度指数显示指标基本符合要求，预期环境愧疚感（AG）起到了不一致的中介作用（见表94~95、图11），即遮掩效应，中介效应不显著。

表 94　自变量（OEKA）、中介变量（AG）作用于因变量（EPEB）的模型拟合优度指数

模型拟合卡方检验		近似误差均方根		
数值	341.668	估值	0.055	
自由度	87	90%置信区间	0.049~0.062	
p 值	0.0000	Probability RMSEA ≤0.05	0.073	
CFI	0.966	TLI	0.959	SRMR	0.031

表 95　自变量（OEKA）、中介变量（AG）作用于因变量（EPEB）的路径系数

	估值	双尾 p 值
OEKA→AG	−0.154 ***	0.000
OEKA ——→EPEB	−0.036	0.325
AG	0.193 ***	0.000

注：*** 表示 p<0.001，** 表示 p<0.01，* 表示 p<0.05。

从表96、图11数据显示可以发现：自变量到因变量的间接效应为−0.030，自变量到因变量的直接效应为−0.036，间接效应占直接效应的比例绝对值为 0.833，表明间接效应的解释量是直接效应的 0.833 倍，同时，也表明间接效应稍微弱于直接效应。

表 96　特定间接效应分析（OEKA→AG→EPEB）

效应	估值	标准误差	估计标准误差	双尾 p 值
OEKA→AG→EPEB	−0.030	0.009	−3.127	0.002

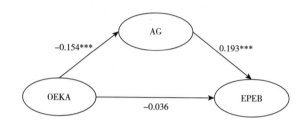

图 11　中介效应检验的 SEM 路径（OEKA-AG-EPEB）

注：*** 表示 p<0.001。

（6）道德自律（OEMS）维度。参考道德自律维度的数据分析，可以看出：模型拟合优度指数显示指标基本符合要求，并且预期环境愧疚感（AG）起到了遮掩效应（见表 97~99、图 12），中介效应不显著。

表 97　自变量（OEMS）、中介变量（AG）作用于因变量（EPEB）的模型拟合优度指数

模型拟合卡方检验		近似误差均方根			
数值	373.108	估值		0.048	
自由度	116	90% 置信区间		0.043~0.054	
p 值	0.0000	Probability RMSEA ≤0.05		0.697	
CFI	0.970	TLI	0.965	SRMR	0.028

表 98　自变量（OEMS）、中介变量（AG）作用于因变量（EPEB）的路径系数

		估值	双尾 p 值
	OEMS→AG	−0.131 ***	0.001
OEMS	→EPEB	−0.011	0.754
AG		0.197 ***	0.000

注：*** 表示 p<0.001，** 表示 p<0.01，* 表示 p<0.05。

表 99　特定间接效应分析（OEMS→AG→EPEB）

效应	估值	标准误差	估计标准误差	双尾 p 值
OEMS→AG→EPEB	-0.026	0.008	-3.068	0.002

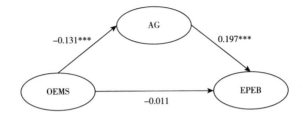

图 12　中介效应检验的 SEM 路径（OEMS-AG-EPEB）

注：*** 表示 p<0.001。

　　由图 12 和表 99 可知，自变量到因变量的间接效应为-0.026，自变量到因变量的直接效应为-0.011，间接效应占直接效应的比例绝对值为 2.363，表明道德自律维度下 "企业宣称-员工执行" 亲环境价值观更多的是间接作用于外源亲环境行为，间接效应的解释量是直接效应的 2.363 倍。

　　3. 预期环境自豪感对自变量各维度与内源亲环境行为的中介效应检验

　　（1）节能减排（OEEE）维度。本研究对预期环境自豪感（AP）在自变量 "企业宣称-员工执行" 亲环境价值观匹配的节能减排（OEEE）维度与因变量内源亲环境行为（IPEB）的中介效应进行检验，表 100~表 102 的结果显示模型拟合优度指数基本符合要求。同时，节能减排维度下，自变量 "企业宣称-员工执行" 亲环境价值观匹配（OEEE）与中介变量预期环境自豪感（AP）的标准化估计值（即系数 a）显著（p=0.000，<0.05），从数值上表现为负向影响效应；中介变量预期环境自豪感（AP）与因变量内源亲环境行为（IPEB）的标准化估计值（即系数 b）显著（p=0.000，<0.05），表现为正向影响效应。而加入中介变量后，自变量 "企业宣称-员工执行" 亲环境价值观匹配（OEEE）与因变量内源亲环境行为（IPEB）的标准化估计值（即系数 c'）依然显著（p=0.000，<0.05），且 ab 与 c'同号，因此，可以判定预期环境自豪感（AP）起到了部分中介作用。

表100　自变量（OEEE）、中介变量（AP）作用于因变量（IPEB）的
模型拟合优度指数

模型拟合卡方检验		近似误差均方根			
数值	598.340	估值		0.078	
自由度	87	90%置信区间		0.073~0.084	
p值	0.0000	Probability RMSEA ≤0.05		0.000	
CFI	0.917	TLI	0.899	SRMR	0.043

表101　自变量（OEEE）、中介变量（AP）作用于因变量（IPEB）的路径系数

		估值	双尾p值
	OEEE→AP	−0.213***	0.000
OEEE	→IPEB	−0.245***	0.000
AP		0.374***	0.000

注：*** 表示 $p<0.001$，** 表示 $p<0.01$，* 表示 $p<0.05$。

表102　特定间接效应分析（OEEE→AP→IPEB）

效应	估值	标准误差	估计标准误差	双尾p值
OEEE→AP→IPEB	−0.079	0.018	−4.365	0.000

从表102和图13可知，自变量到因变量的间接效应为−0.079，自变量到因变量的直接效应为−0.245，间接效应占总效应的比例为−0.079/（−0.079−0.245）≈0.244，说明节能减排维度下"企业宣称-员工执行"亲环境价值观作用于内源亲环境行为的过程中有24.4%是通过预期环境自豪感起作用的。

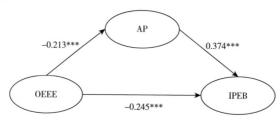

图13　中介效应检验的 SEM 路径（OEEE-AP-IPEB）
注：*** 表示 $p<0.001$。

（2）公共责任（OEPL）维度。依据上述分析过程，参考公共责任维度的分析数据，结果显示：模型拟合优度指数基本符合要求，且可以判定预期环境自豪感（AP）起到了部分中介作用（见表 103~105、图 14）。

表103　自变量（OEPL）、中介变量（AP）作用于因变量（IPEB）的
模型拟合优度指数

模型拟合卡方检验		近似误差均方根		
数值	589.378	估值		0.078
自由度	87	90%置信区间		0.072~0.084
p 值	0.0000	Probability RMSEA ≤0.05		0.000
CFI	0.927	TLI	0.912	SRMR	0.036

表104　自变量（OEPL）、中介变量（AP）作用于因变量（IPEB）的路径系数

		估值	双尾 p 值
	OEPL→AP	-0.230 ***	0.000
OEPL	→IPEB	-0.290 ***	0.000
AP		0.359 ***	0.000

注：*** 表示 p<0.001，** 表示 p<0.01，* 表示 p<0.05。

表105　特定间接效应分析（OEPL→AP→IPEB）

效应	估值	标准误差	估计标准误差	双尾 p 值
OEPL→AP→IPEB	-0.082	0.017	-4.862	0.000

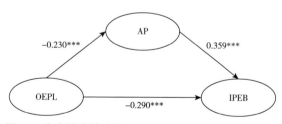

图14　中介效应检验的 SEM 路径（OEPL-AP-IPEB）

注：*** 表示 P<0.001。

从图 14 和表 105 可知，自变量到因变量的间接效应为-0.082，自变量到因变量的直接效应为-0.290，间接效应占总效应的比例为 0.220，说明公

共责任维度下"企业宣称-员工执行"亲环境价值观作用于内源亲环境行为的过程中有22.0%是通过预期环境自豪感起作用的。

（3）生态尊重（OEER）维度。参考生态尊重维度的分析数据，结果显示：模型拟合优度指数均可以接受，并且可以判定预期环境自豪感（AP）起到了部分中介作用（见表106~108、图15）。

表 106　自变量（OEER）、中介变量（AP）作用于因变量（IPEB）的模型拟合优度指数

模型拟合卡方检验		近似误差均方根			
数值	638.833	估值		0.059	
自由度	149	90%置信区间		0.054~0.063	
p 值	0.0000	Probability RMSEA ≤0.05		0.001	
CFI	0.942	TLI	0.934	SRMR	0.033

表 107　自变量（OEER）、中介变量（AP）作用于因变量（IPEB）的路径系数

		估值	双尾 p 值
	OEER→AP	-0.292 ***	0.000
OEER	→IPEB	-0.340 ***	0.000
AP		0.325 ***	0.000

注：*** 表示 p<0.001，** 表示 p<0.01，* 表示 p<0.05。

表 108　特定间接效应分析（OEER→AP→IPEB）

效应	估值	标准误差	估计标准误差	双尾 p 值
OEER→AP→IPEB	-0.095	0.018	-5.431	0.000

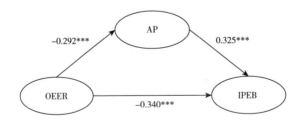

图 15　中介效应检验的 SEM 路径（OEER-AP-IPEB）

注：*** 表示 p<0.001。

从图15和表108可以看出，自变量到因变量的间接效应为-0.095，自变量到因变量的直接效应为-0.340，间接效应占总效应的比例约为0.218，说明生态尊重维度下"企业宣称-员工执行"亲环境价值观作用于内源亲环境行为的过程中有21.8%是通过预期环境自豪感起作用的。

（4）面子需要（OEMZ）维度。参考面子需要维度的分析数据，结果显示：模型拟合优度指数勉强可以接受。同时可以看出，面子需要维度下，自变量"组织宣称-员工执行"亲环境价值观匹配与中介变量预期的环境自豪感（AP）的标准化估计值（即系数a）不显著（p=0.417，>0.05）；中介变量预期环境自豪感（AP）与因变量内源亲环境行为（IPEB）的标准化估计值（即系数b）显著（p=0.000，<0.05），表现为正向影响效应。因此，系数a和b中只有一个显著，需要进行Bootstrap检验，检验结果见表109~111。结果显示，自变量到中介变量的效应和自变量到中介变量再到因变量的间接效应的95%的置信区间均包含0，因此，ab乘积系数不显著，无须进行下一步检验，可判定中介效应不显著。

表109 自变量（OEMZ）、中介变量（AP）作用于因变量（IPEB）的模型拟合优度指数

模型拟合卡方检验		近似误差均方根	
数值	609.438	估值	0.067
自由度	116	90%置信区间	0.062~0.072
p值	0.0000	Probability RMSEA ≤0.05	0.000
CFI	0.930	TLI	0.918	SRMR	0.036

表110 自变量（OEMZ）、中介变量（AP）作用于因变量（IPEB）的路径系数

		估值	双尾p值
	OEMZ→AP	0.032	0.417
OEMZ	→IPEB	-0.210***	0.000
AP		0.433***	0.000

注：*** 表示 p<0.001，** 表示 p<0.01，* 表示 p<0.05。

表111 Bootstrap检验结果（OEMZ→AP→IPEB）

		低于2.5%	低于5%	估值	高于5%	高于2.5%
	OEMZ→AP	-0.054	-0.042	0.043	0.135	0.153
OEMZ	→IPEB	-0.313	-0.300	-0.231	-0.166	-0.157
AP		0.273	0.284	0.347	0.415	0.428

续表

	低于 2.5%	低于 5%	估值	高于 5%	高于 2.5%
OEMZ→AP→IPEB	-0.020	-0.014	0.014	0.042	0.047

（5）仁爱利他（OEKA）维度。参考仁爱利他维度的分析数据，结果显示：模型拟合优度指数勉强符合要求，同时可以判定预期环境自豪感（AP）起到了部分中介作用。

从表 112 至表 114 和图 16 可知，自变量到因变量的间接效应为 -0.064，自变量到因变量的直接效应为 -0.241，间接效应占总效应的比例绝对值为 0.210，表明仁爱利他维度下"企业宣称 - 员工执行"亲环境价值观通过预期环境自豪感作用于内源亲环境行为的过程达到了 21.0% 的部分中介效果。

表 112　自变量（OEKA）、中介变量（AP）作用于因变量（IPEB）的模型拟合优度指数

模型拟合卡方检验		近似误差均方根			
数值	588.504	估值		0.078	
自由度	87	90% 置信区间		0.072～0.084	
p 值	0.0000	Probability RMSEA ≤0.05		0.000	
CFI	0.924	TLI	0.908	SRMR	0.040

表 113　自变量（OEKA）、中介变量（AP）作用于因变量（IPEB）的路径系数

		估值	双尾 p 值
	OEKA→AP	-0.167***	0.000
OEKA	→IPEB	-0.241***	0.000
AP		0.385***	0.000

注：*** 表示 $p<0.001$，** 表示 $p<0.01$，* 表示 $p<0.05$。

表 114　特定间接效应分析（OEKA→AP→IPEB）

效应	估值	标准误差	估计标准误差	双尾 p 值
OEKA→AP→IPEB	-0.064	0.016	-3.946	0.000

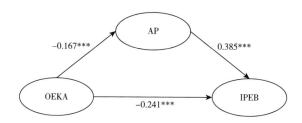

图 16　中介效应检验的 SEM 路径（OEKA-AP-IPEB）

注：*** 表示 p<0.001。

（6）道德自律（OEMS）维度。参考道德自律维度的分析数据，结果显示：模型拟合优度指数显示指标基本符合要求，可以判定预期环境自豪感（AP）起到了部分中介作用（见表 115～117）。

表 115　自变量（OEMS）、中介变量（AP）作用于因变量（IPEB）的模型拟合优度指数

模型拟合卡方检验		近似误差均方根		
数值	590.766	估值	0.065	
自由度	116	90%置信区间	0.060～0.071	
p 值	0.0000	Probability RMSEA ≤0.05	0.000	
CFI	0.938	TLI	0.928	SRMR	0.034

表 116　自变量（OEMS）、中介变量（AP）作用于因变量（IPEB）的路径系数

		估值	双尾 p 值
	OEMS→AP	−0.169***	0.000
OEMS	→IPEB	−0.209***	0.000
AP		0.390***	0.000

注：*** 表示 p<0.001，** 表示 p<0.01，* 表示 p<0.05。

表 117　特定间接效应分析（OEMS→AP→IPEB）

效应	估值	标准误差	估计标准误差	双尾 p 值
OEMS→AP→IPEB	−0.066	0.016	−3.522	0.000

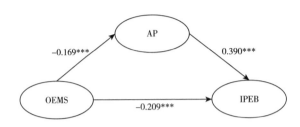

图 17 中介效应检验的 SEM 路径（OEMS-AP-IPEB）

注：*** 表示 p<0.001。

图 17 和表 117 显示：自变量到因变量的间接效应为−0.066，自变量到因变量的直接效应为−0.209，间接效应占总效应的比例约为 0.240，表明道德自律维度下"企业宣称-员工执行"亲环境价值观通过预期环境自豪感作用于内源亲环境行为的解释量为 24.0%。

4. 预期的愧疚感对自变量各维度与内源亲环境行为的中介效应检验

（1）节能减排（OEEE）维度。本研究对预期环境愧疚感（AG）在自变量"企业宣称-员工执行"亲环境价值观匹配的节能减排维度（OEEE）与因变量内源亲环境行为（IPEB）的中介效应进行检验，表 118~120 和图 18 的结果显示模型拟合优度指数基本符合要求。

表 118 自变量（OEEE）、中介变量（AG）作用于因变量（IPEB）的模型拟合优度指数

模型拟合卡方检验		近似误差均方根		
数值	299.436	估值	0.051	
自由度	87	90%置信区间	0.044~0.057	
p 值	0.0000	Probability RMSEA ≤0.05	0.427	
CFI	0.964	TLI	0.956	SRMR	0.038

表 119 自变量（OEEE）、中介变量（AG）作用于因变量（IPEB）的路径系数

		估值	双尾 p 值
	OEEE→AG	−0.227***	0.000
OEEE	→IPEB	−0.260***	0.000
AG		0.287***	0.000

注：*** 表示 p<0.001，** 表示 p<0.01，* 表示 p<0.05。

表 120 特定间接效应分析（OEEE→AG→IPEB）

效应	估值	标准误差	估计标准误差	双尾 p 值
OEEE→AG→IPEB	−0.065	0.014	−4.695	0.000

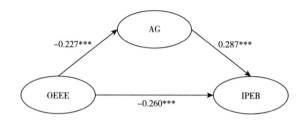

图 18 中介效应检验的 SEM 路径（OEEE-AG-IPEB）

注：*** 表示 p<0.001。

节能减排维度下，自变量"企业宣称–员工执行"亲环境价值观匹配与中介变量预期的愧疚感（AG）的标准化估计值（即系数 a）显著（p = 0.000，<0.05），从数值上表现为负向影响效应；中介变量预期的愧疚感（AG）与因变量内源亲环境行为（IPEB）的标准化估计值（即系数 b）显著（p=0.000，<0.05），表现为正向影响效应。而加入中介变量后，自变量"企业宣称–员工执行"亲环境价值观匹配与因变量内源亲环境行为（IPEB）的标准化估计值（即系数 c′）依然显著（p=0.000，<0.05），且 ab 与 c′同号。因此，可以判定预期的愧疚感（AG）起到了部分中介作用。

（2）公共责任（OEPL）维度。依据前述分析，参考公共责任维度的数据分析，结果显示：模型拟合优度指数显示指标基本符合要求，预期环境愧疚感起到了部分中介作用（见表 121~122）。

表 121 自变量（OEPL）、中介变量（AG）作用于因变量（IPEB）的模型拟合优度指数

模型拟合卡方检验		近似误差均方根		
数值	265.492	估值		0.046
自由度	87	90%置信区间		0.040~0.053
p 值	0.0000	Probability RMSEA ≤0.05		0.819
CFI	0.973	TLI	0.967	SRMR	0.025

表 122 自变量（OEPL）、中介变量（AG）作用于因变量（IPEB）的路径系数

		估值	双尾 p 值
	OEPL→AG	-0.206***	0.000
OEPL	→IPEB	-0.315***	0.000
AG		0.281***	0.000

注：*** 表示 p<0.001，** 表示 p<0.01，* 表示 p<0.05。

同时，自变量到因变量的间接效应为-0.058，自变量到因变量的直接效应为-0.315，间接效应占总效应的比例约为0.155，说明公共责任维度下"企业宣称-员工执行"亲环境价值观作用于内源亲环境行为有15.5%是通过预期愧疚感起作用的（见图19、表123）。

表 123 特定间接效应分析（OEPL→AG→IPEB）

效应	估值	标准误差	估计标准误差	双尾 p 值
OEPL→AG→IPEB	-0.058	0.013	-4.366	0.000

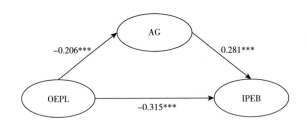

图 19 中介效应检验的 SEM 路径（OEPL-AG-IPEB）

注：*** 表示 p<0.001。

（3）生态尊重（OEER）维度。依据前述分析，参考生态尊重维度的数据分析，结果显示：模型拟合优度指数显示指标均可以接受，可以判定预期环境愧疚感（AG）起到了部分中介作用（见表124～126、图20）。

表 124 自变量（OEER）、中介变量（AG）作用于因变量（IPEB）的模型拟合优度指数

模型拟合卡方检验		近似误差均方根	
数值	329.447	估值	0.036
自由度	149	90%置信区间	0.030～0.041
p 值	0.0000	Probability RMSEA ≤0.05	1.000

续表

模型拟合卡方检验		近似误差均方根			
CFI	0.978	TLI	0.975	SRMR	0.022

表 125　自变量（OEER）、中介变量（AG）作用于因变量（IPEB）的路径系数

		估值	双尾 p 值
OEER→AG		−0.259***	0.000
OEER	→IPEB	−0.371***	0.000
AG		0.249***	0.000

注：*** 表示 p<0.001，** 表示 p<0.01，* 表示 p<0.05。

表 126　特定间接效应分析（OEER→AG→IPEB）

效应	估值	标准误差	估计标准误差	双尾 p 值
OEER→AG→IPEB	−0.065	0.013	−4.745	0.000

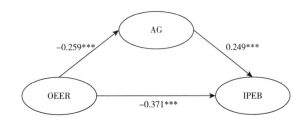

图 20　中介效应检验的 SEM 路径（OEER-AG-IPEB）

注：*** 表示 P<0.001。

从图 20 和表 126 可以看出，自变量到因变量的间接效应为−0.065，自变量到因变量的直接效应为−0.371，间接效应占总效应的比例约为 0.149，说明生态尊重维度下 "企业宣称-员工执行" 亲环境价值观作用于内源亲环境行为的过程中有 14.9% 是通过预期的愧疚感起作用的。

（4）面子需要（OEMZ）维度。依据前述分析，参考面子需要维度的数据分析，结果显示：模型拟合优度指数显示指标均可以接受。

面子需要维度下，自变量 "企业宣称-员工执行" 亲环境价值观匹配（OEMZ）与中介变量预期的愧疚感（AG）的标准化估计值（即系数 a）不显著（p=0.244，>0.05）；中介变量预期的愧疚感（AG）与因变量内源亲环境行为（IPEB）的标准化估计值（即系数 b）显著（p＝0.000，<0.05），表现为正向影响效应。因此，系数 a 和 b 仅有一个显著，需要进行 Bootstrap 检验。结果显示，自变量到中介变量的效应和自变量到中介变量再到因变量的间接效应的95%的置信区间均包含0，因此，ab 乘积系数不显著，无须进行下一步检验，可判定中介效应不显著（见表127~129）。

表 127　自变量（OEMZ）、中介变量（AG）作用于因变量（IPEB）的
模型拟合优度指数

模型拟合卡方检验		近似误差均方根		
数值	329.393	估值		0.044
自由度	116	90%置信区间		0.038~0.050
p 值	0.0000	Probability RMSEA ≤0.05		0.963
CFI	0.969	TLI	0.963	SRMR	0.028

表 128　自变量（OEMZ）、中介变量（AG）作用于因变量（IPEB）的路径系数

		估值	双尾 p 值
	OEMZ→AG	−0.044	0.244
OEMZ		−0.182***	0.000
	→IPEB		
AG		0.337***	0.000

注：*** 表示 p<0.001，** 表示 p<0.01，* 表示 p<0.05。

表 129　Bootstrap 检验结果（OEMZ→AG→IPEB）

	低于 2.5%	低于 5%	估值	高于 5%	高于 2.5%
OEMZ→AG	−0.166	−0.149	−0.062	0.021	0.042
OEMZ	−0.278	−0.266	−0.201	−0.129	−0.117
→IPEB					
AG	0.208	0.217	0.267	0.318	0.329
OEMZ→AG→IPEB	−0.046	−0.043	−0.017	0.005	0.009

（5）仁爱利他（OEKA）维度。依据前述分析，参考仁爱利他维度的数据分析，结果显示：模型拟合优度指数显示指标均可以接受，并且可以判定预期环境愧疚感（AG）起到了部分中介效应（见表130~132、图21）。

表 130　自变量（OEKA）、中介变量（AG）作用于因变量（IPEB）的模型拟合优度指数

模型拟合卡方检验		近似误差均方根			
数值	276.622	估值		0.048	
自由度	87	90%置信区间		0.042~0.054	
p 值	0.0000	Probability RMSEA ≤0.05		0.707	
CFI	0.970	TLI	0.964	SRMR	0.027

表 131　自变量（OEKA）、中介变量（AG）作用于因变量（IPEB）的路径系数

	估值	双尾 p 值
OEKA→AG	−0.153 ***	0.000
OEKA →IPEB	−0.259 ***	0.000
AG	0.306 ***	0.000

注：*** 表示 p<0.001，** 表示 p<0.01，* 表示 p<0.05。

表 132　特定间接效应分析（OEKA→AG→IPEB）

效应	估值	标准误差	估计标准误差	双尾 p 值
OEKA→AG→IPEB	−0.046	0.014	−3.329	0.001

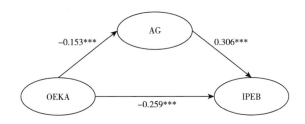

图 21　中介效应检验的 SEM 路径（OEKA-AG-IPEB）

注：*** 表示 p<0.001。

从表 132 和图 21 可以看出，自变量到因变量的间接效应为−0.046，自变量到因变量的直接效应为−0.259，间接效应占总效应的比例为 0.151，说明仁爱利他维度下"企业宣称-员工执行"亲环境价值观作用于内源亲环境行为的过程中有 15.1%是通过预期的愧疚感起作用的。

（6）道德自律（OEMS）维度。依据前述分析，参考道德自律维度的数据分析，结果显示：模型拟合优度指数显示指标基本符合要求，并且可以判定预期环境愧疚感（AG）起到了部分中介效应（见表133~135、图22）。

表133　自变量（OEMS）、中介变量（AG）作用于因变量（IPEB）的
模型拟合优度指数

模型拟合卡方检验		近似误差均方根	
数值	317.448	估值	0.043
自由度	116	90%置信区间	0.037~0.048
p 值	0.0000	Probability RMSEA ≤0.05	0.984
CFI	0.973	TLI	0.968	SRMR	0.025

表134　自变量（OEMS）、中介变量（AG）作用于因变量（IPEB）的路径系数

		估值	双尾 p 值
	OEMS→AG	−0.131***	0.001
OEMS	→IPEB	−0.234***	0.000
AG		0.315***	0.000

注：*** 表示 p<0.001，** 表示 p<0.01，* 表示 p<0.05。

表135　特定间接效应分析（OEMS→AG→IPEB）

效应	估值	标准误差	估计标准误差	双尾 p 值
OEMS→AG→IPEB	−0.041	0.012	−3.373	0.001

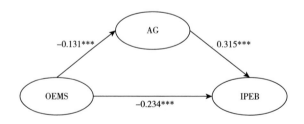

图22　中介效应检验的 SEM 路径（OEMS-AG-IPEB）

注：*** 表示 p<0.001。

从表 135 和图 22 可知，自变量到因变量的间接效应为 -0.041，自变量到因变量的直接效应为 -0.234，间接效应占总效应的比例为 0.149，表明道德自律维度下"企业宣称-员工执行"亲环境价值观作用于内源亲环境行为有 14.9% 是通过预期环境愧疚感起作用的。

六 "群体执行-员工执行"匹配的调节效应分析

如果因变量 Y 和自变量 X 的关系（斜率大小和方向）随第三个变量 Z 的变量而变化，则变量 Z 就是调节变量。本研究采用分层回归的方法进行调节变量的检验。在分层回归之前对自变量和调节变量进行中心化处理，并采用显变量处理方法，运算过程依然采用 Mplus 7 进行路径分析。研究共分为三层，并建立相应的回归模型。

第一层 M_1：检验自变量与因变量间的回归关系，方程如下：

$$Y = a_0 + aX + e_1 \qquad (1)$$

第二层 M_2：检验自变量、调节变量与因变量间的回归关系，方程如下：

$$Y = a_0 + aX + bZ + e_2 \qquad (2)$$

第三层 M_3：检验自变量、调节变量和二者交互项与因变量间的回归关系，方程如下：

$$Y = a_0 + aX + bZ + cXZ + e_3 \qquad (3)$$

其中，a_0 为常数项，e_{1-3} 为残差。

若模型三中回归系数 c 显著，且模型三中的 R^2 显著高于模型一和模型二，就表示调节效应显著。若调节效应显著，本研究将采用选点法（均值加减一个标准差）作图来更好地判别高低调节情境下自变量与因变量间的回归关系。

（一）节能减排维度的调节效应检验

我们将对节能减排维度下的自变量"企业宣称-员工执行"亲环境价值观匹配、调节变量"群体执行-员工执行"亲环境价值观匹配与预期环境情感分别做调节变量的检验，回归结果见表 136。

表 136　节能减排维度下调节效应检验

	AP			AG		
	M_1	M_2	M_3	M_1	M_2	M_3
OEEE	−0.180***	−0.184***	−0.154***	−0.206***	−0.206***	−0.205***
GEEE		0.011	0.026		0.000	0.001
OEEE×GEEE			−0.101**			−0.004
R^2	0.032**	0.032**	0.041**	0.043**	0.043**	0.043**

注：*** 表示 p<0.001，** 表示 p<0.01，* 表示 p<0.05。

从表 136 可知，节能减排维度下，从数值上来讲，M_1 中自变量"企业宣称-员工执行"亲环境价值观匹配作用于预期环境自豪感路径显著，M_2 中加入调节变量"群体执行-员工执行"亲环境价值观匹配后，调节变量的系数不显著，且 R^2 并没有显著增高；M_3 中继续加入自变量和调节变量交互项后，调节变量的交互项显著，系数为 −0.101（p<0.01），R^2 显著高于 M_1 和 M_2，表明调节变量"群体执行-员工执行"亲环境价值观匹配节能减排维度显著负向调节"企业宣称-员工执行"亲环境价值观匹配作用于预期环境自豪感路径。

同时，从数值意义上来讲，M_1 中自变量"企业宣称-员工执行"亲环境价值观匹配作用于预期的愧疚感路径显著，M_2 中加入调节变量"群体执行-员工执行"亲环境价值观匹配后，调节变量的系数不显著，且 R^2 并没有显著增高；M_3 中继续加入自变量和调节变量交互项后，调节变量的交互项依然不显著（系数为 −0.004，p>0.05），且 R^2 与 M_1 和 M_2 几乎一致，表明调节变量"群体执行-员工执行"亲环境价值观匹配节能减排维度在"企业宣称-员工执行"亲环境价值观匹配作用于预期环境愧疚感路径中并没有起到调节作用。

图 23 展示了在节能减排维度中，不同程度的"群体执行-员工执行"亲环境价值观匹配对于"企业宣称-员工执行"亲环境价值观匹配作用于预期环境自豪感的路径具有不同的调节作用。从内涵上来讲，在低"群体执行-员工执行"亲环境价值观匹配情境下，"企业宣称-员工执行"亲环境价值观匹配对预期环境自豪感的正向影响作用程度明显，而高"群体执行-员工执行"亲环境价值观匹配情境则可以削弱"企业宣称-员工执行"亲环境

价值观匹配和预期环境自豪感的正向影响关系，说明低"群体执行-员工执行"亲环境价值观匹配情境的调节作用高于高"群体执行-员工执行"亲环境价值观。

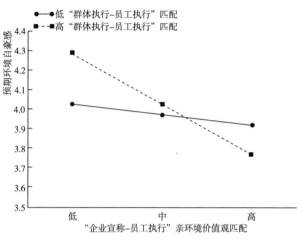

图 23 节能减排维度下的调节效应（AP）

（二）公共责任维度的调节效应检验

由表 137 可知，"群体执行-员工执行"亲环境价值观匹配公共责任维度显著负向调节"企业宣称-员工执行"亲环境价值观匹配作用于预期环境自豪感路径，并显著负向调节"企业宣称-员工执行"亲环境价值观匹配作用于预期环境愧疚感的路径。

表 137 公共责任维度下调节效应检验

	AP			AG		
	M_1	M_2	M_3	M_1	M_2	M_3
OEPL	-0.207***	-0.154***	-0.144***	-0.183***	-0.149***	-0.135***
GEPL		-0.110**	-0.065		-0.064	-0.020
OEPL×GEPL			-0.110**			-0.141***
R^2	0.043**	0.050***	0.060***	0.033**	0.036**	0.053**

注：*** 表示 $p<0.001$，** 表示 $p<0.01$，* 表示 $p<0.05$。

图24展示了在公共责任维度中，不同程度的"群体执行-员工执行"亲环境价值观匹配对于"企业宣称-员工执行"亲环境价值观匹配作用于预期环境自豪感的路径具有不同的调节作用。从变量内涵来讲，低"群体执行-员工执行"亲环境价值观匹配情境下，"企业宣称-员工执行"亲环境价值观匹配对预期环境自豪感的正向影响作用明显，高"群体执行-员工执行"亲环境价值观匹配情境下，员工的预期环境自豪感相对稳定，基本不随"企业宣称-员工执行"亲环境价值观匹配程度而改变。低"群体执行-员工执行"亲环境价值观匹配情境的调节作用高于高"群体执行-员工执行"亲环境价值观匹配情境。

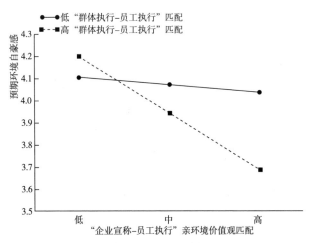

图 24　公共责任维度下的调节效应（AP）

此外，不同程度的"群体执行-员工执行"亲环境价值观匹配对于"企业宣称-员工执行"亲环境价值观匹配作用于预期环境愧疚感的路径具有不同的调节作用。从变量内涵来讲，低"群体执行-员工执行"亲环境价值观匹配情境下，"企业宣称-员工执行"亲环境价值观匹配对预期环境愧疚感的正向影响作用明显，高"群体执行-员工执行"亲环境价值观匹配情境下，预期环境愧疚感随"企业宣称-员工执行"亲环境价值观匹配度的增加而降低，说明高"群体执行-员工执行"亲环境价值观匹配情境产生负向调节作用（见图25）。

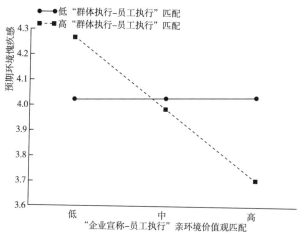

图 25 公共责任维度下的调节效应 (AG)

（三）生态尊重维度的调节效应检验

由表 138 可知，"群体执行-员工执行"亲环境价值观匹配生态尊重维度显著负向调节"企业宣称-员工执行"亲环境价值观匹配作用于预期环境自豪感路径，"群体执行-员工执行"亲环境价值观匹配生态尊重维度显著负向调节"企业宣称-员工执行"亲环境价值观匹配作用于预期的愧疚感的路径。

表 138 生态尊重维度下调节效应检验

	AP			AG		
	M_1	M_2	M_3	M_1	M_2	M_3
OEER	-0.257***	-0.232***	-0.190***	-0.230***	-0.252***	-0.218***
GEER		-0.042	-0.021		-0.038	0.055
OEER×GEER			-0.152***			-0.124***
R^2	0.066**	0.067***	0.087***	0.053***	0.054***	0.067**

注：*** 表示 $p<0.001$，** 表示 $p<0.01$，* 表示 $p<0.05$。

在生态尊重维度中，不同程度的"群体执行-员工执行"亲环境价值观匹配对于"企业宣称-员工执行"亲环境价值观匹配作用于预期环境自豪感的路径具有不同的调节作用。从变量内涵看，低"群体执行-员工执行"亲环境价值观匹配情境下，"企业宣称-员工执行"亲环境价值观匹配对预期环境自豪感的正向影响作用明显；高"群体执行-员工执行"亲环境价值观匹配情境下，员工的预期环境自豪感相对稳定，随着"企业宣称-员工执行"亲环境价

值观匹配程度的降低具有微弱的上升趋势，说明高"群体执行-员工执行"亲
环境价值观匹配情境起到了微弱的负向调节作用（见图26）。

此外，不同程度的"群体执行-员工执行"亲环境价值观匹配对于"企业
宣称-员工执行"亲环境价值观匹配作用于预期环境愧疚感的路径具有不同的
调节作用。从变量内涵来看，低"群体执行-员工执行"亲环境价值观匹配情
境下，"企业宣称-员工执行"亲环境价值观匹配对预期环境愧疚感的正向影
响作用明显；高"群体执行-员工执行"亲环境价值观匹配情境下，"企业宣
称-员工执行"亲环境价值观匹配对预期环境愧疚感的正向影响作用明显程度
小于低"群体执行-员工执行"亲环境价值观匹配情境（见图27）。

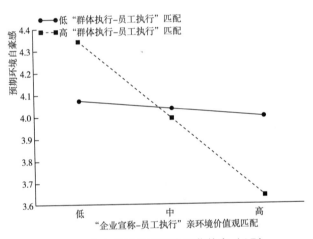

图 26　生态尊重维度下的调节效应（AP）

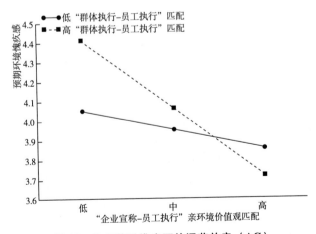

图 27　生态尊重维度下的调节效应（AG）

（四） 面子需要维度的调节效应检验

由表139可知，面子需要维度下，自变量"企业宣称-员工执行"亲环境价值观匹配作用于预期环境自豪感的路径系数不显著，作用于预期环境愧疚感路径系数也不显著。因此，调节变量"群体执行-员工执行"亲环境价值观匹配面子需要维度对"企业宣称-员工执行"亲环境价值观匹配作用于预期环境自豪感和预期环境愧疚感路径均无显著调节作用。

表139 面子需要维度下调节效应检验

	AP			AG		
	M_1	M_2	M_3	M_1	M_2	M_3
OEMZ	0.032	0.040	0.052	−0.037	−0.080	−0.083
GEMZ		−0.011	0.015		0.063	0.059
OEMZ×GEMZ			−0.81*			−0.015
R^2	0.001	0.001	0.006	0.001	0.004	0.004

注：*** 表示 $p<0.001$，** 表示 $p<0.01$，* 表示 $p<0.05$。

（五） 仁爱利他维度的调节效应检验

由表140可知，"群体执行-员工执行"亲环境价值观匹配仁爱利他维度对"企业宣称-员工执行"亲环境价值观匹配作用于预期环境自豪感路径没有显著的调节作用，作用于预期环境愧疚感的路径没有起到调节作用。

表140 仁爱利他维度下调节效应检验

	AP			AG		
	M_1	M_2	M_3	M_1	M_2	M_3
OEKA	−0.147***	−0.231***	−0.208***	−0.137***	−0.167***	−0.147**
GEKA		0.120**	0.136**		0.043	0.057
OEKA×GEKA			−0.069			−0.063
R^2	0.022*	0.029**	0.033**	0.019*	0.020*	0.023*

注：*** 表示 $p<0.001$，** 表示 $p<0.01$，* 表示 $p<0.05$。

（六）道德自律维度的调节效应检验

由表141可知，"群体执行-员工执行"亲环境价值观匹配道德自律维度显著负向调节"企业宣称-员工执行"亲环境价值观匹配作用于预期环境自豪感路径，显著负向调节"企业宣称-员工执行"亲环境价值观匹配作用于预期环境愧疚感的路径。

表 141 道德自律维度下调节效应检验

	AP			AG		
	M_1	M_2	M_3	M_1	M_2	M_3
OEMS	−0.211***	−0.165***	−0.147***	−0.173**	−0.125**	−0.109**
GEMS		0.055	0.086*		0.08	0.075*
OEMS×GEMS			−0.113**			−0.099**
R^2	0.019*	0.021*	0.032**	0.010	0.012	0.020*

注：*** 表示 $p<0.001$，** 表示 $p<0.01$，* 表示 $p<0.05$。

不同程度的"群体执行-员工执行"亲环境价值观匹配对于"企业宣称-员工执行"亲环境价值观匹配作用于预期环境自豪感的路径具有不同的调节作用。从变量内涵来看，低"群体执行-员工执行"亲环境价值观匹配情境下，"企业宣称-员工执行"亲环境价值观匹配对预期环境自豪感的正向影响作用明显；高"群体执行-员工执行"亲环境价值观匹配情境下，随着"企业宣称-员工执行"亲环境价值观匹配程度的降低，预期环境自豪感维持稳定，说明高"群体执行-员工执行"亲环境价值观匹配情境起到的调节作用不明显（见图28）。

此外，不同程度的"群体执行-员工执行"亲环境价值观匹配对于"企业宣称-员工执行"亲环境价值观匹配作用于预期环境愧疚感的路径具有不同的调节作用。从变量内涵来讲，低"群体执行-员工执行"亲环境价值观匹配情境下，"企业宣称-员工执行"亲环境价值观匹配对预期环境愧疚感的正向影响作用明显；高"群体执行-员工执行"亲环境价值观匹配情境下，员工的预期愧疚感随企业宣称的亲环境价值观与员工执行的亲环境价值观匹配度的降低而微弱增加，说明员工偏离企业宣称价值观会引起更多的愧疚感，高"群体执行-员工执行"亲环境价值观匹配情境起到了微弱负向调节作用（见图29）。

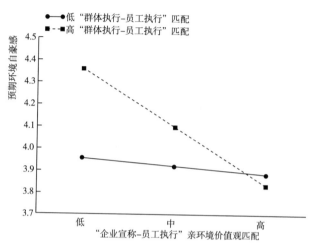

图 28 道德自律维度下的调节效应（AP）

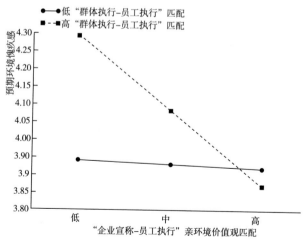

图 29 道德自律维度下的调节效应（AG）

七 分析结果汇总和假设检验汇总

（一）描述性统计分析汇总

本书将前述结果进行汇总分析，并进行讨论，汇总结果见表142。

表 142 描述性统计分析结果

维度	均值	标准差
节能减排（OEEE）	0.774	0.603
公共责任（OEPL）	0.830	0.689
生态尊重（OEER）	0.820	0.612
面子需要（OEMZ）	0.947	0.671
仁爱利他（OEKA）	0.725	0.637
道德自律（OEMS）	0.681	0.460
节能减排（GEEE）	0.724	0.605
公共责任（GEPL）	0.700	0.617
生态尊重（GEER）	0.685	0.522
面子需要（GEMZ）	0.757	0.590
仁爱利他（GEKA）	0.677	0.573
道德自律（GEMS）	0.685	0.624
预期的环境自豪感（AP）	3.920	0.709
预期的环境愧疚感（AG）	3.623	0.799
外源亲环境行为（EPEB）	2.642	0.990
内源亲环境行为（IPEB）	4.025	0.654

可见，自变量各维度中道德自律维度匹配一致性最高，面子需要维度匹配一致性最低。调节变量各维度中仁爱利他维度匹配一致性最高，面子需要维度匹配一致性最低，且"企业宣称-员工执行"亲环境价值观匹配一

致性明显小于"群体执行－员工执行"亲环境价值观匹配一致性，说明多数员工认为与群体的价值观更为一致。中介变量结果中，预期环境自豪感得分为 3.920 分，超出预期环境愧疚感得分 0.297 分，说明员工的预期环境自豪感比愧疚感更容易被激发。因变量结果中，外源亲环境行为和内源亲环境行为差距明显，内源亲环境行为显著高于外源亲环境行为，二者相差 1.383 分，表明员工实施亲环境行为的动机主要来自内部动机，而外源亲环境行为并未达到中间水平，未来有很大的提升空间。

（二）亲环境行为差异性分析结果汇总

可以看出，性别、年龄、受教育水平、岗位级别、岗位性质、行业性质、单位性质、住宅类型、可支配收入在外源亲环境行为上具有显著性差异，具体表现为：男性大于女性；随年龄呈 U 形分布；高中／中专学历最高、硕士最低；随岗位级别呈正态分布；从事后勤文秘、媒体文化、普通工勤岗位较高，医疗餐饮最低；身处农林牧渔、建筑业较高，金融保险、科学研究／综合技术服务业、房地产较低；身处外资企业、集体企业／个体户、政府机关／党政机关较高，事业单位、国有企业较低；家住 200 平方米以上的较高，120～150 平方米的较低；随收入呈正态分布。

婚姻状况、年龄、现单位工龄、受教育水平、岗位级别、岗位性质、行业性质、单位性质和可支配收入在内源亲环境行为上具有显著性差异，具体表现为：已婚大于未婚；随年龄成正比；随工龄总体成正比；随受教育水平呈 U 形分布；随职级成正比；从事教育科研、企业高管岗位较高，后勤文秘、交通物流、普通工勤较低；身处地质勘查／水利管理业较高，农林牧渔、金融保险、互联网／电子商务、交通／物流／邮电通信、化学化工较低；身处外资企业、事业单位和政府机关／党政机关较高，私营企业、合资企业较低；随收入总体成正比（见表 143）。

表 143　亲环境行为的差异性分析结果

人口统计学特征	外源亲环境行为		内源亲环境行为	
	显著性	特征	显著性	特征
性别	显著	男＞女	不显著	－

续表

人口统计学特征	外源亲环境行为		内源亲环境行为	
	显著性	特征	显著性	特征
婚姻状况	不显著	—	显著	已婚>未婚
年龄	显著	呈 U 形，≥56 岁最高	显著	与年龄成正比
现单位工龄	不显著	—	显著	总体成正比，16~20 年最高
受教育水平	显著	高中/中专最高，硕士最低	显著	呈 U 形，博士及以上最高
岗位级别	显著	呈正态分布，中层最高	显著	与职级成正比
岗位性质	显著	后勤文秘、媒体文化、普通工勤高；医疗餐饮低	显著	教育科研、企业高管高；后勤文秘、交通物流、普通工勤低
行业性质	显著	农林牧渔、建筑业高；金融保险、科学研究/综合技术服务业、房地产低	显著	地质勘查/水利管理高；农林牧渔、金融保险、互联网/电子商务、交通/物流/邮电通信、化学化工低
单位性质	显著	外资企业、集体企业/个体户、政府机关/党政机关高；事业单位、国有企业低	显著	外资企业、事业单位和政府机关/党政机关高；私营企业、合资企业低
家庭成员数	不显著	—	不显著	—
住宅类型	不显著	—	不显著	—
住宅面积	显著	200 平方米以上高；120~150 平方米低	不显著	—
可支配收入	显著	呈正态分布，1 万~2 万元最高	显著	总体与收入成正比，2 万~5 万元最高

（三）中介效应分析结果汇总

1. 自变量与因变量作用结果汇总

通过整理分析可以看出，自变量中节能减排维度、生态尊重维度与外源亲环境行为之间存在正向影响关系，面子需要维度与外源亲环境行为之间存在负向影响关系，公共责任维度、仁爱利他维度和道德自律维度与外源亲环境行为的影响关系不显著。自变量所有维度与内源亲环境行为均呈正向影响关系（见表 144）。

表 144　自变量与因变量作用结果

作用路径	路径系数	结果
节能减排维度（OEEE）→外源亲环境行为（EPEB）	-0.116 **	正向
公共责任维度（OEPL）→外源亲环境行为（EPEB）	-0.065	不显著
生态尊重维度（OEER）→外源亲环境行为（EPEB）	-0.141 ***	正向
面子需要维度（OEMZ）→外源亲环境行为（EPEB）	0.125 **	负向
仁爱利他维度（OEKA）→外源亲环境行为（EPEB）	-0.066	不显著
道德自律维度（OEMS）→外源亲环境行为（EPEB）	-0.037	不显著
节能减排维度（OEEE）→内源亲环境行为（IPEB）	-0.324 ***	正向
公共责任维度（OEPL）→内源亲环境行为（IPEB）	-0.373 ***	正向
生态尊重维度（OEER）→内源亲环境行为（IPEB）	-0.436 ***	正向
面子需要维度（OEMZ）→内源亲环境行为（IPEB）	-0.197 ***	正向
仁爱利他维度（OEKA）→内源亲环境行为（IPEB）	-0.306 ***	正向
道德自律维度（OEMS）→内源亲环境行为（IPEB）	-0.275 ***	正向

注：*** 表示 P<0.001，** 表示 P<0.01，* 表示 P<0.05。

2. 自变量与中介变量作用结果汇总

由表 145 可知，"企业宣称-员工执行"亲环境价值观匹配各维度中，除了面子需要维度，其他均正向影响预期环境自豪感和愧疚感。

表 145　自变量与中介变量作用结果

作用路径	路径系数	结果
节能减排维度（OEEE）→预期的环境自豪感（AP）	-0.212 ***	正向
公共责任维度（OEPL）→预期的环境自豪感（AP）	-0.230 ***	正向
生态尊重维度（OEER）→预期的环境自豪感（AP）	-0.293 ***	正向
面子需要维度（OEMZ）→预期的环境自豪感（AP）	0.030	不显著
仁爱利他维度（OEKA）→预期的环境自豪感（AP）	-0.169 ***	正向
道德自律维度（OEMS）→预期的环境自豪感（AP）	-0.170 ***	正向
节能减排维度（OEEE）→预期的环境愧疚感（AG）	-0.226 ***	正向
公共责任维度（OEPL）→预期的环境愧疚感（AG）	-0.206 ***	正向
生态尊重维度（OEER）→预期的环境愧疚感（AG）	-0.259 ***	正向
面子需要维度（OEMZ）→预期的环境愧疚感（AG）	-0.045	不显著
仁爱利他维度（OEKA）→预期的环境愧疚感（AG）	-0.154 ***	正向
道德自律维度（OEMS）→预期的环境愧疚感（AG）	-0.131 ***	正向

注：*** 表示 P<0.001，** P<0.01，* 表示 P<0.05。

3. 中介效应结果汇总

检验预期环境自豪感对自变量和外源亲环境行为关系的中介作用过程中，节能减排维度和生态尊重维度均起到了部分中介作用，中介效应解释量分别为 29.3% 和 30.5%，公共责任维度、仁爱利他维度和道德自律维度上的中介作用不显著，但存在遮掩效应，间接效应解释量占直接效应的解释量比重分别为 1.56 倍、0.76 倍和 4.29 倍。而面子需要维度上，预期的环境自豪感没有起到显著中介作用。

检验预期环境愧疚感对自变量和外源亲环境行为关系的中介作用过程中，节能减排维度和生态尊重维度均起到了部分中介作用，中介效应解释量分别为 35.3% 和 31.9%，公共责任维度、仁爱利他维度和道德自律维度上的中介作用不显著，但存在遮掩效应，间接效应解释量占直接效应的解释量比重分别为 1.6 倍、0.833 倍和 2.363 倍。此外，面子需要维度上，预期环境愧疚感也没有起到显著中介作用。

检验预期环境自豪感对自变量和内源亲环境行为关系的中介作用过程中，节能减排维度、公共责任维度、生态尊重维度、仁爱利他维度和道德自律维度均起到了部分中介作用，解释量分别为 24.4%、22.0%、21.8%、21.0% 和 24.0%，只有面子需要维度上，预期环境自豪感不存在中介作用。

检验预期环境愧疚感对自变量和内源亲环境行为关系的中介作用过程中，节能减排维度、公共责任维度、生态尊重维度、仁爱利他维度和道德自律维度均起到了部分中介作用，解释量分别为 20.0%、15.5%、14.9%、18.4% 和 14.9%，只有面子需要维度上，预期环境愧疚感不存在中介作用（见表 146）。

表 146　中介效应结果

		路径系数	结果	间接效应	直接效应	效应量
OEEE	→EPEB	-0.082 *	部分中介	-0.034	-0.082	29.3%
AP		0.159 ***				
OEEE→AP→EPEB		-0.034 **				
OEPL	→EPEB	-0.025	不显著（遮掩）	-0.039	-0.025	1.56 倍
AP		0.171 ***				
OEPL→AP→EPEB		-0.039 ***				

续表

		路径系数	结果	间接效应	直接效应	效应量
OEER	→EPEB	-0.098 **	部分中介	-0.098	-0.043	30.5%
AP		0.148 ***				
OEER→AP→EPEB		-0.043 **				
OEMZ	→EPEB	0.119 **	不显著	-	-	-
AP		0.173 ***				
OEKA	→EPEB	-0.038	不显著 (遮掩)	-0.039	-0.038	0.76 倍
AP		0.170 ***				
OEKA→AP→EPEB		-0.039 **				
OEMS	→EPEB	-0.007	不显著 (遮掩)	-0.065	-0.007	4.29 倍
AP		0.175 ***				
OEMS→AP→EPEB		-0.065 **				
OEEE	→EPEB	-0.075 *	部分中介	-0.041	-0.075	35.3%
AG		0.181 ***				
OEEE→AG→EPEB		-0.041 ***				
OEPL	→EPEB	-0.025	不显著 (遮掩)	-0.040	-0.025	1.6 倍
AG		0.193 ***				
OEPL→AG→EPEB		-0.040 ***				
OEER	→EPEB	-0.096 **	部分中介	-0.045	-0.096	31.9%
AG		0.173 ***				
OEER→AG→EPEB		-0.045 ***				
OEMZ	→EPEB	0.134 **	不显著	-	-	-
AG		0.204 ***				
OEKA	→EPEB	-0.036	不显著 (遮掩)	-0.030	-0.036	0.833 倍
AG		0.193 ***				
OEKA→AG→EPEB		-0.030 **				
OEMS	→EPEB	-0.011	不显著 (遮掩)	-0.026	-0.011	2.363 倍
AG		0.197 ***				
OEMS→AG→EPEB		-0.026 **				
OEEE	→IPEB	-0.245 ***	部分中介	-0.079	-0.245	24.4%
AP		0.374 ***				
OEEE→AP→IPEB		-0.079 ***				
OEPL	→IPEB	-0.290 ***	部分中介	-0.082	-0.290	22.0%
AP		0.359 ***				
OEPL→AP→IPEB		-0.082 ***				

续表

		路径系数	结果	间接效应	直接效应	效应量
OEER	→IPEB	−0.340 ***	部分中介	−0.095	−0.340	21.8%
AP		0.325 ***				
OEER→AP→IPEB		−0.095 ***				
OEMZ	→IPEB	−0.210 ***	不显著	−	−	−
AP		0.433 ***				
OEKA	→IPEB	−0.241 ***	部分中介	−0.064	−0.167	21.0%
AP		0.385 ***				
OEKA→AP→IPEB		−0.064 ***				
OEMS	→IPEB	−0.209 ***	部分中介	−0.066	−0.209	24.0%
AP		0.390 ***				
OEMS→AP→IPEB		−0.066 ***				
OEEE	→IPEB	−0.260 ***	部分中介	−0.065	−0.260	20.0%
AG		0.287 ***				
OEEE→AG→IPEB		−0.065 ***				
OEPL	→IPEB	−0.315 ***	部分中介	−0.058	−0.315	15.5%
AG		0.281 ***				
OEPL→AG→IPEB		−0.058 ***				
OEER	→IPEB	−0.259 ***	部分中介	−0.065	−0.259	14.9%
AG		0.249 ***				
OEER→AP→IPEB		−0.065 ***				
OEMZ	→IPEB	−0.182 ***	不显著	−	−	−
AG		0.337 ***				
OEKA	→IPEB	−0.259 ***	部分中介	−0.046	−0.259	18.4%
AG		0.306 ***				
OEKA→AG→IPEB		−0.046 **				
OEMS	→IPEB	−0.234 ***	部分中介	−0.026	−0.131	14.9%
AG		0.315 ***				
OEMS→AG→IPEB		−0.041 **				

注：OEEE、OEPL、OEER、OEMZ、OEKA、OEMS 分别代表"企业宣称-员工执行"亲环境价值观匹配的节能减排维度、公共责任维度、生态尊重维度、面子需要维度、仁爱利他维度和道德自律维度，AP、AG 分别代表预期的环境自豪感和预期的环境愧疚感，EPEB、IPEB 分别代表外源亲环境行为和内源亲环境行为。*** 表示 $P<0.001$，** 表示 $P<0.01$，* 表示 $P<0.05$。

综合来看，预期环境自豪感和预期环境愧疚感对自变量和因变量的中介影响具有相似性，但是在自变量与外源亲环境行为的中介过程中，预期愧疚感的中介作用要稍微强于预期的环境自豪感，而在自变量与内源亲环境行为的中介过程中，预期的环境自豪感的作用要稍微强于预期的环境愧疚感，说明激发员工预期环境愧疚感可以有效促进外源亲环境行为，而激发员工预期的环境自豪感对内源亲环境行为的提升更有力。

（四）调节效应分析结果汇总

节能减排维度对自变量和预期环境愧疚感间的关系无调节作用，面子需要维度和仁爱利他维度中，调节变量对自变量和中介变量均为调节作用。在具有调节作用的路径中也出现了不同的调节效应。节能减排维度中，调节变量正向调节自变量和中介变量（预期的环境自豪感）之间的关系，并且高、低情境下的调节作用不同，高调节情境下，表现为弱的正相关调节，低调节情境下表现为强的正调节作用。公共责任维度和道德自律维度出现了较为相似的规律，一方面，调节变量对自变量和预期的环境自豪感关系的调节作用相似，总调节作用均表现为正向调节效应，且低情境下的正向调节作用非常强，但高调节情境下自变量和中介变量无显著变化趋势，说明高调节情境可以充分抑制自变量对中介变量的正向作用。另一方面，调节变量对自变量和预期的环境愧疚感的调节作用也非常相似，总调节作用也均表现为正向调节作用，且低情境下的正向调节作用非常强，但高调节情境下，自变量和中介变量间的正向关系转变为负向关系，即高调节情境不仅抑制了自变量对中介变量的正向作用，还起到了微弱的反向作用。生态尊重维度中，调节变量对自变量和预期的环境自豪感和愧疚感均起到了正向调节作用，且在低情境下的正向调节作用非常强，但在高调节情境下存在微弱差异，低调节情境下调节变量抑制了自变量和预期的环境自豪感间的正向影响关系，并产生了反向调节作用，但调节变量并没有充分抑制自变量和预期的环境愧疚感间的影响，仅仅表现为自变量微弱正向影响预期的环境愧疚感（见表147）。

表 147　调节效应结果

自变量	调节变量	因变量	调节作用	高调节	低调节
节能减排（OEEE）	节能减排（GEEE）	预期的环境自豪感（AP）	正向	弱（+）	强（+）
		预期的环境愧疚感（AG）	无	—	—

续表

自变量	调节变量	因变量	调节作用	高调节	低调节
公共责任 （OEPL）	公共责任 （GEPL）	预期的环境自豪感（AP）	正向	斜率近似为0	强（+）
		预期的环境愧疚感（AG）	正向	弱（-）	强（+）
生态尊重 （OEER）	生态尊重 （GEER）	预期的环境自豪感（AP）	正向	弱（-）	强（+）
		预期的环境愧疚感（AG）	正向	弱（+）	强（+）
面子需要 （OEMZ）	面子需要 （GEMZ）	预期的环境自豪感（AP）	无	-	-
		预期的环境愧疚感（AG）	无	-	-
仁爱利他 （OEKA）	仁爱利他 （GEKA）	预期的环境自豪感（AP）	无	-	-
		预期的环境愧疚感（AG）	无	-	-
道德自律 （OEMS）	道德自律 （GEMS）	预期的环境自豪感（AP）	正向	斜率近似为0	强（+）
		预期的环境愧疚感（AG）	正向	弱（-）	强（+）

（五）自变量各维度下的假设检验结论汇总

本部分将在前述研究所得结论的基础上，对自变量各维度下的假设检验结论汇总，各个维度的对应如表148~153所示。

表148 节能减排维度下的假设检验

序号	研究假设	验证结论
假设1a	节能减排维度下，"企业宣称-员工执行"亲环境价值观匹配正向影响员工的内源亲环境行为	成立
假设1b	节能减排维度下，"组织宣称-员工执行"亲环境价值观匹配正向影响员工的外源亲环境行为	成立
假设1c	节能减排维度下，"组织宣称-员工执行"亲环境价值观匹配正向影响员工的预期的环境自豪感	成立
假设1d	节能减排维度下，"组织宣称-员工执行"亲环境价值观匹配正向影响员工的预期的环境愧疚感	成立
假设1e	节能减排维度下，"群体执行-员工执行"亲环境价值观匹配对"组织宣称-员工执行"亲环境价值观匹配和预期的环境自豪感具有正向调节作用；低"群体执行-员工执行"亲环境价值观匹配情境的调节作用强于高"群体执行-员工执行"亲环境价值观匹配情境	成立
假设1f	节能减排维度下，"群体执行-员工执行"亲环境价值观匹配对"组织宣称-员工执行"亲环境价值观匹配和预期的环境愧疚感具有正向调节作用；低"群体执行-员工执行"亲环境价值观匹配情境的调节作用强于高"群体执行-员工执行"亲环境价值观匹配情境	不成立

表 149　公共责任维度下的假设检验

序号	研究假设	验证结论
假设 2a	公共责任维度下，"组织宣称-员工执行"亲环境价值观匹配正向影响员工的内源亲环境行为	成立
假设 2b	公共责任维度下，"组织宣称-员工执行"亲环境价值观匹配正向影响员工的外源亲环境行为	不成立
假设 2c	公共责任维度下，"组织宣称-员工执行"亲环境价值观匹配正向影响员工的预期的环境自豪感	成立
假设 2d	公共责任维度下，"组织宣称-员工执行"亲环境价值观匹配正向影响员工的预期的环境愧疚感	成立
假设 2e	公共责任维度下，"群体执行-员工执行"亲环境价值观匹配对"组织宣称-员工执行"亲环境价值观匹配和预期的环境自豪感具有正向调节作用；低"群体执行-员工执行"亲环境价值观匹配情境的调节作用强于高"群体执行-员工执行"亲环境价值观匹配情境	部分成立
假设 2f	公共责任维度下，"群体执行-员工执行"亲环境价值观匹配对"组织宣称-员工执行"亲环境价值观匹配和预期的环境愧疚感具有正向调节作用；低"群体执行-员工执行"亲环境价值观匹配情境的调节作用强于高"群体执行-员工执行"亲环境价值观匹配情境	部分成立

表 150　生态尊重维度下的假设检验

序号	研究假设	验证结论
假设 3a	生态尊重维度下，"组织宣称-员工执行"亲环境价值观匹配正向影响员工的内源亲环境行为	成立
假设 3b	生态尊重维度下，"组织宣称-员工执行"亲环境价值观匹配正向影响员工的外源亲环境行为	成立
假设 3c	生态尊重维度下，"组织宣称-员工执行"亲环境价值观匹配正向影响员工的预期的环境自豪感	成立
假设 3d	生态尊重维度下，"组织宣称-员工执行"亲环境价值观匹配正向影响员工的预期的环境愧疚感	成立
假设 3e	生态尊重维度下，"群体执行-员工执行"亲环境价值观匹配对"组织宣称-员工执行"亲环境价值观匹配和预期的环境自豪感具有正向调节作用；低"群体执行-员工执行"亲环境价值观匹配情境的调节作用强于高"群体执行-员工执行"亲环境价值观匹配情境	部分成立
假设 3f	生态尊重维度下，"群体执行-员工执行"亲环境价值观匹配对"组织宣称-员工执行"亲环境价值观匹配和预期的环境愧疚感具有正向调节作用；低"群体执行-员工执行"亲环境价值观匹配情境的调节作用强于高"群体执行-员工执行"亲环境价值观匹配情境	成立

表 151　面子需要维度下的假设检验

序号	研究假设	验证结论
假设 4a	面子需要维度下，"组织宣称-员工执行"亲环境价值观匹配负向影响员工的内源亲环境行为	不成立
假设 4b	面子需要维度下，"组织宣称-员工执行"亲环境价值观匹配正向影响员工的外源亲环境行为	成立
假设 4c	面子需要维度下，"组织宣称-员工执行"亲环境价值观匹配负向影响员工的预期的环境自豪感	不成立
假设 4d	生态尊重维度下，"组织宣称-员工执行"亲环境价值观匹配正向影响员工的预期的环境愧疚感	不成立
假设 4e	面子需要维度下，"群体执行-员工执行"亲环境价值观匹配对"组织宣称-员工执行"亲环境价值观匹配和预期的环境自豪感具有调节作用；高"群体执行-员工执行"亲环境价值观匹配情境起到正向调节作用，低"群体执行-员工执行"亲环境价值观匹配情境起到负向调节作用	不成立
假设 4f	面子需要维度下，"群体执行-员工执行"亲环境价值观匹配对"组织宣称-员工执行"亲环境价值观匹配和预期的环境愧疚感具有调节作用；高"群体执行-员工执行"亲环境价值观匹配情境起到正向调节作用，低"群体执行-员工执行"亲环境价值观匹配情境起到负向调节作用	不成立

表 152　仁爱利他维度下的假设检验

序号	研究假设	验证结论
假设 5a	仁爱利他维度下，"组织宣称-员工执行"亲环境价值观匹配正向影响员工的内源亲环境行为	成立
假设 5b	仁爱利他维度下，"组织宣称-员工执行"亲环境价值观匹配正向影响员工的外源亲环境行为	不成立
假设 5c	仁爱利他维度下，"组织宣称-员工执行"亲环境价值观匹配正向影响员工的预期的环境自豪感	成立
假设 5d	仁爱利他维度下，"组织宣称-员工执行"亲环境价值观匹配正向影响员工的预期的环境愧疚感	成立
假设 5e	仁爱利他维度下，"群体执行-员工执行"亲环境价值观匹配对"组织宣称-员工执行"亲环境价值观匹配和预期的环境自豪感具有正向调节作用；低"群体执行-员工执行"亲环境价值观匹配情境的调节作用强于高"群体执行-员工执行"亲环境价值观匹配情境	不成立
假设 5f	仁爱利他维度下，"群体执行-员工执行"亲环境价值观匹配对"组织宣称-员工执行"亲环境价值观匹配和预期的环境愧疚感具有正向调节作用；低"群体执行-员工执行"亲环境价值观匹配情境的调节作用强于高"群体执行-员工执行"亲环境价值观匹配情境	不成立

表 153　道德自律维度下的假设检验

序号	研究假设	验证结论
假设 6a	道德自律维度下,"组织宣称-员工执行"亲环境价值观匹配正向影响员工的内源亲环境行为	成立
假设 6b	道德自律维度下,"组织宣称-员工执行"亲环境价值观匹配正向影响员工的外源亲环境行为	不成立
假设 5c	道德自律维度下,"组织宣称-员工执行"亲环境价值观匹配正向影响员工的预期的环境自豪感	成立
假设 5d	道德自律维度下,"组织宣称-员工执行"亲环境价值观匹配正向影响员工的预期的环境愧疚感	成立
假设 6e	道德自律维度下,"群体执行-员工执行"亲环境价值观匹配对"组织宣称-员工执行"亲环境价值观匹配和预期的环境自豪感具有正向调节作用;低"群体执行-员工执行"亲环境价值观匹配情境的调节作用强于高"群体执行-员工执行"亲环境价值观匹配情境	部分成立
假设 6f	道德自律维度下,"群体执行-员工执行"亲环境价值观匹配对"组织宣称-员工执行"亲环境价值观匹配和预期的环境愧疚感具有正向调节作用;低"群体执行-员工执行"亲环境价值观匹配情境的调节作用强于高"群体执行-员工执行"亲环境价值观匹配情境	部分成立

(六) 中介变量作用于因变量的假设检验

预期的环境自豪感与内源和外源亲环境行为分别成正向影响关系,预期的环境愧疚感与内源和外源亲环境行为也成正向影响关系,且中介变量对内源亲环境行为的影响要高于对外源亲环境行为的影响。因此,假设 7a、7b、7c、7d 均成立 (见表 154)。

表 154　中介变量作用于因变量的假设检验

序号	研究假设	验证结论
假设 7a	预期的环境自豪感正向影响内源亲环境行为	成立
假设 7b	预期的环境自豪感正向影响外源亲环境行为	成立
假设 7c	预期的环境愧疚感正向影响内源亲环境行为	成立
假设 7d	预期的环境愧疚感正向影响外源亲环境行为	成立

（七）中介效应假设检验汇总

中介效应假设检验汇总如表 155 所示。

表 155　中介效应的假设检验

序号	研究假设	验证结论
假设 8a	节能减排维度下，预期的环境自豪感在"组织宣称－员工执行"亲环境价值观对内源亲环境行为影响过程起中介作用	部分成立
假设 8b	节能减排维度下，预期的环境自豪感在"组织宣称－员工执行"亲环境价值观对外源亲环境行为影响过程起中介作用	部分成立
假设 8c	节能减排维度下，预期的环境愧疚感在"组织宣称－员工执行"亲环境价值观对内源亲环境行为影响过程起中介作用	部分成立
假设 8d	节能减排维度下，预期的环境愧疚感在"组织宣称－员工执行"亲环境价值观对外源亲环境行为影响过程起中介作用	部分成立
假设 9a	公共责任维度下，预期的环境自豪感在"组织宣称－员工执行"亲环境价值观对内源亲环境行为影响过程起中介作用	部分成立
假设 9b	公共责任维度下，预期的环境自豪感在"组织宣称－员工执行"亲环境价值观对外源亲环境行为影响过程起中介作用	不成立
假设 9c	公共责任维度下，预期的环境愧疚感在"组织宣称－员工执行"亲环境价值观对内源亲环境行为影响过程起中介作用	部分成立
假设 9d	公共责任维度下，预期的环境愧疚感在"组织宣称－员工执行"亲环境价值观对外源亲环境行为影响过程起中介作用	不成立
假设 10a	生态尊重维度下，预期的环境自豪感在"组织宣称－员工执行"亲环境价值观对内源亲环境行为影响过程起中介作用	部分成立
假设 10b	生态尊重维度下，预期的环境自豪感在"组织宣称－员工执行"亲环境价值观对外源亲环境行为影响过程起中介作用	部分成立
假设 10c	生态尊重维度下，预期的环境愧疚感在"组织宣称－员工执行"亲环境价值观对内源亲环境行为影响过程起中介作用	部分成立
假设 10d	生态尊重维度下，预期的环境愧疚感在"组织宣称－员工执行"亲环境价值观对外源亲环境行为影响过程起中介作用	部分成立
假设 11a	面子需要维度下，预期的环境自豪感在"组织宣称－员工执行"亲环境价值观对内源亲环境行为影响过程起中介作用	不成立
假设 11b	面子需要维度下，预期的环境自豪感在"组织宣称－员工执行"亲环境价值观对外源亲环境行为影响过程起中介作用	不成立

续表

序号	研究假设	验证结论
假设 11c	面子需要维度下，预期的环境愧疚感在"组织宣称-员工执行"亲环境价值观对内源亲环境行为影响过程起中介作用	不成立
假设 11d	面子需要维度下，预期的环境愧疚感在"组织宣称-员工执行"亲环境价值观对外源亲环境行为影响过程起中介作用	不成立
假设 12a	仁爱利他维度下，预期的环境自豪感在"组织宣称-员工执行"亲环境价值观对内源亲环境行为影响过程起中介作用	部分成立
假设 12b	仁爱利他维度下，预期的环境自豪感在"组织宣称-员工执行"亲环境价值观对外源亲环境行为影响过程起中介作用	不成立
假设 12c	仁爱利他维度下，预期的环境愧疚感在"组织宣称-员工执行"亲环境价值观对内源亲环境行为影响过程起中介作用	部分成立
假设 12d	仁爱利他维度下，预期的环境愧疚感在"组织宣称-员工执行"亲环境价值观对外源亲环境行为影响过程起中介作用	不成立
假设 13a	道德自律维度下，预期的环境自豪感在"组织宣称-员工执行"亲环境价值观对内源亲环境行为影响过程起中介作用	部分成立
假设 13b	道德自律维度下，预期的环境自豪感在"组织宣称-员工执行"亲环境价值观对外源亲环境行为影响过程起中介作用	不成立
假设 13c	道德自律维度下，预期的环境愧疚感在"组织宣称-员工执行"亲环境价值观对内源亲环境行为影响过程起中介作用	部分成立
假设 13d	道德自律维度下，预期的环境愧疚感在"组织宣称-员工执行"亲环境价值观对外源亲环境行为影响过程起中介作用	不成立

第十二章 企业员工亲环境行为调控策略研究

一 实证研究结果讨论

（一）自变量和因变量的作用结果

"企业宣称-员工执行"亲环境价值观匹配各维度中仅有节能减排和生态尊重维度对外源亲环境行为起到了正向促进作用，面子需要维度对外源亲环境行为起到了负向促进作用，而公共责任、仁爱利他和道德自律维度均未起到显著影响作用。节能减排和生态尊重价值观维度是与环境密切相关的维度，这一结果证实了大力提倡环保、低碳节能口号的必要性，公共责任、仁爱利他和道德自律维度虽然没有起到预测作用，但并不代表这三项价值观在组织亲环境价值观建设中的不适用特性，相反，不显著结果正好说明这3项价值观对于提升外部动机并无太大帮助。另外，面子需要维度对外源亲环境行为起到了负的预测作用，这暗示了企业和员工在面子需要维度上保持一致并非有利于组织环境管理建设，与员工保持适度的距离感会促进员工更好地遵循组织规范。

"企业宣称-员工执行"亲环境价值观匹配各维度与内源亲环境行为均呈正向影响关系，表明了企业亲环境价值观体系对内源亲环境行为具有较好的促进作用。其中，面子需要维度与内源亲环境行为的正向作用与假设不一致，说明面子需要维度下适当的"企业宣称-员工执行"亲环境价值观一致性可以促进内源亲环境行为的提升。

本书在后续的调控策略设计中将重点设计公共责任、仁爱利他、道德自律价值观维度对外源亲环境行为影响的调控策略，以及面子需要维度对内源和外源亲环境行为影响的调控策略。

（二）自变量与中介变量的作用结果

"企业宣称-员工执行"亲环境价值观匹配各维度中，除了面子需要维度，其他均对预期环境自豪感和预期环境愧疚感起到了显著的正向影响作用，表明除了面子需要维度，其他价值观匹配维度均可有效刺激员工产生相应的情感反应。从作用程度来看，"企业宣称-员工执行"亲环境价值观匹配一致性更容易引起预期环境自豪感，而与预期环境愧疚感之间的作用系数显得相对较弱。这表明价值观匹配的确可以刺激员工产生自豪或愧疚的心理体验，但是由于国家/企业政策的提倡力度要大于规范力度，因此当员工发现自己与国家/企业期望相符时，容易产生自豪感；而当违背国家/企业期望时，由于缺少制度和规范约束，预期环境愧疚感也就相对较低。因此，在后续调控策略设计过程中，应着重提升"企业宣称-员工执行"亲环境价值观匹配一致性，增强对员工的道德约束力，同时，在面子需要维度需要进行及时的调整。

（三）预期环境自豪感的中介作用结果

在中介检验过程中，预期环境自豪感和愧疚感在"企业宣称-员工执行"亲环境价值观匹配面子需要维度上对内源和外源亲环境行为均无显著的中介效应，在其他5个维度上对内源亲环境行为均产生了部分中介效应，在节能减排和生态尊重价值观维度上对外源亲环境行为产生了部分中介效应，在公共责任、仁爱利他和道德自律维度上产生了遮掩效应。其中，部分中介效应成立的路径中，自变量和因变量之间的直接效应要高于中介变量产生的间接效应；遮掩效应成立的路径中，中介变量产生的间接效应要高于自变量和因变量之间的直接效应。同时，可以推断出预期环境愧疚感对外源亲环境行为的部分中介作用高于预期环境自豪感对外源亲环境行为的部分中介作用，预期环境自豪感对内源亲环境行为的部分中介作用高于预期环境愧疚感对内源亲环境行为的部分中介作用；节能减排和生态尊重维度预期环境自豪感和预期环境愧疚感对外源亲环境行为的部分中介解释量均高于对内源亲环境行为的中介解释量。

节能减排、仁爱利他和道德自律维度和内外源亲环境行为间均无显著性影响，二者之间中介效应不显著，但是预期环境自豪感和愧疚感依然起到了间接作用，这种间接效应称之为遮掩效应。这个结论说明，当企业亲环境价值观体系无法提升员工行为动机进而约束员工的亲环境行为的时候，预期环境情感就起到了至关重要的作用，因而激发员工预期环境自豪感和愧疚感将有利于企业亲环境价值观体系的顺利推进。此外，预期环境自豪感对内源亲环境行为的影响更高，预期环境愧疚感对外源亲环境行为的影响更高，这一规律启示国家和企业在环境管理过程中，针对员工现状可采用不同的情感激发方式激发其内部或外部行为动机。比如，激发员工的愧疚感可以通过组织规则加强约束，增强员工道德认知、激发员工的自豪感可以通过提升员工身份感实现，这也将极大增强员工行为内化，进而提升其亲环境行为自觉性。另外，在节能减排和生态尊重维度上，预期环境自豪感和愧疚感对外源亲环境行为的影响更高，这也从侧面印证了亲环境行为的内化并非一朝一夕之事，需要制定长远规划，不断加强员工的亲环境认知和教育，采用全方位多样化的环境管理措施增强其内部动机。

（四）调节效应结果

"群体执行-员工执行"亲环境价值观匹配在面子需要和仁爱利他维度上对预期环境自豪感和愧疚感均无调节效应，在节能减排、公共责任、生态尊重和道德自律维度上对预期环境自豪感具有正向调节作用，在公共责任、生态尊重和道德自律维度上对预期环境愧疚感具有正向调节作用。从结果中可以推断出，高调节情境下"群体执行-员工执行"亲环境价值观匹配起到了抑制作用，甚至在公共责任和道德自律维度上起到了反向作用，而低调节情境下，反而对预期环境情感具有较高的正向调节效应。

当"企业宣称-员工执行"亲环境价值观匹配一致性较低的时候，高调节情境下预期环境自豪感和愧疚感得分更高；当"企业宣称-员工执行"亲环境价值观匹配一致性较高的时候，低调节情境下预期环境自豪感和愧疚感反而得分更高。究其原因，无论是企业规范还是群体规范对于员工的环境情感都有一定的约束作用，当"企业宣称-员工执行"亲环境价值观匹配一致性较低的时候，可以通过构建积极的群体规范约束员工行为；当"企业宣称-员工执行"亲环境价值观匹配一致性较高的时候，提倡群体规范差异性也可促进员工更好地遵从组织规范。然而，上述结论也提醒管理者，企业规范、群体规范和员工三者保持较高一致时，反而不利于预期的环境情感的发挥，因而在任何一个企业内都需要包含多元文化或价值观才能实现有效的管理。

二　国家政策梳理与现状分析

自改革开放以来，中国的经济建设和发展取得了重大进步，环境问题却似乎越来越严重，从"先发展，后治理"到"不要金山银山，只要青山绿水""青山绿水就是金山银山"的演变体现了国家治理环境问题之迫切。然而，面对资源枯竭、环境污染、浪费严重等一系列环境问题，政府虽然出台了大量的法律、法规、政策、意见等规范企事业单位和公民的行为，但对于环境价值观的培育和引导却始终处于初级阶段。为了更好地了解环境政策中价值观培育的现状，通过中华人民共和国生态环境部以关键词查找的方式，列举了与环境价值观教育相关的关键词频率及百分比（统计日期截止到 2018 年 4 月 2 日），具体内容见表 1 和表 2。表中数据仅通过搜索关键词获得，内容上可能存在交叉，反映的并不是精确值，但可从侧面反映出近年来国内环保政策的走向。

表 1　政策中的关键词频率汇总

单位：条

关键词	全部	2008 年以来	2013 年以来
环境	70007	59481	37389
环保	42473	34834	20803
生态	22682	18940	12150
生态文明	7507	7177	4986
绿色	9004	7601	4641
低碳	2242	2206	1318
道德	925	668	414
道德观	49	20	4
公德	76	58	31
节约	4222	3194	1477
引导	6019	5081	3158
教育	7739	6195	4263

续表

关键词	全部	2008 年以来	2013 年以来
宣传	9224	7572	4691
宣传教育	3341	2789	1695
环境宣传教育	2265	1705	979
环保宣传教育	1555	1164	671
价值观	474	407	274
价值观教育	17	14	9
生态价值观	152	130	81

资料来源：中华人民共和国生态环境部（http：//www.zhb.gov.cn/）。

从表 1 可知，我们共查找了 19 项关键词，这些关键词来自中华人民共和国生态环境部所有可查文章（截至 2018 年 4 月 2 日共 100188 条），包括通知、答复、意见、讲话、新闻等。所有的关键词中，"环境""生态""生态文明""绿色""低碳""道德""道德观""公德""价值观""生态价值观" 10 项关键词是名词，其余 9 项是动词或包含动词成分，包含动词成分的关键词体现了国家政策中的行为导向，而名词成分体现了目标导向。

从表 1 和 2 可知，随着年份的递增，上述 19 项关键词的频率大多数都越来越高，相比于 2008 年之前，2008~2013 年增幅超过 100% 的关键词有"环境""生态文明""绿色""低碳""引导""生态价值观"，与 2008~2013 年相比，2013 年以来增幅超过 100% 的关键词有"生态文明""教育""价值观"。由此可见，现阶段国家和政府将"生态文明""教育""价值观"建设列为可持续发展的重点。

表 2　各阶段关键词频率

单位：条，%

关键词	2008 年之前	2008~2013 年	增幅 1	2013 年以来	增幅 2
环境	10526	22092	109.9	37389	69.2
环保	7639	14031	83.7	20803	48.3
生态	3742	6790	81.5	12150	78.9
生态文明	330	2191	563.9	4986	127.6
绿色	1403	2960	111.0	4641	56.8

续表

关键词	2008 年之前	2008~2013 年	增幅 1	2013 年以来	增幅 2
低碳	36	888	2366.7	1318	48.4
道德	257	254	-1.2	414	63.0
道德观	29	16	-44.8	4	-75.0
公德	18	27	50.0	31	14.8
节约	1028	1717	67.0	1477	-14.0
引导	938	1923	105.0	3158	64.2
教育	1544	1932	25.1	4263	120.7
宣传	1652	2881	74.4	4691	62.8
宣传教育	552	1094	98.2	1695	54.9
环境宣传教育	560	726	29.6	979	34.8
环保宣传教育	391	493	26.1	671	36.1
价值观	67	133	98.5	274	106.0
价值观教育	3	5	66.7	9	80.0
生态价值观	22	49	122.7	81	65.3

资料来源：中华人民共和国生态环境部（http://www.zhb.gov.cn/）。

从表 1 来看，"环境"一词的出现频率是最高的，其次是"环保"和"生态"，这 3 项关键词均属于笼统意义上的关键词，旨在说明环境问题、环境保护问题和生态建设已经引起高度重视。

紧接着，出现频率较高的是"绿色"和"宣传"，尤其是近五年来"绿色"关键词已成为环境治理中不可或缺的环境用语。绿色出行、绿色食品、绿色能源……代表了人们对美好生态环境与生活方式的追求，这主要得益于党的十八届五中全会提出必须牢固树立创新、协调、绿色、开放、共享的五大发展理念，将"绿色发展"的理念深入推进至环保工作，将"绿色"深深烙印在人们心中。"宣传"是一个动词，代表普及、呼吁和影响，随着 2013 年以来持续不断的雾霾围城事件，国家和社会不仅加强了对企事业单位的监管，更注意到了随着人们生活水平的提升，人们的出行和生活方式对环境的影响越来越大，汽车尾气、燃煤……都是人们日常生活中造成雾霾的重要来源，因此，"宣传"手段就变得尤为重要。普及环保知识、呼吁公众采取绿色生活、带动并影响周围的人进行绿色生活成为宣传的主要目的，也是促进全民绿色化的重要手段。

"生态文明"、"教育"和"引导"的出现频率紧随其后，从时间节点来看，"生态文明"近五年来的确受到了非常高的重视，2012 年党的十八大报告做出"大力推进生态文明建设"的战略决策，2015 年 5 月，发布《中共中央国务院关于加快推进生态文明建设的意见》，2015 年 10 月，十八届五中全会将增强生态文明建设首度写入国家五年规划，2018 年"生态文明"入宪，这些决策和政策无不体现国家推进绿色发展，促进中国特色社会主义事业的坚定决心。"教育"和"引导"同样属于手段，"教育"代表言传身教提升人们的认知，进而强化积极行为，"引导"是通过相关政策、措施指引人们做出正确行为，从内涵上应该保障"教育"为主、"引导"为辅的促进方式。此外，近年来教育立法的提案和建议的呼吁仍然占少数，中华人民共和国生态环境部中提到教育立法的文件仅有 55 条，环建函〔2017〕26 号对十二届全国人大五次会议第 030、103 号议案的答复意见指出，生态环境部已先后开展了《环境教育法的国际比较及中国环境教育立法实践》《环境教育立法调研论证》等研究课题，教育立法正在逐步完善与推进，并且一些地区已经开始环境教育立法实践，如宁夏回族自治区、天津市分别制定了《宁夏回族自治区环境教育条例》《天津市环境教育条例》，河南省洛阳市制定了《环境保护教育条例》，黑龙江省哈尔滨市发布了《环境教育办法》。这些积极的有益的尝试体现了我国虽然在环境教育方面处于初级阶段或试点阶段，但环境相关教育已成为生态文明建设过程中不可忽视的手段。

"低碳""节约""宣传教育""环境宣传教育""环保宣传教育"的出现频率在 1000~5000 次，2008 年以前几乎没有低碳的概念，随着温室气体的大量排放，地球臭氧层承受了严重的危机，降低二氧化碳排放量成为全球共识。2003 年，我国颁布节能相关政策文件，2005 年《京都议定书》生效，2008 年中国低碳网成立，发展低碳经济逐渐成为国家发展导向，"低碳"一词也由此逐渐进入大众视野，2009 年 4 月发布《推进低碳经济发展的指导意见》，从此，低碳便成为国家重大会议的热点话题，也极大提升了人们的"节约"意识。勤俭节约作为中华民族传统美德，2008 年以前"节约"在各类文件中仅出现 1000 余次，随着低碳经济的提出以及 2007 年《中华人民共和国节约能源法》的通过，自 2008 年以来"节约"出现了

3000 余次，政策的倡导通过不断地强化认知使人们潜移默化地接受"低碳""节约"等手段和目标。"宣传教育""环境宣传教育""环保宣传教育"属于交叉概念，因而，出现的频率并不高，然而"宣传教育"频率大于"环境宣传教育"现状值得引发思考，国家大力"宣传""教育"，但真正落实到"环保宣传教育"的政策文件却很少，宣传和教育停留在表面化，不利于人们环保意识和认知的提升。

"道德"、"道德观"、"公德"、"价值观"、"价值观教育"和"生态价值观"的出现频率处于非常尴尬的局面，总数均不超过 1000 次，其中，"价值观"不超过 500 次，"生态价值观"不超过 200 次，"公德""道德观"不超过 100 次，"价值观教育"不超过 20 次。环境保护是一种社会道德，更是一种社会公德，目前国内的政策文件中对于环境保护的内涵和意义并没有深入贯彻，环境保护的最终受益人将是我们自身和我们的子孙后代，更是社会可持续发展的根本。价值观作为引导人们行为的准则，在政策文件中却很难看到其身影，当前环境形势下，"道德""道德观"出现了负的增长率，环境问题与道德的联系强化力度明显下降，同时，"价值观"塑造过程中的政策支持令人担忧，"价值观教育"几乎没有正式文件提及和支持，仅有近年来《全国环境宣传教育工作要点》通知进行了简要提及，"价值观教育"对塑造人们的环境保护观和生态文明观具有重要作用，而如今如此尴尬的境地使人不寒而栗，也不免与层出不穷的环境问题相联系。

从表 2 来看，原本出现频率较低的"道德"、"环境宣传教育"、"环保宣传教育"、"价值观"和"价值观教育"自 2013 年以来受到的重视和增幅均超过 2008~2013 年，可见，国家和政府已经开始重视价值观教育、道德教育在环境保护中的重要作用。近年来，我国在环境教育方面已经进行了些许有益尝试（见表 3），并在一些文件中对价值观建设做出了相关指示（见表 4）。这是一个好的开端，但需要进行充分的、有益的探索与尝试，才能确保环保教育有效执行。

表 3　环境教育相关文件

年份	政策	主要内容
2001	《幼儿园教育指导纲要》	目标 5. 喜爱动植物，亲近大自然，关心周围的生活环境。

续表

年份	政策	主要内容
2003	《中小学生环境教育专题教育大纲》	小学 1~3 年级：亲近、欣赏和爱护自然；感知周边环境，以及日常生活与环境的联系；掌握简单的环境保护行为规范。 小学 4~6 年级：了解社区的环境和主要环境问题；感受自然环境变化与人们生活的联系；养成对环境友善的行为习惯。 初中：了解区域和全球主要环境问题及其后果；思考环境与人类社会发展的相互联系；理解人类社会必须走可持续发展的道路；自觉采取对环境友善的行动。 高中：认识环境问题的复杂性；理解环境问题的解决需要社会各界在经济技术、政策法律、伦理道德等多方面的努力；养成关心环境的意识和社会责任感。
2004	《关于加强未成年人生态环境道德观和价值观教育的通知》	一是各级环保部门高度重视未成年人环境教育工作，全面推进环保系统精神文明建设，"一把手"亲自抓，把加强未成年人环境道德建设纳入环保中心工作统一部署，全盘考虑。
2008	《2008 年全国环境宣传教育工作要点》	以绿色奥运和节能减排为主题，统筹安排大型宣传教育活动。2008年，我国将迎来奥运会的举办，要围绕绿色奥运、节能减排等重点，以世界环境日等重要的环境纪念日、节日和重大环境事件为契机，结合当地特色，开展有影响、有效果的环保宣传活动。总局将协调有关部门在今年适当时间开展全民环境宣传教育月活动，各地要积极配合，兴起宣传教育热潮。 继续推进全民环境宣传教育试点，加强分类指导。总结各地开展全民环境教育的有益经验，并筛选一批有条件的省市，开展以领导干部、重点企业为对象的全民环境教育试点，不断提高全民环境教育工作水平，扩大全民环境教育覆盖范围。
2009	《2009 年全国环境宣传教育工作要点》	继续推进全民环境宣传教育行动试点。选择有代表性的城市、农村、学校、企业开展全民环境宣传教育试点，扩大全民环境教育覆盖面，动员全社会力量参与支持环境保护。
2010	《2010 年全国环境宣传教育工作要点》	继续开展宣传教育方面的理论课题研究，为丰富生态文明内涵、建设环境友好型社会、探索环保新道路提供理论支持。 组织全民环境宣传教育试点，支持部省协作共建"两型"社会地区宣传教育基地的建设，指导地方开展好以环境友好型学校、社区、企业为抓手的绿色创建活动，组织好绿色中国年度人物评选和表彰活动，抓好面向社会的环境教育培训工作，积极推动环境教育立法，加强 NGO 组织管理，进一步规范公众团体有序参与环保行为，激发公众参与环保、支持环保的热情。

续表

年份	政策	主要内容
2011	《2011 年全国环境宣传教育工作要点》	推进全民环境宣传教育试点工作。在全国范围内确定一批全民环境宣传教育试点，指导共建省市环境宣传教育基地建设，开展"环境友好学校""环境友好社区"创建试点工作。支持全民环境教育系列读物的出版，开创全民环境宣传教育新局面。推进环境保护职业教育教学工作，指导规范行业职业教育健康有序发展。
2012	《3-6 岁儿童学习与发展指南》	引导幼儿关注和了解自然、科技产品与人们生活的密切关系，逐渐懂得热爱、尊重、保护自然。如：结合幼儿的生活需要，引导他们体会人与自然、动植物的依赖关系。如：动植物、季节变化与人们生活的关系、常见灾害性天气给人们生产和生活带来的影响等。 和幼儿一起讨论常见科技产品的用途和弊端，如：汽车等交通工具给生活带来的方便和对环境的污染等。
2012	《2012 年全国环境宣传教育工作要点》	开展环境友好型学校试点，会同教育部启动绿色大学建设课题研究和试点工作，积极推动环境教育基地建设。启动全民环境意识评估体系和环境宣教工作绩效评估体系建设工作。出台《环境保护部开展面向社会宣传教育和社会评选表彰的管理办法》，规范管理环境宣传教育活动和各项社会表彰工作。 宣传推广《宁夏环境教育条例》立法工作经验，对《宁夏环境教育条例》进行深入解读，为各地提供参考借鉴。鼓励支持天津、厦门等地方积极开展环境教育立法工作，及时总结各地立法工作经验，积极探索从国家层面开展《全民环境宣传教育条例》的立法工作。
2013	《2013 年全国环境宣传教育工作要点》	加强与政府立法部门联动，推动环境教育立法进程。认真落实《纲要》分工责任制，会同教育部，加快推进环境友好型学校、中小学环境教育社会实践基地、绿色大学建设步伐。
2014	《关于加强面向社会环保宣传工作的意见》	要求全国各级环保部门要遵循"围绕中心，服务大局；正面引导，团结鼓劲；注重实效，促进参与"的基本原则，切实加强当前面向社会的环保宣传工作是加强生态文明宣传教育，增强全民节约意识、环保意识、生态意识，形成合理消费的社会风尚，营造爱护生态环境良好风气的有力手段。
2014	《环境保护法》	第九条：各级人民政府应当加强环境保护宣传和普及工作，鼓励基层群众性自治组织、社会组织、环境保护志愿者开展环境保护法律法规和环境保护知识的宣传，营造保护环境的良好风气。教育行政部门、学校应当将环境保护知识纳入学校教育内容，培养学生的环境保护意识。新闻媒体应当开展环境保护法律法规和环境保护知识的宣传，对环境违法行为进行舆论监督。

续表

年份	政策	主要内容
2014	《2014 年全国环境宣传教育工作要点》	继续抓好"环境友好型学校"和"绿色大学"建设试点，推动环境教育进学校、进课本。加强对环境保护职业教育教学的指导，推进环境教育立法工作。加大环境社会责任培训力度，提高全民环境责任意识。
2015	《中小学生守则（2015 年修订）》	九、勤俭节约护家园。不比吃喝穿戴，爱惜花草树木，节粮节水节电，低碳环保生活。
2015	《关于加快推进生态文明建设的意见》	强化对生态文明建设重大决策部署的宣传教育，提高公众生态文明社会责任意识，普及生态文明法律法规，创新开展全民生态文明宣传教育活动。
2015	《2015 年全国环境宣传教育工作要点》	大力弘扬中华传统文化中蕴含的生态文明思想和价值观念，广为传播生态文明的传统意义和现代内涵，推动生态文明建设的理论交流。
2016	《青少年法治教育大纲》	小学低年级（1~2 年级）：初步了解自然，爱护动植物，为节约资源、保护环境做力所能及的事。 小学高年级（3~6 年级）：初步了解消费者权益保护、道路交通、环境保护、消防安全、禁毒、食品安全等生活常用法律的基本规则。 初中阶段（7~9 年级）：初步了解政府运行的法治原则，了解治安、道路交通、消防、环境保护、国家安全、公共卫生、教育、税收等公共事务的法律原则，初步形成依法参与社会公共事务的意识。 学校教育：生物教学要对学生进行保护环境、热爱生命、尊重人权的教育。
2016	《关于加强中学生志愿服务工作的指导意见》	中学生志愿服务领域主要包括：扶贫济困、助老助残、社区服务、生态环保、网络文明、文化建设等。
2016	《2016 年全国环境宣传教育工作要点》	要保持思想的敏锐性，顺应时代和信息发展特点，积极研究和解决新的环境宣传教育课题，以创新激发活力，增强活力，释放潜力，推动宣教工作再上新台阶。
2018	《2018 年全国环境宣传教育工作要点》	围绕环保中心工作以及焦点热点问题，策划制作公益广告、宣传短片、动漫、微电影、图书等宣传品并进行传播和推广，积极开发适用更大受众面的线上环境教育课程。 严格执行"三会一课"制度，推进"两学一做"常态化制度化，严格执行中央八项规定实施细则，认真部署，抓好落实，层层传导压力，强化教育提醒，紧盯重点工作、重要岗位、环节和风险点，制定有效防控措施，坚持久久为功、善作善成，打造风清气正的环保宣教队伍。

资料来源：中华人民共和国生态环境部（http：//www.zhb.gov.cn/）。

　　表 3 列举了 2001 以来国家对于环境教育的相关政策，全国环境宣传教育工作要点政策本研究仅列举了 2008～2018 年的基本情况。除了每年颁布的全国环境宣传教育工作要点政策外，表 3 反映出我国在环境教育方面的重点主要集中在对青少年及学生群体的培养教导方面，而且自 2012 年以来明显加快了相关政策的颁布与实施。政府出发点是好的，立足于青少年一代的环境教育，使其从小树立环境保护意识和资源节约意识。然而，社会宣传教育政策仍需补充、完善，原因在于除了每年的全国环境宣传教育工作要点通知外，仅有 2014 年出台的《关于加强面向社会环保宣传工作的意见》、新《环境保护法》，2015 年出台的《关于加快推进生态文明建设的意见》和 2018 年出台的关于印发《2018 年全国环境宣传教育工作要点》的通知等几部政策明确了环境教育的重要性和价值。因此，虽然有一些地方进行了环境教育立法的积极探索，但力度仍需扩大，影响仍需加强。

　　表 4 列举了近年来有关环境价值观教育的相关政策和主要内容，从表中可以看出，2010 年以前，我国极度缺乏对价值观教育的重视和普及，2008～2018 年的《全国环境宣传教育工作要点》中也仅有 4 年提及了环境价值观教育，并且相关内容在政策中并没有反复提及。所谓的价值观教育的重点仅仅落实在宣传和口号方面，并没有形成统一的、规范的环境价值观建设目标和体系。由此可见，开发并构建适合中国国情的环境价值观教育体系极为迫切。

　　本书通过对国家相关政策的梳理，发现了目前国家在环境教育和价值观教育方面存在的一些不足和问题，"环境价值观教育与环境行为的缺口问题"将为后续策略和建议的提出提供政策依据。国家政策作为社会主流价值观和行为规范的强有力引导，其落实力度将对各组织、企业和公民产生非常深远的影响，目前，社会主义核心价值观的观念已深入人心，公民或员工对于价值观也有了深刻的认识，环境价值观的认知发展也必须迎头而上，因此，在当前严峻的环境形势下，国家、社会和组织应不遗余力地大力推动环境价值观和价值观教育建设。

表 4　环境价值观教育相关文件

年份	政策	主要内容
2010	《2010 年全国环境宣传教育工作要点》	扎实推进思想道德建设和精神文明建设。紧密结合环保实际，积极探索有效途径，加强对未成年人生态环境道德观和价值观教育。加强与各级文明办和社会团体的协调配合，整合动员更多资源力量，大力宣传生态文明的思想内涵、人与自然和谐相处的理念。
2011	《全国环境宣传教育行动纲要（2011—2015 年）》	把生态环境道德观和价值观教育纳入精神文明建设内容进行部署。各级环保部门与各级文明办要加强协调配合，积极探索有效途径，大力宣传生态文明的思想内涵，扎实开展群众性精神文明创建活动，促进全民树立正确的生态环境道德观和价值观，提高生态文明水平。
2012	《中共中央关于制定国民经济和社会发展第十三个五年规划的建议》	加强资源环境国情和生态价值观教育，培养公民环境意识，推动全社会形成绿色消费自觉。
2013	《2013 年全国环境宣传教育工作要点》	按照中央文明办的统一部署，扎实开展精神文明建设，促进全民树立正确的生态道德观和价值观。
2015	《关于加快推进生态文明建设的意见》	积极培育生态文化、生态道德，使生态文明成为社会主流价值观，成为社会主义核心价值观的重要内容。
2015	《2015 年全国环境宣传教育工作要点》	大力弘扬中华传统文化中蕴含的生态文明思想和价值观念，广为传播生态文明的传统意义和现代内涵，推动生态文明建设的理论交流。
2016	《全国环境宣传教育工作纲要（2016—2020 年）》	充分发挥社会各方的积极性和创造性，用好用足社会优质宣传资源，大力弘扬和宣传生态文明主流价值观，形成环境宣传教育工作大格局。 组织开展马克思主义环境伦理学、社会学、政治学研究，深入研究和阐释生态文明主流价值观的内涵和外延，挖掘中华传统文化中的生态文化资源，总结中国环境保护实践历程，努力建设中国特色的生态文化理论体系。

资料来源：中华人民共和国生态环境部（http://www.zhb.gov.cn/）。

此外，虽然政策中并没有直接对激发环境情感做出规定，但是近年来，一些政策已经暗示了激发群体环保情感的重要意义，如《2010 年全国环境宣传教育工作要点》的通知中提到"激发公众参与环保、支持环保的热情",又如 2015 年颁布的《关于加快推进生态文明建设的意见》中指出"树立并表彰节约消费榜样,激发全社会践行绿色生活的热情",再如《2018 年全国环境宣传教育工作要点》中指出"不断增强环境宣教工作的传播力和感染力"。几项政策均对民众情感赋予了高度重视与关怀,环境保护工作未来势必要"晓之以理,动之以情"。

综合上述分析,国家政策是全社会、所有组织和全民迈入精神文明社会的重要支柱,国家政策中所传达的环境保护和生态文明内涵将逐步辐射至社会、组织和个体,因此,本研究对我国现有环境教育和环境价值观教育的政策梳理,将有利于国家、政府、企业、学者和个人深刻意识到环境保护的急迫性和生态文明建设的必然性,从而提升组织自觉性,使环境价值观教育更好地在企业中展现,进而激发员工环保情感、提升其亲环境行为。

三 企业员工亲环境行为调控策略设计

环境问题成为全球共识已是不争的事实,以雾霾为首的环境问题无时无刻不在困扰着人们的生活和工作。党的十九大指出,我国社会主要矛盾已经转化为人民日益增长的美好生活需要和不平衡不充分的发展之间的矛盾。显然,环境问题的不断滋生阻碍了人们对美好生活需要的追求,改善生态环境、提升生活质量是当前提升人们美好生活的重要举措。

面对改革开放遗留和再生的环境问题,政府更多地从宏观和中观的层面进行了有效防治和干预,并通过相关政策、法规规范企事业单位和公民的行为,但是微观层面的政策及措施还有待完善。因此,要想解决环境问题、构建精神文明社会,不仅仅要靠政府作为,企业和个人也是不可或缺的参与者。

事实上,我国在公民(包括员工)层面的环境教育和环境价值观塑造方面还存在很多不足,环境教育立法迟迟得不到通过,对生态道德观和价值观塑造的呼吁声也并没有引起政府重视,很多措施和口号仅仅停留在表层。考虑到我国在亲环境价值观教育和价值观塑造方面的政策缺口,本书认为有必要从依托政策和制度建立一套企业员工亲环境行为调控策略模型,该模型以政策和制度效力为基础,以"F-E-B"为视角的企业员工亲环境行为选择模型为核心,设计一套适合本土情境的企业员工亲环境行为调控策略(见图 1)。该策略主要包括两大部分:第一,"国家-企业-员工"层

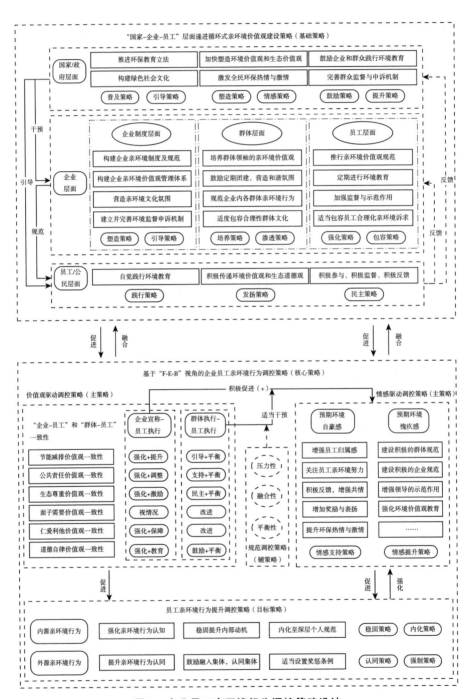

图 1 企业员工亲环境行为调控策略设计

面递进循环式亲环境价值观建设策略（基础策略），主要研究的政策现状从国家/政府层面、企业层面和员工/公民层面提出了价值观建设的建议和策略；第二，基于"F-E-B"视角的企业员工亲环境行为调控策略（核心策略），该策略包括价值观驱动调控策略、情感驱动调控策略、规范调控策略、员工亲环境行为提升调控策略4个部分。

此外，本书还基于人口统计特征变量的分析结果构建了员工亲环境行为提升调控策略（辅助策略），该部分主要针对前述人口统计特征变量上的差异提出相关建议与策略。接下来，本书将结合实证研究结果和现有政策现状对企业员工亲环境行为调控策略的设计做出详细说明和解释。

（一）"国家-企业-员工"层面递进循环式亲环境价值观建设策略设计

国家政策的支持是企业和员工践行环境价值观教育的重要手段，该策略从国家/政府层面入手，加强国家政策对组织的干预，与企业共同引导和规范员工/公民的亲环境价值观，因此该策略是企业员工亲环境行为调控策略的基础策略。

1. 国家/政府层面亲环境价值观政策建设策略

国家/政府层面亲环境价值观建设策略主要围绕政策建议展开，人们对价值观教育认识不足最本质的原因在于国家的重视程度不够，因而在创建生态文明社会的过程中，普及和引导环境教育、塑造环境价值观将是首要任务。根据图1，本书结合我国目前政策现状，提出了六条建议和策略。

（1）普及策略：推进环保教育立法。目前，有关环境教育立法的呼吁声越来越高，立法工作却一再推后，仅有少数地方进行试点，"百年大计，教育为本"，因此，推进环保教育立法必须加快步伐，加大宣传和教育力度，以便更好地推动环境教育目的的普及。

（2）引导策略：构建绿色社会文化。文化是人类精神活动的产物，代表了种群智慧的结晶。自绿色概念被纳入五大发展理念以来，深受人民群众的追捧，争相采取绿色方式提升生活质量。这种绿色的社会风尚是值得鼓励和提倡的，构建绿色社会文化将引导人们绿色的出行方式和行为方式。

（3）塑造策略：加快塑造环境价值观和生态价值观。"价值观""生态价值观""价值观教育"等关键词的出现频率非常低（不超过500次），表明环境价值观意识或价值观教育尚处于初级阶段，需要继续大力提倡和塑造。

（4）情感策略：激发全民环保热情与激情。推进环境教育工作离不开人们的支持，倘若制度和规范得不到人心去"暖"，将变成冷冰冰的死制度。因此，推进教育工作的过程中，不能只采取强制措施，必须思考如何更好地调动群众参与热情与激情，只有让群众体验到参与环境教育活动的乐趣，环境教育才能实现真正意义上的普及、扩散和引导。

（5）鼓励策略：鼓励企业和群众践行环境教育。企业和群众代表了社会的大小单元，环境教育是全民教育，全靠政府推进难免会降低教育效率。因此，鼓励企业和群体自发组织环境教育活动、践行环境教育目标，不仅有利于环境教育宣传，也有助于人们行为自觉化的养成。

（6）提升策略：完善群众监督与申诉机制。正如习总书记所说，中国梦是所有中华儿女的梦，那么实现环境教育也必须争取全民的支持。目前，我国正在进行环境教育工作的有益探索，相关学者也正在进行环境教育立法的调研工作，那么，听取民意将是促使环境教育工作稳步推进的重要步骤。多听听群众的意见，多接受群众的监督，才能少走弯路，迅速提升环境教育工作质量。

2. 企业层面的亲环境价值观体系建设策略

（1）企业制度层面

①构建企业亲环境制度及规范。企业宣称价值观和员工执行价值观匹配一致性在不同维度上存在差异性，因此在企业制度层面，首先需要做的就是依据国家相关政策规定，积极构建亲环境行为相关的制度和规范，以提醒员工该做什么不该做什么。

②构建企业亲环境价值观管理体系。在构建了相关制度和规范的基础上，尝试进行企业亲环境价值观管理体系的建设，通过口号宣传、标语宣传、会议讲话等形式将企业亲环境价值观体系传递给每一位员工，提升员工与企业亲环境价值观的一致性，从而使员工更加认同组织环境文化，做到知行合一。

③营造亲环境文化氛围。在企业环境制度和环境价值观的指导下，可通过制定相关亲环境措施、定期组织亲环境活动或互动等形式在企业内营造良好的亲环境文化氛围。如，公司提倡"光盘行动"，不仅可以减少浪

费，员工之间对此措施也可互相监督与传递，增强"光盘文化"。因此，良好的亲环境文化氛围将有利于亲环境价值观的传播和践行。

④建立并完善环境监督申诉机制。与国家/政府层面的提升策略不同，企业制度层面的环境申诉机制是服务于环境制度制定或价值观体系管理方面的，其最终目标是如何使员工自愿被企业的政策、价值观和文化所引导。

在这四条建议中，①②建议可以归纳为塑造策略，制度、规范、价值观体系的建立是为了更好地塑造员工价值观和行为；而③④策略可以归纳为引导策略，文化具有感染力，监督申诉机制可以增加员工的支持感，进而更好地引导员工价值观和行为。

（2）群体层面

①培养群体领袖的亲环境价值观。群体领袖是群体中的领头羊、风向标，领袖们的意见或行为也常常成为群体成员遵守的规范，因此，想要实现组织内部和谐的群体文化，必须要培养具有积极亲环境价值观的群体领袖，以其榜样和示范作用带动群体成员价值观的形成。

②鼓励定期团建，营造和谐氛围。研究显示，较高的群体一致性可以改善企业宣称和员工执行价值观的低度一致性结果。人是合群动物，也具有非常高的合群动机，每位员工在组织内接触最多的就是其所在群体，因此要想实现群体内部价值观的协调一致，首先需要确保群体氛围和谐。因而，具体的做法就可以通过团建、聚会等方式增强员工间的信任与归属，从而在归属感形成过程中将环境价值观更好地渗透到群体中。

③规范企业内各群体亲环境行为。规范焦点理论指出，描述性规范对于人的行为影响作用极大，倘若群体内部风向不正，将会不利于员工亲环境行为的实施。因此，规范企业内各群体的亲环境行为方向尤为重要，需要企业加强监督与约束。

④适度包容合理性群体文化。调节变量作用过程显示，并非"群体执行-员工执行"价值观一致性越高，越有助于促进员工积极行为。因此，企业在进行群体行为管理过程中，并非必须要求群体与组织完全同步，可根据不同群体特征适度包容群体成员间的差异性，从而促进群体成员之间的和谐，进一步增强亲环境价值观的培养和塑造。

在这四条建议中，①建议可以视为培养策略，培养群体领袖以起到带头作用；而②③④策略可以归纳为渗透策略，通过增强群体和谐氛围、规范群体行为和包容合理性群体文化的方式，可以直接增强员工对群体的归属感，从而有助于亲环境价值观的意识和认知逐渐渗透进员工的工作和生活中。

（3）员工层面

①推行亲环境价值观规范。无论是企业规范还是群体规范，对于员工都具有较高的约束作用。在企业中，当制度（或规范）层面有了实质性的进展，企业所宣称或支持的价值观及规范必须要通过有效执行才能得以深化。因此，制度、口号和规范均不能仅停留在表面，必须落实到员工行为中，促进员工行为自觉化。

②定期进行环境教育。虽然国家政策层面一直强调环境教育宣传，但更多的是停留在宣传层面，对于企事业单位也并没有严格的规定和要求，但企事业单位及各组织需要自觉承担起社会责任和组织责任，通过定期举办环境教育活动的方式不仅可以增强员工的归属感和信任感，也可以促进员工之间的合作交流，有利于环境教育的积极落实。

③加强监督与示范作用。社会文化或组织文化的形成过程离不开规则约束，同样也离不开榜样作用，"感动中国十大人物""社会好人""企业标兵"等荣誉称号的颁发不仅是对个人贡献的肯定，也是对其他员工或公民的激励。在亲环境价值观管理方面，通过有效监督方式，加以精神奖励有利于提升员工组织信任感、归属感和身份感，进而提升预期环境自豪感，使其自发维护亲环境价值观，并积极传递给他人。同时，在监督作用下，也有利于强化员工对于是非观念的认知，提升其亲环境认知，激发更高的预期愧疚感。

④适当包容员工合理化亲环境诉求。每个成员融入企业的过程中可能都存在些许摩擦，长期以来会与企业形成稳定的交互关系。当企业发现员工某些期望或诉求与组织不符的时候，不能一味地压制，如果考虑到大部分员工的亲环境诉求是合理的，可以适当融入亲环境行为制度规范或价值观体系建设中去，提升员工对企业的满意度。

在这四条建议中，①②③建议可以视为强化策略，在国家政策的主流倡导和企业制度（或规范）的大力提倡下，进一步深化员工的亲环境价值观的认知、执行和推广，产生自豪感和愧疚感；而④策略可以归纳为包容策略，通过包容员工合理化亲环境诉求的方式，可以提升员工积极情感和组织承诺。

3. 员工/公民层面亲环境价值观建设策略

结合国家/政府层面和企业层面的建议与策略，针对员工/公民层面的建议和策略主要有以下三点。

（1）践行策略：自觉践行环境教育。"保护环境，人人有责"是一句再平常不过的推广语，也深刻表明了员工/公民自觉参与环境保护的重要性。政府和企业在积极推行环境教育的过程中，员工/公民应该积极响应、自觉践行，用实际行动履行保护环境的责任。

（2）发扬策略：积极传递环境价值观和生态道德观。目前，有关政策中对于"环境价值观和生态道德观"的提倡仅停留在"正确树立"层面。然而，要想发动更多员工/公民形成积极的环境价值观和生态道德观还需要加强其"发扬和传递"功能，呈现多种传递方式，比如身为领导可以以身作则将环保理念传递给员工，身为教师可以多调动学生环保热情和积极性，身为父母可以言传身教使孩子树立正确的亲环境价值观……因而，发扬策略要求个体用实际行动和言语影响他人，造福社会。

（3）民主策略：积极参与、积极监督、积极反馈。国家是人民的国家，人民的梦就是中国梦。在推进环境保护和环境价值观教育的过程中，不能忽视人民的诉求与力量，员工可以通过积极参与、积极监督、积极反馈等多种形式与政府和企业建立联系，无论是内容上还是情感上，都可以表达自己合理的诉求，为推动环境教育政策的改进和落实做出自己的贡献，从而也真正将人民当家做主落实到位。

"国家-企业-员工"层面逐步递进循环式亲环境价值观建设策略囊括了多主体多层面的亲环境价值观形成、推行和践行策略，是以现有政策为基础，以广大人民群众行为为最终落实点，为国家/政府、企业和员工/公民提供了切实可行的策略和建议。在本书所建立的亲环境价值观建设策略中，国家/政府起到了干预和引导的作用，干预并监控指导组织亲环境价值观体系建设，引导并促进员工/公民亲环境价值观践行。企业则起到了规范和提升作用，规范并提升员工亲环境价值观及亲环境行为。同时，员工/公民也会通过一定渠道对国家/政府和企业进行积极反馈，促进国家/政府政策改进与完善，促进企业亲环境价值观体系完整与完善，从而形成更稳定的"国家-企业-员工"层面递进循环式的亲环境价值观建设策略。

（二）基于"F-E-B"视角的企业员工亲环境行为调控策略设计

该部分是以"国家-企业-员工"层面递进循环式的亲环境价值观建设策略为基础，结合本书理论模型而提出的调控策略，属于员工亲环境行为调控策略的核心策略。主要由四个部分组成：价值观驱动调控策略、情感驱动调控策略、规范调控策略和员工亲环境行为提升调控策略。其中，价值观驱动调控策略和情感驱动调控策略是主策略（驱动策略），规范调控策略是辅策略（干预策略），员工亲环境行为提升调控策略是目标策略。价值观驱动调控策略将分别从企业层面和群体层面两个视角分别提出建议。

1. 价值观驱动调控策略

（1）企业层面的价值观驱动调控体系设计

①节能减排维度。节能减排价值观维度虽然更容易提升员工的内部动机，对预期环境情感的激发过程还需提升。同时，虽然节能减排价值观维度相对而言提升员工外部动机的作用较弱，但其对预期环境情感的激发过程较强。简言之，节能减排价值观维度要想强化外部动机，需要加大企业规范的约束力度和监督力度，增强员工认同感（强化预期的自豪感），而要想强化内部动机，需要加强情感支持，激发员工自豪感和愧疚感的内化能力（尤其是愧疚感）。因此，在节能减排维度上，需要采用"强化+提升"策略，管理者可以做出四点行动：一是增强企业自身对于低碳减排价值观的社会责任意识，完善企业相关政策；二是推动节能减排规范的形成，完善节能减排价值观教育机制，加强员工对于节能减排价值观的认知，采用具体的制度和规范加强对员工行为的约束力，增强员工愧疚感；三是加大低碳减排价值观宣传力度，企业员工参与低碳减排活动，并设置奖励措施，提升员工参与低碳减排活动的兴趣与积极性，进而激发强烈的自豪感；四是完善监督与申诉机制，促进企业期望和员工诉求关于节能减排具体措施的双向交流。

②公共责任维度。公共责任价值观维度虽然对外源亲环境行为无直接影响，但可以通过预期环境情感起到间接影响作用，表明企业参与公共责任维护进程过程中缺少对员工行为的约束，员工只能通过原有价值观认知促进内源亲环境行为。同时，预期环境自豪感中介效应更强表明，公共责

任价值观维度一致性有助于强化人们对组织社会责任的认同与感知，进而有利于促进行为内化。因此，在公共责任维度上，需要采用"强化+调整"策略，管理者可以做出四点行动：一是增强企业公共责任信息披露，增强社会责任感；二是加大对公共责任价值观维度的宣传和普及，进一步规范员工行为，提升员工愧疚感；三是调动员工与企业共同参与社会责任的积极性，提升价值观一致性，增强员工参与热情，激发自豪感；四是完善监督与申诉机制，促进企业期望和员工诉求关于公共责任实施与评价的双向交流。

③生态尊重维度。生态尊重价值观维度虽然更容易提升员工的内部动机，对预期环境情感的激发过程还需提升。同时，虽然节能减排价值观维度相对而言提升员工外部动机的作用较弱，但其对预期环境情感的激发过程较强。由此可见，在生态尊重维度，提升员工外源亲环境行为的根本在于提升直接影响力度。因此，在生态尊重维度上，需要采用"强化+激励"策略，管理者可以做出四点行动：一是继续增强自身和员工对国家生态文明建设政策的学习，大力推动企业生态尊重价值观的普及和宣传，加强企业规范和群体规范的建设；二是通过组织环保主题活动激发员工关于生态尊重价值观的情感共鸣，促进员工对亲环境行为的自觉维护与提升；三是通过设置"环境保护标兵"等精神荣誉奖励，激发员工参与亲环境行为的外部动力；四是健全环境保护管理监督申诉机制，员工可以为促进企业绿色管理行使建言权，接受员工的建议后应做出积极回应。

④面子需要维度。在面子需要维度上，需要视情况采取策略，但管理者可以做出三点行动：一是以国家要求为总纲，深入排查企业内部对面子需要价值观的支持现状，纠正企业中不良价值观导向；二是保持企业与员工关于面子需要价值观的容差性，过度一致或非一致都将导致组织失衡；三是对企业中严重偏离提倡面子需要价值观的群体或员工进行及时的教育指导，保证面子需要价值观的和谐稳定发展。

⑤仁爱利他维度。在仁爱利他维度上，需要采用"强化+保障"策略，管理者可以做出四点行动：一是在企业内大力提倡仁爱利他价值观，促进企业与员工在此价值观维度上的一致性；二是通过企业规范和群体规范提升员工对仁爱利他价值观的遵守，促进企业内的利他行为，进而降低员工的违背率；三是加强企业团建或群体团建活动，促进员工工作激情感和互

助行为，激发其参与企业亲环境行为的激情感；四是保障交流机制通畅，促进企业内信息交流的通畅性，减少人际关系冲突，保障企业和谐发展。

⑥道德自律维度。在道德自律维度上，需要采用"强化+教育"策略，管理者可以做出三点行动：一是通过宣传栏、会议、讲话等形式在企业内大力宣扬道德自律价值观，引导员工积极遵守该维度价值观，促进企业与员工在此价值观维度上的一致性；二是通过完善企业规范和群体规范，将道德自律价值观维度融入员工考核指标，提升员工思想高度与践行积极性；三是设置奖惩与激励措施，评选出道德模范员工，发挥榜样与示范作用，同时对于一些道德有失的员工进行严格的教育培训，以此推动伦理型组织的建设。

（2）群体层面的价值观驱动调控体系设计

①节能减排维度。高调节情境下，"企业宣称-员工执行"亲环境价值观较高的一致性会抑制员工自豪感的表达；低调节情境下，"企业宣称-员工执行"亲环境价值观较低的一致性抑制程度更深，较低的一致性促进程度更高。因此，需要采用"引导+平衡"策略，管理者可以做出以下三点行动：一是加强对群体价值观的建设与引导，避免群体规范与员工行为过于失衡；二是引导群体间节能减排价值观的多元文化建设，提倡实施符合国家、社会和企业要求的合理化节能减排措施，最大化包容群体与员工的差异；三是积极组织节能减排活动，适度优化企业与员工节能减排价值观的结果，提升员工自豪感。

②公共责任维度。高调节情境下，"企业宣称-员工执行"亲环境价值观较高的一致性会抑制员工自豪感和愧疚感的表达；低调节情境下，"企业宣称-员工执行"亲环境价值观较低的一致性抑制程度更深，较低的一致性促进程度更高。因此，需要采用"支持+平衡"策略，管理者可以做出以下三点行动：一是完善群体关于公共责任价值观维度的建设，提升群体成员对该价值观的认知；二是支持群体成员表达关于公共责任任务或活动的观点和建议，并积极向企业反映，促进企业、群体和员工之间的沟通交流，从而支持员工情感表达；三是建立多元包容性的群体文化或规范，避免高度一致性，保持差异性，从而不断促进发现企业公共责任实施过程中的不足，并不断改进。

③生态尊重维度。高调节情境下，"企业宣称-员工执行"亲环境价值

观较高的一致性会抑制员工自豪感和愧疚感的表达；低调节情境下，"企业宣称-员工执行"亲环境价值观较低的一致性抑制程度更深，较低的一致性促进程度更高。因此，需要采用"民主+平衡"策略，管理者可以做出以下三点行动：一是大力提倡国家环境保护政策与价值观，大力支持员工参与环境保护进程，提升员工环境保护意识；二是发挥群体规范能动性，支持群体成员自发举办环境保护活动，支持群体内部环境保护言论自由，采用民主促进手段，而不宜采用强制措施使员工与群体观念完全一致，否则会抑制员工的自豪感和愧疚感；三是提倡群体构建多元亲环境文化，保持群体内部差异化，使员工在不断比较中学习、提升，进而促进员工行为自觉化。

④面子需要维度。面子需要维度上的"群体执行-员工执行"亲环境价值观的主要特征有：实施主体是员工，一致性得分为0.757（最低）；对预期环境自豪感和愧疚感均无调节作用。因此，面子需要维度上，群体层面对预期环境情感的建议与策略缺少实证结果支持，应重点关注"企业宣称-员工执行"与亲环境行为的关系。但是，随着企业层面对面子需要价值观的改进与调整，管理者可以尝试寻找群体层面面子需要价值观与员工之间的平衡点，建设适度的"群体执行-员工执行"面子需要价值观一致性。

⑤仁爱利他维度。仁爱利他维度上的"群体执行-员工执行"亲环境价值观的主要特征有：实施主体是员工，一致性得分为0.677（最高）；对预期环境自豪感和愧疚感均无调节作用。因此，仁爱利他维度上，员工自豪感和愧疚感的产生主要是"企业宣称-员工执行"亲环境价值观匹配所引发，群体的作用微乎其微。因而，管理者可以做一个有益尝试，即通过加强群体规范与文化建设，提供更加和谐的群体文化氛围，进一步探讨群体价值观的作用。

⑥道德自律维度。高调节情境下，"企业宣称-员工执行"亲环境价值观较高的一致性会抑制员工自豪感和愧疚感的表达；低调节情境下，"企业宣称-员工执行"亲环境价值观较低的一致性抑制程度更深，较低的一致性促进程度更高。因此，需要采用"鼓励+平衡"策略，管理者可以做出以下三点行动：一是加强群体里内对道德自律价值观的学习和教育，提升成员道德认知；二是支持群体成员在不违反组织利益和群体利益的前提下，拥

有对道德自律价值观发表言论的自由，扩大群体包容性，使群体呈现出多元文化，从而有利于员工自豪感或愧疚感的表达；三是健全企业、群体和员工之间的交流沟通机制，鼓励员工积极发表道德自律价值观有关看法，从而有利于企业和群体更好地与员工形成和谐状态。

2. 情感驱动调控策略

（1）预期环境自豪感

①增强员工归属感。根据前述分析结果，预期环境自豪感平均得分为3.920，接近"比较符合"的水平。这表明，当员工预期到自己执行亲环境行为将会产生较高的满足感、喜悦感，为自己的决定感到较为自豪。因此，企业需要继续维持这种状态，并继续提升员工的归属感，可采用团建、部门聚会、公益活动等方式加强员工与企业和群体的交流，从而增加员工在企业中的身份感。

②关注员工亲环境努力。如果员工的努力没有受到组织重视，那么，员工的心灵可能会受到伤害。因此，亲环境价值观体系建设过程中，企业必须重视员工的亲环境努力程度，并予以重视，使员工感到强烈的组织关怀，从而自豪感也将更加强烈。

③积极反馈，增强共情。共情是一种精神上的共同情感或共鸣，当员工感知到自己的意见被企业重视并得到反馈时，容易对企业产生共情喜悦，从而自发地对组织和自身所从事的工作感到自豪。

④增加奖励与表扬。奖励和表扬无时无刻不对人的心理产生积极的驱动力，使人们感受到自我的价值意义，产生满足感。因此，对于那些在环境管理方面有突出贡献或榜样作用的员工，企业应予以奖励和表扬。不仅有利于当事人产生高度的组织承诺，其榜样作用也会激励其他员工努力为组织做贡献。

⑤提升环保热情与激情。积极情感之间总是有共鸣和连带效应的，企业在环境管理过程中，应该通过多种途径开展企业多样化环保活动，调动员工参与环境保护的积极性，使其感受到环境保护的意义和重要性，进而激发其主动参与环境保护的热情和激情，从而提升自豪感。

以上五条建议均可以归纳为情感支持策略，企业通过增强归属感、共情愉悦等心理感受的措施使员工获得情感上的共鸣和支持，从而更好地提升员工的预期自豪感。

（2）预期环境愧疚感

①建设积极的群体规范。根据前述分析结果，预期环境愧疚感平均得分为 3.623，处于"一般"和"比较符合"的中间水平，且低于预期自豪感。这表明，当员工预期到自己不执行亲环境行为时引发的愧疚感要低于执行亲环境行为时所引发的自豪感，侧面说明了企业内各种规范对员工的约束力度有待提升。同时，前述分析也印证了群体规范和群体压力的重要性，因此，企业需要巧用群体压力，通过构建群体规范对员工进行规范约束，将有利于增加员工不执行亲环境行为时的愧疚感。

②建设积极的企业规范。企业规则与规范是企业所有成员行动的准则，虽然研究结果显示可以通过群体规范分散约束员工行为，但企业仍需要建立积极向上的企业规范，使员工深刻意识到什么是错的什么是对的，进而当其不想执行亲环境行为的时候产生相应的愧疚心理。

③增强领导的示范作用。领导是部门或员工所属群体的权力领袖，获取领导信任和支持是员工顺利开展工作的基础。因此，企业需要重点培养领导的亲环境价值观，使其为部门成员树立正确的榜样，带动成员预期环境愧疚感的提升。

④强化环境价值观教育。愧疚心理的产生源自个人对自己是否做了违反自我道德的事情，因而通过强化环境价值观教育，可以增加员工对亲环境价值观和亲环境行为的认识，将其内化至个人价值观。

上述四条建议可以归纳为情感提升策略，通过环境教育、提升企业/群体规范和领导示范的方式增加员工对环境保护的意识和对环境价值观认同，进而使其形成环境保护的道德观念，促进预期环境愧疚感的提升。

3. 规范调控策略

规范调控策略的提出主要以"群体执行-员工执行"亲环境价值观匹配调节现状为依据，本书通过对结果的分析，从规范调节视角对企业内的群体提出了压力性、融合性和平衡性的建议，具体如下。

（1）压力性策略

群体规范在企业中对员工的影响非常显著，"群体执行-员工执行"亲环境价值观匹配在多维度上产生了显著的正向调节作用。压力性策略要求群体通过群体规范使员工产生群体压力，从而对自我行为形成约束力。因此，企业要具有压力性策略意识，部分亲环境问题可以通过群体规范和群体压力对员工做出要求，员工为了获得群体归属感，便会遵守群体规范。

（2）融合性策略

研究结果显示，并非越高的"群体执行-员工执行"亲环境价值观匹配对预期环境情感的调节作用越强，适当的差异性可以促进员工更好地表达情感。因此，企业在进行组织规范和群体规范建设过程中，需要融合群体成员的情感诉求，形成具有包容性的企业和群体文化，才能有效形成积极的企业情感和群体情感。

（3）平衡性策略

低调节情境下，"企业宣称-员工执行"亲环境价值观匹配度越低，其预期环境情感显著低于高调节情境下的同样情况，说明企业规范和群体规范建设过程中千万不可形成过大差距，两极分化只会使员工左右相顾，不知何去何从，从而大大降低预期的环境情感。同时，企业规范和群体规范也不能完全一致，否则会使有想法的员工感到既定的企业和群体规范无法容纳自己的情感诉求，进而降低对企业和群体的期望。因此，企业规范和群体规范的建设过程中，群体规范既要有区别于组织规范的特色规范，也要避免完全与组织规范一致，只有二者寻找到有利于员工情感表达最大化的平衡点，才能真正调动员工的预期环境情感。

4. 员工亲环境行为提升调控策略

（1）内源亲环境行为

①强化亲环境行为认知。鉴于内源亲环境行为得分较高，企业首先要做的就是通过环境教育继续强化员工的亲环境行为认知，帮助其树立正确的环境保护价值观和生态道德观，稳固促进员工亲环境行为的提升。

②稳固提升内部动机。结合企业需求和员工期望，理解员工参与亲环境行为的内部驱动力，在不违背国家和社会规则的前提下，从物质和精神上满足员工的合理化诉求，稳步提升员工的内驱动力。

③内化至深层个人规范。这是实现内驱力的最高境界，员工通过企业和群体规范形成正确的认知，从而产生内部驱动力，进一步内化至个人规范和行为。因而，内化阶段是员工实现内源亲环境行为的决胜阶段，也是真正意义上的落实亲环境行为。但这对于企业的要求将极为严格，不仅要扩大宣传力度，加强环境教育，还要通过多样化环境保护活动激发员工内在参与动力，产生真正的不以物质和精神激励为转移的内部驱动力。

上述三项内源亲环境行为提升调控策略可以归纳为稳固策略和内化策略，其原理在于通过加强认知和提升内部动机使员工在观念上稳步上升，进而将国家/社会和企业所倡导的亲环境价值观念融入个人观念，内化至个人规范，进而提升内源亲环境行为。

（2）外源亲环境行为

①提升亲环境行为认同。鉴于外源亲环境行为得分较低，企业首先要做的就是通过扩大宣传、加强环境教育等方式提升员工对于企业实施亲环境行为的认同感，从而通过外部压力作用提升员工的亲环境行为。

②鼓励融入集体，认同集体。与建议①的原理相似，群体规范会对员工形成强有力的约束，即便员工的内驱力不高，也可以通过增强群体归属感提升亲环境行为，因而，企业要鼓励员工融入其所在的集体或群体，增强集体/群体认同感。

③适当设置奖惩条例。当无法通过提升员工企业和群体认同感或归属感的方式提升其亲环境行为时，可以以企业或群体为主体，设定适当的奖惩条例，以强制性手段和榜样示范作用激发员工亲环境行为。

上述三项外源亲环境行为提升调控策略可以归纳为认同策略和强制策略，企业在应用的过程中，以认同策略为主，强制策略为辅，并且强制策略的使用不能过于苛刻，否则会引起员工心理上的不舒服感和不公平感。

"国家－企业－员工"层面递进循环式亲环境价值观建设策略可以促进基于"F-E-B"视角的企业员工亲环境行为调控策略执行，同时也需要融合基于"F-E-B"视角的企业员工亲环境行为调控策略。基于"F-E-B"视角的企业员工亲环境行为调控策略中，价值观驱动调控策略和情感驱动调控策略均对员工亲环境行为提升调控策略具有促进作用，员工亲环境行为提升调控策略也可以强化预期的环境情感，规范调控策略则是对群体层面价值观驱动调控策略的深化，对价值观驱动策略和情感驱动策略起到了有效干预作用。

（三）基于人口统计特征变量的员工亲环境行为补充调控策略设计

"国家－企业－员工"层面递进循环式亲环境价值观建设策略和基于"F-E-B"视角的企业员工亲环境行为调控策略是基于政策研究现状和主要

研究结果所提出的调控策略，而不同的人口统计特征在亲环境行为上的差异性也可以为提升亲环境行为提供建议和指导，因此，本书将基于人口统计特征变量分析结果提出员工亲环境行为补充调控策略。

在外源亲环境行为提升方面，国家和企业应重点关注的群体有：女性；26～45 岁；本科学历；高层管理人员；医疗餐饮类工作人员；金融保险业、科学研究/综合技术服务业、房地产业工作人员；事业单位、国有企业工作人员；住宅面积 120～150 平方米的工作人员；收入 3000 元以下的群体。在内源亲环境行为提升方面，国家和组织应重点关注的群体有：未婚群体；年龄较小者（35 岁及以下）；现单位工龄较短者（10 年及以下）；大专和本科学历；职级较小者（普通一线员工最低）；后勤文秘、交通物流、普通工勤类工作人员；农林牧渔业、金融保险业、互联网/电子商务业、交通/物流/邮电通信业、化学化工行业工作人员；私营企业、合资企业工作人员；收入 3000 元以下的群体。

具体的策略如下。

（1）规范引导策略

针对低外源亲环境行为者，主要采用规范引导的策略，加强其对于组织认同程度，适用于这一类策略的群体主要有：女性群体，26～45 岁群体，医疗餐饮业从业群体，事业单位/国有企业员工群体，两端收入群体（较低或较高）。

（2）强制教育策略

针对内源亲环境行为较低的群体，则需要大力加强环境教育，促进其亲环境行为内化，因此，适用于这一类策略的群体主要有：未婚群体，低龄群体（35 岁及以下），基层员工群体，低收入群体，大专/本科学历群体。

（3）强制监督策略

针对行业性质、岗位性质、企业类型等变量在内源和外源亲环境行为上的特征，需要对某些岗位的群体重点关注，实施强制监督策略，因此，适用于这一类策略的群体主要有：私营/合资企业、后勤文秘/普通工勤岗、农林牧渔/金融保险行业。

第十三章　研究结论与展望

一　研究结论

（一）理论层面的主要研究结论

1. 提出并构建基于"宣称-执行"亲环境价值观的"规范-价值观"体系

首先，本书在大量组织价值观及环境价值观理论与研究的基础上，发现组织内存在多元的价值观形态，采用"宣称-执行"价值观理论作为基础，构建了"企业-群体-个体"三主体形式的基于"宣称-执行"亲环境价值观的"规范-价值观"体系，并从理论上探讨了该结构体系的存在意义。

其次，本书采用文献分析法提出了基于"宣称-执行"亲环境价值观的"规范-价值观"初始结构，随后采用访谈法、质性研究法对该初始维度进行补充、完善、整合、修正，并结合问卷调查法，以及信效度分析、验证性因子分析等分析方法得到了组织"宣称-执行"亲环境价值观正式结构，该结构包含6项价值观维度（节能减排、公共责任、生态尊重、面子需要、仁爱利他和道德自律），共38项词条。

最后，本书将得到的基于"宣称-执行"亲环境价值观的"规范-价值观"体系划分成两个研究变量："企业宣称-员工执行"亲环境价值观匹配、"群体执行-员工执行"亲环境价值观匹配，这两个变量在内部结构与维度上一一对应匹配，以便参与员工亲环境行为选择影响机制研究。

2. 员工亲环境行为量表的本土化开发

员工亲环境行为量表的编制基础也源自国外学者的内外动机量表，本书结合自身研究内容对国外学者的量表进行了翻译、带入、本土化情境语言修饰等工作，在通过探索性和验证性因子分析后，最终形成了 10 题项员工亲环境行为量表，包括内源亲环境行为和外源亲环境行为两个维度。因此，员工亲环境行为量表的编制，采用的修改取向，将国外量表进行了本土化的推广与发展。

（二）实证层面的主要研究结论

1. 多数自变量通过预期的环境情感间接作用于亲环境行为

本书在检验中介作用的过程中，发现了另外一种间接效应：遮掩效应，通过对分析结果的梳理，得到如下结论。

（1）预期环境自豪感对自变量和外源亲环境行为的间接作用主要表现为遮掩效应和部分中介效应。节能减排和生态尊重维度通过预期环境自豪感部分中介作用于外源亲环境行为，中介效应解释量分别为 29.3% 和 30.5%；公共责任、仁爱利他和道德自律维度上，预期环境自豪感对自变量和外源亲环境行为起到了遮掩效应，间接效应与直接效应之比的绝对值分别为 1.56 倍、0.76 倍和 4.29 倍；面子需要价值观维度上预期环境自豪感的中介作用不显著。

（2）预期环境愧疚感对自变量和外源亲环境行为的间接作用主要表现为遮掩效应和部分中介效应。节能减排和生态尊重维度通过预期环境愧疚感部分中介作用于外源亲环境行为，中介效应解释量分别为 35.3% 和 31.9%；公共责任、仁爱利他和道德自律维度上，预期环境愧疚感对自变量和外源亲环境行为起到了遮掩效应，间接效应与直接效应之比的绝对值分别为 1.6 倍、0.833 倍和 2.363 倍；面子需要价值观维度上预期环境愧疚感的中介作用不显著。

（3）预期环境自豪感对自变量和内源亲环境行为的间接作用主要表现为部分中介效应。节能减排、公共责任、生态尊重、仁爱利他和道德自律维度上，预期环境自豪感对自变量和内源亲环境行为均起到了部分中介作用，中介效应解释量分别为 24.4%、22.0%、21.8%、21.0% 和 24.0%；面子需要维度上，预期环境自豪感并没有起到显著的中介作用。

（4）预期环境愧疚感对自变量和内源亲环境行为的间接作用主要表现为部分中介效应。节能减排、公共责任、生态尊重、仁爱利他和道德自律维度上，预期环境愧疚感对自变量和内源亲环境行为均起到了部分中介作用，中介效应的解释量分别为 20.0%、15.5%、14.9%、18.4% 和 14.9%；面子需要维度上，预期环境愧疚感并没有起到显著的中介作用。

2. 调节效应结果为员工寻求情感依托提供了理论依据

（1）面子需要维度上，调节变量"群体执行-员工执行"亲环境价值观对自变量"企业宣称-员工执行"亲环境价值观和预期环境情感间的调节作用不显著。

（2）公共责任维度上的调节规律和道德自律维度上的调节规律具有一致性，调节变量均起到正向调节作用。低调节情境下，自变量和因变量之间存在显著的正向影响关系，高调节情境下，自变量与预期环境自豪感间的正向影响作用受到抑制，斜率趋近于 0，自变量与预期环境愧疚感之间由正向影响关系转为微弱的负向影响关系。

（3）节能减排维度上，调节变量仅对自变量和预期环境自豪感间的关系存在调节作用，表现为正向影响；低调节情境对自变量和预期环境自豪感的作用高于高情境中自变量对预期环境自豪感的作用。

（4）生态尊重维度上，调节变量对自变量和预期环境自豪感、愧疚感均起到了显著正向调节作用，共同点在于低调节情境均起到了强烈的正向影响作用，且高调节情境均起到了抑制作用，区别在于高调节情境自变量与预期环境自豪感呈微弱的负向影响关系，与预期环境愧疚感呈微弱的正向影响关系。

（5）低调节情境下，企业宣称价值观和群体执行价值观不一致程度越高，员工更愿意遵从具有正向引导意义的规范，越有可能产生预期环境自豪感或愧疚感，而不一致程度越低，员工则会产生较低的预期自豪感和愧疚感。

（6）高调节情境下，企业宣称价值观和群体执行价值观越一致，会抑制员工原有的预期自豪感和愧疚感，而企业宣称价值观和群体执行价值观越不一致，反倒会促进员工产生更高的预期自豪感和愧疚感，因而高调节情境中自变量与因变量间的正向关系会被减弱或反向增强。

（7）员工预期环境自豪感和愧疚感会随企业宣称价值观和群体执行价值观的变化而调整，与企业宣称价值观不完全一致的群体规范或许会帮助员工寻求到心理情感平衡，进而促进亲环境行为的提升。

（三）企业员工亲环境行为调控策略特征

1. "国家-企业-员工"层面递进循环式亲环境价值观建设策略

（1）国家/政府层面主要开展普及策略、引导策略、塑造策略、情感策略、鼓励策略和提升策略。

（2）企业层面包括三大层次：企业制度、群体和员工。其中企业制度层面的主要策略为塑造策略和引导策略；群体层面的主要策略为培养策略和渗透策略；员工层面的主要策略为强化策略和包容策略。

（3）员工/公民层面包括践行策略、发扬策略和民主策略。其中，国家/政府层面策略干预组织层面策略，引导员工/公民层面策略，企业层面策略规范员工/公民层面策略，员工/公民层面策略反过来为国家/政府层面和企业层面策略提供反馈支持。

2. 基于"F-E-B"视角的企业员工亲环境行为调控策略

（1）价值观驱动调控策略。该部分主要包括企业层面和群体层面两个部分，分别针对不同维度上的作用表现提出不同建议。其中企业层面的价值观驱动策略主要以教育、引导、规范、激励、提升等方式为主，而群体层面的价值观驱动策略则主要以包容、文化支持、情感促进为主。

（2）情感驱动调控策略。预期环境自豪感方面主要采取情感支持策略，如增强员工归属感，关注员工亲环境努力，积极反馈、增强共情、增加奖励与表扬提升环保热情与激情等正面激励手段；预期环境愧疚感则主要采用情感提升策略，如建设积极的群体规范、增强领导的示范作用、强化环境价值观教育等强制手段促进员工产生心理愧疚情感。

（3）规范调控策略。该策略是群体层面价值观驱动策略的延伸，主要是为了更好地促进企业层面价值观驱动策略和情感驱动策略的联动性，因此该部分主要包括三项主要策略：压力性策略、融合性策略和平衡性策略，强调了群体规范的重要影响作用。

（4）员工亲环境行为提升调控策略。在内源亲环境行为方面主要采用稳固策略和内化策略，如强化亲环境行为认知、稳固提升内部动机、内化至深层个人规范等；外源亲环境行为方面主要采用认同策略和强制策略，如提升亲环境行为认同、鼓励融入集体、认同集体，适当设置奖惩条例。

3. 基于人口统计特征的企业员工亲环境行为补充调控策略

该部分主要针对人口统计特征变量对内源和外源亲环境行为上的差异性特征，提取重点关注对象，并针对差异性特点，制定合适的策略，主要包括规范引导策略、强制教育策略和强制监督策略。

二　主要创新点

本书基于"宣称-执行"价值观理论进行了组织亲环境价值观匹配和"规范-价值观"特征的深度解析，从内涵、结构和测量三方面形成了基于"宣称-执行"亲环境价值观的"规范-价值观"结构理论，创新性地提出了基于"宣称-执行"亲环境价值观的"规范-价值观"六维度结构，开发了《企业"宣称-执行"亲环境价值观结构问卷》和《企业"宣称-执行"亲环境价值观匹配量表》，丰富了组织亲环境价值观以及环境规范等基础理论，为后续研究提供相关领域新的研究视角。

从理论上剖析了价值观匹配、情感和行为之间的关系，并从内外部动机视角丰富了员工亲环境行为内涵，创立了基于"F-E-B"视角的企业员工亲环境行为选择模型。将价值观和情感同时纳入亲环境行为选择模型，证实了企业内多元亲环境价值观匹配和预期环境情感的共同作用对员工亲环境行为的选择机制，从而为企业亲环境教育实践、情感管理实践提供理论依据，加快企业亲环境行为领域的实践进程。

突破以往企业员工亲环境行为调控策略的组织边界，融合了国家、企业、员工等三种主体边界，形成了以"国家-企业-员工"层面递进循环式亲环境价值观建设策略为基础策略、以基于"F-E-B"视角的企业员工亲环境行为调控策略为核心策略，以基于人口统计特征的补充调控策略为主的企业员工亲环境行为调控策略模型。该调控模型的设计是对企业亲环境价值观理论应用的创新与拓展，可以为后续亲环境行为研究领域的理论与实践研究创新提供借鉴。

三　研究局限与展望

本书虽然在理论与实践方面均做了大量的工作，也具有一定的创新性，但依然存在些许不足，主要的不足如下。

基于"宣称-执行"亲环境价值观的"规范-价值观"结构的适用局限性。鉴于中国传统文化背景的复杂性与组织内部情况的差异性，本书所提出的基于"宣称-执行"亲环境价值观的"规范-价值观"结构还需要相当长一段时间的检验才能获知其普适性，因此后续还需进行更深入、更广泛的实证检验。

调研样本的局限性。本书所调查的员工对象大部分来自东部地区，虽然样本量较为充足，但依然不能确保同样反映中西部地区乃至全国组织的具体情况，因此就研究对象而言存在地域上的研究不足性，在后续研究中可进一步扩大调研地区，增加调研样本量。

针对上述两点主要的不足，结合全文研究内容，对未来的研究方向及内容提出以下展望。

修正完善基于"宣称-执行"亲环境价值观的"规范-价值观"结构。通过不断的文献阅读整理与专家咨询等方式，深入巩固构建基于"宣称-执行"亲环境价值观的"规范-价值观"结构的理论基础，并通过更加科学、有效的研究方法检验该结构的稳定性，不断完善基于"宣称-执行"亲环境价值观的"规范-价值观"结构体系。

扩大调研样本量，尽量涵盖全国范围。调研样本量的全面与充足是研究有效性的基础保障，因此，本书所构建的基于"F-E-B"视角的员工亲环境行为选择模型还需要通过进一步丰富研究数据，从而提高结论的可信性，以期为提升企业绿色管理提供更加具体与有力的政策和建议。

丰富研究方法。本书通过客观匹配方法探讨了"企业宣称-员工执行"亲环境价值观匹配和"群体执行-员工执行"亲环境价值观匹配对预期环境情感和员工亲环境行为的作用机制，后续研究可以采用其他有效的匹配方法进一步探讨各变量之间的作用机制，从而挖掘更加深入的研究规律与结论，丰富和完善促进亲环境行为提升的管理实践。

附录 1

企业环境行为预试问卷

为了我们的蓝天白云——探索企业环境行为结构的问卷调查

尊敬的女士/先生:

感谢您付出的宝贵时间!本调查受到国家自然科学基金支持,旨在调查获取企业环境行为构成特征的基础资料,以期推动企业环境的积极行为。为了让我们拥有蓝天白云,请您积极参与本研究。问卷不记名、数据仅供研究之用,恳请放心、真实、完整填答。

一、受访人基本信息

1. 性别:□男　　□女

2. 婚姻状况:□已婚　　□未婚　　□其他

3. 您目前的居住地:_____省_____市

4. 年龄:□18 岁以下　　□19～25 岁　　□26～35 岁　　□36～45 岁 □45～55 岁　　□55 岁以上

5. 现单位工龄:□3 年以下　　□3～5 年　　□6～10 年　　□11～15 年 □16～20 年　　□20 年以上

6. 受教育水平:□初中及以下　　□高中/中专　　□大专　　□本科 □硕士　　□博士及以上

7. 级别:□高层管理人员　　□中层管理人员　　□基层管理人员　　□普通一线员工

8. 所在单位行业性质:□互联网/电子商务/信息产业　　□文化/广播电影电视　　□房地产、建筑行业　　□服务行业　　□金融业　　□工业　　□零售

贸易 □制造业

9. 公司规模：□中小企业 □大型企业 □集团规模企业

10. 公司是否已上市：□是 □否

二、问卷内容

第一部分：针对您所在的企业而言，请根据以下企业环境行为的词条在实现我国"生态文明·绿色发展"目标过程中的重要作用进行评分。请依照您真实的看法，在适当的数字上做出记号（√）。

数字"1、2、3、4、5"表示您认为的该项目描述对企业环境行为的重要性程度。

5＝非常重要，4＝比较重要，3＝重要，2＝比较不重要，1＝非常不重要。

企业环境行为定义：企业在内外部压力（诸如政府压力、社会压力、股东压力及员工压力等）下，结合企业自身战略、行业、规模等特征，所采取的宏观战略和制度变革、内部具体生产的调整等措施和手段的总称。

序号	描述	重要性程度				
1	企业环保目标与企业战略的统一	5	4	3	2	1
2	设定并完成企业环保绩效指标	5	4	3	2	1
3	基于生态或环境保护导向的企业文化建设	5	4	3	2	1
4	环保相关的资金及技术投入	5	4	3	2	1
5	企业对可持续发展的重视	5	4	3	2	1
6	企业与利益相关者合作共赢的实现程度	5	4	3	2	1
7	企业有很强的社会责任意识	5	4	3	2	1
8	企业注重维护周边社区环境的安全与健康	5	4	3	2	1
9	企业积极承担社会责任	5	4	3	2	1
10	企业经济利益与环境保护的平衡发展	5	4	3	2	1
11	企业没有排污丑闻	5	4	3	2	1
12	企业通过绿色-节能-标准的认证	5	4	3	2	1
13	企业杜绝污染事件的发生	5	4	3	2	1
14	企业注重维护环保声誉和环保形象	5	4	3	2	1
15	企业对企业内和企业外资源及能源的合理使用	5	4	3	2	1

续表

序号	描述	重要性程度				
16	企业实施清洁生产	5	4	3	2	1
17	企业循环利用生产及办公资源	5	4	3	2	1
18	企业设立环保管理部门，且权责清晰	5	4	3	2	1
19	企业对工作及生产环保行为的严格监督	5	4	3	2	1
20	企业成员环保意识与技能的培训	5	4	3	2	1
21	企业对环保设备及工艺的引进	5	4	3	2	1
22	企业环境信息披露真实、公开、透明	5	4	3	2	1
23	企业环保技术创新	5	4	3	2	1
24	企业环保管理创新	5	4	3	2	1
25	企业主动降低能源消耗和污染排放	5	4	3	2	1

附录 2

正式问卷

为了我们的蓝天白云——探索企业环境行为结构的问卷调查

尊敬的女士/先生：

感谢您付出的宝贵时间！本调查受到国家自然科学基金支持，旨在调查获取企业环境行为构成特征的基础资料，以期推动企业环境的积极行为。为了让我们拥有蓝天白云，请您积极参与本研究。问卷不记名、数据仅供研究之用，恳请放心、真实、完整填答。

一、受访人基本信息

1. 性别：□男　□女

2. 婚姻状况：□已婚　□未婚　□其他

3. 您目前的居住地：_____省_____市

4. 年龄：□18 岁以下　□19～25 岁　□26～35 岁　□36～45 岁 □45～55 岁　□55 岁以上

5. 现单位工龄：□3 年以下　□3～5 年　□6～10 年　□11～15 年 □16～20 年　□20 年以上

6. 受教育水平：□初中及以下　□高中/中专　□大专　□本科　□硕士　□博士及以上

7. 级别：□高层管理人员　□中层管理人员　□基层管理人员　□普通一线员工

8. 所在单位行业性质：□互联网/电子商务/信息产业　□文化/广播电影电视　□房地产、建筑行业　□服务行业　□金融业　□工业　□零售贸易　□制造业

9. 公司规模：□中小企业　□大型企业　□集团规模企业

10. 公司是否已上市：□是　□否

二、问卷内容

第一部分：企业环境行为

针对您所在企业的环境行为实施实际，请依照您真实的评价，在适当的数字上做出记号（√）。

数字"1、2、3、4、5"表示您认为的该项目描述对您所在企业的实际环境行为的符合程度。

5=非常符合，4=比较符合，3=符合，2=比较不符合，1=非常不符合。

企业环境行为定义：企业在内外部压力（诸如政府压力、社会压力、股东压力及员工压力等）下，结合企业自身战略、行业、规模等特征，所采取的宏观战略和制度变革、内部具体生产的调整等措施和手段的总称。

序号	描述	符合程度				
1	在我们公司，所使用的生产原料、办公用品（诸如生产用水、纸张）等大多是可重复利用的环保材料	5	4	3	2	1
2	在我们公司，实施清洁生产是一直以来的要求和实际做法	5	4	3	2	1
3	在我们公司，鼓励并督促员工减少水、电等资源能源浪费始终是公司关注的重要方面	5	4	3	2	1
4	在我们公司，会设有环境治理或环保监督相关的岗位且职责明确	5	4	3	2	1
5	在我们公司，会定期开展环保意识、知识和技能等的培训	5	4	3	2	1
6	在我们公司，环保设备及工艺的引进一直是公司关注的重要方面	5	4	3	2	1
7	在我们公司，环保技术的创新投入一直是公司关注的重要方面	5	4	3	2	1
8	在我们公司，企业生产及办公环节中的能源资源节约、垃圾分类和污染监控等环保方面的工作一直被强调和贯彻	5	4	3	2	1
9	在我们公司，发展战略会兼顾相关环保的内容（诸如资源节约、环境友好的企业定位、环境政策实施及环保治理行为等）	5	4	3	2	1
10	在我们公司，公司及部门会定期实行年度环保绩效指标并监督完成	5	4	3	2	1

续表

序号	描述	符合程度				
11	在我们公司，关注生态始终被要求和执行	5	4	3	2	1
12	在我们公司，投入资金和技术促进环保方面的提升是始终坚持的做法	5	4	3	2	1
13	在我们公司，可持续发展的理念一直是发展战略强调的重点	5	4	3	2	1
14	在我们公司，管理层有着清晰的社会责任意识	5	4	3	2	1
15	在我们公司，企业社会责任的承担始终是公司关注的重要方面	5	4	3	2	1
16	在我们公司，维护周边社区的环境安全，杜绝污染周边社区一直是公司关注的重要方面	5	4	3	2	1
17	在我们公司，企业经济利益与环境安全的平衡发展理念始终被强调和实践	5	4	3	2	1
18	我们公司曾经因为污染排放等违反环保法规的行为而被曝光和处罚	5	4	3	2	1
19	我们公司曾获得绿色企业或政府的环境奖励或称号	5	4	3	2	1
20	在我们公司，降低并杜绝石油泄漏、污染排放等污染事件始终是企业关注的重要方面	5	4	3	2	1
21	在我们公司，保持就环境形象与新闻媒体的沟通是企业一直的做法	5	4	3	2	1

第二部分：职场精神力

针对您在企业中的实际情况，请依照您真实的想法，在适当的数字上做出记号（√）。

数字"1、2、3、4、5"表示您认为的该项目描述对您真实的想法的符合程度。

5＝非常符合，4＝比较符合，3＝符合，2＝比较不符合，1＝非常不符合。

序号	描述	符合程度				
1	我真心热爱这份工作，愿意为之做出很大牺牲	5	4	3	2	1
2	我认为自己所从事的工作对社会有重要价值	5	4	3	2	1
3	大部分日子里，我都很期待去上班	5	4	3	2	1
4	我全身心投入工作，干劲十足	5	4	3	2	1
5	现在所从事的工作符合我的人生理想	5	4	3	2	1

续表

序号	描述	符合程度				
6	这份工作经常能给我带来很大的精神满足	5	4	3	2	1
7	我认为干好这份工作能够给很多人带来幸福	5	4	3	2	1
8	我认为自己的工作对单位来说十分重要	5	4	3	2	1
9	我很感恩自己能从事当前的工作	5	4	3	2	1
10	我很感恩能遇见目前这些同事	5	4	3	2	1
11	同事犹如家人，我愿意全力帮助他们	5	4	3	2	1
12	同事把我当成其中的一分子，没有疏远我	5	4	3	2	1
13	与同事交流，我常常能感受到心灵的愉悦	5	4	3	2	1
14	如果我有困难，我相信同事会帮助我	5	4	3	2	1
15	绝大多数同事在我心目中都是品德高尚的人	5	4	3	2	1
16	我能体会到自己对同事的重要性	5	4	3	2	1
17	我常常与同事有一种志同道合之感	5	4	3	2	1
18	无论怎样，我都难以割舍同事	5	4	3	2	1
19	我的单位是一个具有道德心的企业	5	4	3	2	1
20	单位高层领导具有崇高的社会责任感	5	4	3	2	1
21	单位具有良好的社会声誉	5	4	3	2	1
22	单位的所作所为常常唤起我对生命意义的理解	5	4	3	2	1
23	我认同单位倡导的价值理念	5	4	3	2	1
24	作为单位的一分子，我有一种自豪感	5	4	3	2	1
25	这是一个值得我为之奋斗的单位	5	4	3	2	1
26	对于单位的发展，我常有一种要与之同舟共济的使命感	5	4	3	2	1
27	我很感恩能在当前的单位工作	5	4	3	2	1

第三部分：组织公民行为

针对您在企业中的实际情况，请依照您真实的想法，在适当的数字上做出记号（√）。

数字"1、2、3、4、5"表示您认为的该项目描述对您真实的想法的符合程度。

5 = 非常符合，4 = 比较符合，3 = 符合，2 = 比较不符合，1 = 非常不符合。

序号	描述	符合程度				
1	我愿意帮助新同事以适应工作环境	5	4	3	2	1
2	我愿意帮助同事解决与工作相关的问题	5	4	3	2	1
3	当有需要的时候我愿意帮助同事做额外的工作	5	4	3	2	1
4	我愿意配合同事工作并与之交流沟通	5	4	3	2	1
5	我愿意维护公司的名誉	5	4	3	2	1
6	我会热心于告诉外人有关公司的正面新闻并对一些误解进行澄清	5	4	3	2	1
7	我会及时提出建设性的建议以促进公司的高效运营	5	4	3	2	1
8	我会积极地参加公司的会议	5	4	3	2	1
9	我时刻遵守公司的规章和程序，即使没人看见并且没有证据留下	5	4	3	2	1
10	我认真对待工作并且很少犯错误	5	4	3	2	1
11	即使下班时间快到了，我也会将手上的工作认真完成	5	4	3	2	1
12	我经常很早到达公司并马上开始工作	5	4	3	2	1
13	我会主动与同事建立良好融洽的关系	5	4	3	2	1
14	我会主动探望生病或者有困难的同事，需要时为他们捐款	5	4	3	2	1
15	我会协助解决同事之间的误会和纠纷，以维护人际和谐	5	4	3	2	1
16	我有时在背后议论同事或领导（R）	5	4	3	2	1
17	我有时会在工作时间处理个人事务（例如炒股、网购、浏览网页）（R）	5	4	3	2	1
18	我经常使用公司资源做个人的事情（例如用电话打长途、打印或复印个人的资料、办公用品带回家中自己使用）（R）	5	4	3	2	1
19	我认为病假是有利的，有时会寻找借口请病假（R）	5	4	3	2	1

附录 3

基于"宣称-执行"亲环境价值观的"规范-价值观"初始问卷内容描述

序号	内容描述
·企业视角	
1	成本控制：减少生产耗费，降低管理成本（如节约用纸、用电）
2	排放达标：污水、废气等达标排放
3	共同参与：使企业人员集体参与到环境保护的进程中
4	预防、控制与应急：对可能发生的环境问题提前做好预防措施，并加以控制，提升应对突发情况的能力
5	清洁生产：采取整体预防的环境策略，减少与消除企业活动过程或产品对人类及环境可能产生的危害
6	企业项目实施与环境标准执行同步并行：建设项目中防治污染的设施，应当与主体工程同时设计、同时施工、同时投产使用
7	权责对等：企业权限与责任对等
8	产品质量达标：产品满足质量要求
9	公开透明：信息公开，不加掩饰
10	人员环保责任明晰：企业人员在活动过程中的环保责任清楚明确
11	保障周边社区安全：最大限度保障周围社区免遭因本企业活动产生的威胁、危险、危害以及损失
·企业和员工共同视角	
12	节约利用资源：企业和员工共同节约使用资源，并加强资源的循环利用
13	慈善（热心公益）：企业和员工共同为增加人类的环境福利所做的努力（救济、援助或者捐赠等）
14	注重细节：企业和员工共同做好企业运营过程中每一件小事
15	平衡兼顾（企业）：企业追求经济与自然环境的平衡发展

续表

序号	内容描述
16	平衡兼顾（员工）：员工追求物质与环境的平衡发展
17	冲突协调（企业）：企业注重维护周边社区关系
18	冲突协调（员工）：凡事以和为贵，尽可能不要与人起冲突
19	环保技术创新：企业和员工应不断进行环保技术创新，并付诸实践
20	环保管理创新：企业和员工应不断进行环保管理创新，并付诸实践
21	心理健康：员工关注自身心理健康，同时企业也应关注成员心理健康
22	人身健康与安全：员工关注自身健康与安全，同时企业也应关注成员健康与安全
23	人类福祉：企业和员工共享"当代人类以及子孙后代的幸福和利益"的理念
24	环保理念共享（企业）：企业应积极完成"向成员进行环保理念与知识传递"的任务
25	环保理念共享（员工）：员工应主动向家人或社会成员传递环保理念与知识，实现环保理念共享
26	绿色消费：企业和员工采取适度节制的消费方式，绿色选购
27	注重企业声誉：企业和员工共同注重企业声望名誉，维护企业形象
28	可持续发展：企业和员工共同立足于"既满足当代人的需求，又不损害后代人利益与需求"的理念
29	兼容并包：企业和员工能够接纳不同视角的环保思想
30	适应内外部变化：对于突发或紧急情况，企业和员工在必要时可以适当地变通原则，进行自我调整
31	合作共赢：企业和员工都应注重协调合作，互惠互利方能长久
32	迅速反应与及时反馈：企业和员工应对发生的环境状况快速响应、解决，并及时进行沟通、反馈、改进
33	爱国思想：企业和员工应热爱和效忠祖国，维护民族利益
34	人与自然和谐：企业和员工共享"人类与自然环境和谐相处"的理念
35	工作和生活环境优美：企业和员工都注重工作及生活环境的干净整洁、绿色美好
36	社会祥和安定：企业和员工共享"社会整体祥和安定"的理念
37	物质财富：无论是企业还是员工，都应追求物质财富
38	尊重与关爱他人：企业和员工都应尊重与关爱每一位社会成员
39	自我突破与超越：企业和员工都应不断突破和超越自我
· 员工视角	
40	环保正义：员工要努力争取和保护自己与他人的合法环保权益（如投诉、举报环境破坏行为等）

续表

序号	内容描述
41	维护公共物品：员工要爱护公共物品，自觉维护公共设施
42	贪图享乐：人生在世，就要好好享乐，就算以牺牲环境为代价也是合理的
43	欢乐愉悦：追求内心的愉悦与欢乐
44	敬畏生命：每个人都应该尊重和善待自然界的任何生命与物种
45	求同依赖：在环保行为履行方面，大部分人怎么做，我就怎么做
46	尊重权威：员工要尊重权威（领导、上级等）所表现出的想法及言行，不会冒犯
47	渴望社会和企业认同：个人的言行举止希望得到社会和企业的认同
48	功名地位：名利地位是人生中的重要目标
49	勇于担当：人生不单纯为自己而活，每个人都要勇于承担环境责任
50	谦恭自守：取得成绩时，应尽量保持谦虚和低调
51	忠诚无私：对待企业或他人真心诚意、忠诚可靠
52	自省自警：对自我行为进行评价、反省并警示自己改进
53	乐于助人：主动帮助需要被帮助的人
54	服务奉献：全心服务企业与他人，不求回报
55	信任沟通：社会（企业）成员之间的信任与沟通是必不可少的
56	自我节制：无论外界监督与否，个人都要严格控制自己的行为，以符合环保要求（如自觉进行垃圾分类投放，节水节电等）
57	家庭幸福：家庭幸福是每个人生活追求中最重要的一部分
58	成就感：自觉履行环境行为能让个体感受到自我价值的实现
59	获取他人尊重：渴望受到他人的称赞和尊重
60	仁爱平等：每个人都应该以仁爱和平等的视角看待世间万物
61	顺从权威：尽管与大家意见不合，我仍会按照领袖的决策行事
62	人情世故：我会根据"与对方关系的好坏"来决定是否劝说对方进行环保行为
63	人际融合：为了维护人际和谐会对他人的非环保行为表示默许
64	勤奋务实：只有努力奋斗，理想才能变为现实
65	知恩图报：感恩从自然界、社会和他人中所获得的一切，并懂得回报
66	诚信正直：诚信正直应是每个人基本的处世原则
67	公正廉洁：为人处世公正公开，廉洁奉公、不徇私枉法
68	宽容体谅：宽容大度，设身处地为他人着想
69	遵守法治：员工的行为须合乎社会与法治的规范和准则

序号	内容描述
70	审慎合宜：做事周密慎重、合适适宜
71	主动学习环保知识技能：员工要主动学习环保知识与技能，并不断完善

附录 4

亲环境价值观问卷表述修正

序号	题项内容
1	成本控制：企业运营须减少生产耗费，降低管理成本（如节约用纸、用电）
2	排放达标：企业生产过程中的污水、废气等必须达标排放
3	预防控制应急：为了防止环境事故的发生，企业和员工要提前预防、加强控制、及时应变
4	清洁生产：企业应采取整体预防的环境策略，减少与消除企业活动过程或产品对人类及环境可能产生的危害
5	同步并行：企业建设项目中防治污染的设施，应当与主体工程同时设计、同时施工、同时投产使用
6	权责对等：在环境问题处理上，企业或员工具有什么样的权力，就要承担什么样的责任
7	公开透明：环境问题的处理应遵循"信息公开、过程公正、数据翔实"原则
8	责任明晰：企业人员在活动过程中的环保责任一定要清楚明确
9	保障周边社区安全：企业应最大限度保障周围社区及人员的安全
10	节约利用资源：企业和员工应节约利用资源
11	平衡兼顾：企业提升经济效益的同时应兼顾自然环境的和谐，员工也应该平衡好物质享乐和精神追求
12	绿色创新：企业和员工应不断进行绿色创新（包括观念创新、制度创新、技术创新、商业模式创新），以推动生态文明进步
13	公民身心健康：企业要重视员工身心健康，员工也要关注自身身心健康
14	人类福祉：企业和员工都应以实际行动造福人类及子孙后代
15	环保理念共享：企业应积极向员工宣传环保理念和知识，员工也应积极向家人传递环保理念和知识，实现环保理念共享
16	可持续发展：企业和员工应共同立足于"既满足当代人的需求，又不损害后代人利益与需求"的理念

续表

序号	题项内容
17	人与自然和谐：企业和员工要积极推动"人与自然和谐相处"的理念
18	社会祥和安定：企业和员工的发展都不能背离"社会整体祥和安定"的理念
19	贪图享乐：人生在世，就要好好享乐，就算以牺牲环境为代价也是合理的
20	敬畏与关爱生命：每个人都应尊重与关爱自然界的任何生命
21	求同依赖：在环保行为履行方面，大部分人怎么做，我就怎么做
22	尊重权威：员工应尊重权威（领导、上级等）在环保过程中所表现出的想法及言行，不要轻易挑战权威
23	功名地位：相对于环保，名利地位（财富、资产、权威等）是企业和员工追求的更重要目标
24	顺从权威：企业内领导的环境决策都是正确的，员工应该无条件顺从
25	人情世故：根据"与对方关系的好坏"来决定是否劝说对方进行环保行为
26	人际融合：人际关系和谐非常重要，员工尽量不要指责他人的环境破坏行为
27	勇于担当：员工应勇于承担对社会、对人民的责任
28	敬业守礼：员工应爱岗敬业、以礼待人
29	忠诚无私：员工对待企业和他人要忠诚无私
30	乐于助人：员工要主动帮助需要被帮助的人
31	服务奉献：员工要全心服务企业与他人，不求回报
32	勤奋务实：每个人只有努力奋斗，理想才能变为现实
33	知恩图报：人们要感恩从自然界、社会和他人中获得的一切，并懂得回报
34	诚信正直：员工要诚信正直
35	公正廉洁：员工凡事应公正廉洁、不徇私枉法
36	宽容体谅：员工要宽容大度，设身处地地为他人着想
37	遵守法治：员工要严格遵守国家各项法律制度以及企业内各项规章制度
38	审慎合宜：员工凡事要考虑周到、合适合宜、不越分寸

附录 5

中国企业亲环境价值观结构正式问卷

尊敬的女士/先生：

在环境污染已成热点问题的当今中国，国民环境意识急需提升，本调查旨在获取当代中国企业亲环境价值观与居民亲环境价值观构成特征的基础资料，您的参与对本研究的推进有重要作用。问卷不记名、数据仅供研究之用，恳请放心、真实、完整填答。感谢您付出的宝贵时间。

一、基本信息

1. 性别：□男　　□女

2. 婚姻状况：□已婚　　□未婚　　□其他

3. 年龄：□25 岁以下　　□26~35 岁　　□36~45 岁　　□45~55 岁　　□55 岁以上

4. 现单位工龄：□5 年以下　　□6~10 年　　□11~15 年　　□16~20 年 □20 年以上

5. 受教育水平：

□初中及以下　　□高中/中专　　□大专　　□本科　　□硕士　　□博士及以上

6. 级别：□高层管理人员　　□中层管理人员　　□基层管理人员　　□普通一线员工　　□其他

7. 岗位性质：

□后勤文秘类　　□生产质检类　　□媒体文化类　　□技术研发类　　□企业高管　　□医疗餐饮类　　□机关党政类　　□市场营销类　　□交通物流类 □商务贸易类　　□金融投资类　　□财会审计法律类　　□教育科研类　　□普通劳动类　　□自由职业者　　□学生　　□其他_____

8. 行业：

□农林牧渔业　　□制造业　　□采掘业　　□电力/煤气/水的生产和供应

业 □地质勘查/水利管理业 □金融保险业 □互联网/电子商务业
□建筑业 □科学研究/综合技术服务业 □医疗/体育/社会福利业 □房
地产业 □交通/物流/邮电通信业 □国家机关/党政机关/社会团体 □
教育/文化/广播电影电视业 □批发/零售/餐饮业 □自由职业者 □在
校学生 □其他_____

9. 所在单位性质：

□国有企业 □私营企业 □外资企业 □合资企业 □事业单位
□集体企业/个体户 □政府机关/党委机关 □无业或其他_____

10. 您的家庭成员人数：□1~2 人 □3 人 □4 人 □5 人及以上

11. 您的家庭住宅类型：□租房 □自有产权房

12. 您的家庭常住住宅面积：

□40m² 以下 □40~80m² □80~120m² □120~150m² □150~200m²
□200m² 以上

13. 您个人的可支配收入水平（元/月）：

□3000 元以下 □3000~5000 □5000~1 万 □1 万~2 万 □2 万~
5 万元 □5 万元以上

二、问卷内容

第一部分：针对您所在的企业或者您个人而言，请根据以下价值观词
条在实现我国"生态文明·绿色发展"目标过程中的重要作用进行评分。
请依照您真实的看法，在适当的数字上做出记号（√）。5 = 非常重要，4 =
重要，3 = 不清楚，2 = 不重要，1 = 非常不重要

1	成本控制：减少生产耗费，降低管理成本（如节约用纸、用电）					3	预防、控制与应急：对可能发生的环境问题提前做好预防措施，并加以控制，提升应对突发情况的能力				
	5	4	3	2	1		5	4	3	2	1
2	排放达标：污水、废气等达标排放					4	清洁生产：采取整体预防的环境策略，减少与消除企业活动过程或产品对人类及环境可能产生的危害				
	5	4	3	2	1		5	4	3	2	1

5	节约利用资源：企业和个人共同节约使用资源，并加强资源的循环利用					15	环保理念共享：企业和个人都应积极完成"向企业或家庭成员进行环保理念与知识传递"的任务			
	5	4	3	2	1		5	4	3	2	1
6	企业项目实施与环境标准执行同步并行：建设项目中防治污染的设施，应与主体工程同时设计、同时施工、同时投产使用					16	可持续发展：企业和个人共同立足于"既满足当代人的需求，又不损害后代人利益与需求"的理念			
	5	4	3	2	1		5	4	3	2	1
7	权责对等：企业权限与责任对等					17	人与自然和谐：企业和个人共享"人类与自然环境和谐相处"的理念			
	5	4	3	2	1		5	4	3	2	1
8	公开透明：信息公开，过程公正，数据翔实					18	社会祥和安定：企业和个人共享"社会整体祥和安定"的理念			
	5	4	3	2	1		5	4	3	2	1
9	人员环保责任明晰：企业人员在活动过程中的环保责任清楚明确					19	敬畏与关爱生命：每个人都应尊重与关爱自然界的任何生命			
	5	4	3	2	1		5	4	3	2	1
10	保障周边社区安全：最大限度保障周围社区免遭因本企业活动产生的威胁、危险、危害以及损失					20	贪图享乐：人生在世，就要好好享乐，就算以牺牲环境为代价也是合理的			
	5	4	3	2	1		5	4	3	2	1
11	平衡兼顾：企业追求经济与自然环境的平衡发展，同时个人追求物质与环境的平衡发展					21	求同依赖：在环保行为履行方面，大部分人怎么做，我就怎么做			
	5	4	3	2	1		5	4	3	2	1
12	绿色创新：企业和个人应不断进行绿色创新（包括观念创新、制度创新、技术创新、商业模式创新），以推动生态文明进步					22	尊重权威：尊重权威（领导、上级等）所表现出的想法及言行，不会冒犯			
	5	4	3	2	1		5	4	3	2	1
13	公民身心健康：大家只有关注自身身体和心理健康，才会更加爱护和珍惜身边的环境					23	功名地位：名利地位是人生中的重要目标			
	5	4	3	2	1		5	4	3	2	1
14	人类福祉：企业和个人应共享"当代人类以及子孙后代的幸福和利益"的理念					24	顺从权威：尽管与大家意见不合，我仍会按照领袖的决策行事			
	5	4	3	2	1		5	4	3	2	1

25	人情世故：我会根据"与对方关系的好坏"来决定是否劝说对方进行环保行为					32	勤奋务实：只有努力奋斗，理想才能变为现实				
	5	4	3	2	1		5	4	3	2	1
26	人际融合：为了维护人际和谐会对他人的非环保行为表示默许					33	知恩图报：感恩从自然界、社会和他人中所获得的一切，并懂得回报				
	5	4	3	2	1		5	4	3	2	1
27	勇于担当：个人应坚持原则、认真负责，并时刻牢记对社会、对人民的责任					34	诚信正直：诚信正直应是每个人基本的处世原则				
	5	4	3	2	1		5	4	3	2	1
28	敬业守礼：热爱自己的岗位并贡献个人价值，同时礼貌待人					35	公正廉洁：为人处世公正公开，廉洁奉公，不徇私枉法				
	5	4	3	2	1		5	4	3	2	1
29	忠诚无私：对待企业或他人真心诚意、忠诚可靠					36	宽容体谅：宽容大度，设身处地为他人着想				
	5	4	3	2	1		5	4	3	2	1
30	乐于助人：主动帮助需要被帮助的人					37	遵守法治：个人的行为须合乎社会与法治的规范和准则				
	5	4	3	2	1		5	4	3	2	1
31	服务奉献：全心服务企业与他人，不求回报					38	审慎合宜：做事周密慎重、合适适宜				
	5	4	3	2	1		5	4	3	2	1

注　释

穆昕、王浣尘、李雷鸣，2005，《基于差异化策略的环境管理与企业竞争力研究》，《系统工程理论与实践》第 3 期，第 26~31 页。

吴梦颖、彭正龙，2018，《破坏性领导、上级压力与强制性组织公民行为：领导—部属交换关系的调节作用》，《管理评论》第 10 期，第 141~152 页。

Podsakoff P. M., MacKenzie S. B., Paine B., et al. (2000). "Organizational citizenship behaviors：A critical review of the theoretical and empirical literature and suggestions for future research." *Journal of management*, 26 (3)：513-563.

Kale S. H., Shrivastava S. (2003). "The enneagram system for enhancing workplace spirituality." *Journal of Management Development*, 22 (4)：308-328.

柯江林、王娟、范丽群，2015，《职场精神力的研究进展与展望》，《华东经济管理》第 2 期，第 149~157 页。

Hui Lu, Xia Liu, Hong Chen, ＊Ruyin Long, Ting Yue. (2017). "Who contributed to 'corporation green' in China? A view of public-and private-sphere pro-environmental behavior among employees." *Resources, Conservations & recycling*, 120：166-175.

Blok V., Wesselink R., Studynka O., & Kemp R. (2015). "Encouraging sustainability in the workplace：a survey on the pro-environmental behaviour of university employees." *Journal of cleaner production*, 106, 55-67.

Bissing-Olson M. J., Iyer A., Fielding K., Zacher H. (2013). "Relationships between daily affect and proenvironmental behavior at work：The moderating role of pro-environmental attitude." *Journal of Organizational Behavior*, 34, 156-175.

Kennedy E. H., Beckley T. M., Mcfarlane B. L., Nadeau S. (2009). "Why we don't 'walk the talk': understanding the environmental values/behaviour gap in canada." *Human Ecology Review*, 16 (16), 151-160.

Culiberg B., Elgaaied-Gambier L. (2016). "Going green to fit in – understanding the impact of social norms on pro-environmental behaviour, a cross-cultural approach." *International Journal of Consumer Studies*, 40, 179-185.

De Groot J. I., Steg L. (2010). "Relationships between value orientations, self-determined motivational types and pro-environmental behavioural intentions." *Journal of Environmental Psychology*, 30 (4), 368-378.

韦庆旺、孙健敏，2013，《对环保行为的心理学解读——规范焦点理论述评》，《心理科学进展》第 4 期，第 744~747 页。

Sarkar R. (2008). "Public policy and corporate environmental behaviour: A broader view." *Corporate Social Responsibility and Environmental Management*, 15 (5): 281-297.

Tall M. M., Blackden M., Morisset J., Diou C., Ndiaye M., Niane T. S., & Wodon Q. Business perspectives about corporate social responsibility: attitudes and practices in Serbia and Montenegro.

Daily B. F., Bishop J. W., & Govindarajulu N. (2009). "A conceptual model for organizational citizenship behavior directed toward the environment." *Business & Society*, 48 (2), 243-256.

Logsdon J. M., & Wood D. J. (2002). "Business citizenship: From domestic to global level of analysis." *Business Ethics Quarterly*, 12 (2), 155-187.

Hoffman A. J. (2001). "Linking organizational and field-level analyses: The diffusion of corporate environmental practice." *Organization & Environment*, 14 (2), 133-156.

Parsa H. G., Lord K. R., Putrevu S., & Kreeger J. (2015). "Corporate social and environmental responsibility in services: will consumers pay for it?" *Journal of Retailing and Consumer Services*, 22, 250-260.

Venhoeven L., Bolderdijk J., & Steg L. (2013). "Explaining the paradox: how pro-environmental behaviour can both thwart and foster well-being." *Sustainability*, 5 (4), 1372-1386.

张炳、毕军、袁增伟、王仕、葛俊杰，2007，《企业环境行为：环境政策研究的微观视角》，《中国人口·资源与环境》第 3 期，第 40~44 页。

吴伟、陈功玉、王浣尘、陈明义，2001，《环境污染问题的博弈分析》，《系统工程理论与实践》第 10 期，第 115~119 页。

卢方元，2007，《环境污染问题的演化博弈分析》，《系统工程理论与实践》第 9 期，第 148~152 页。

Parker C. , & Nielsen V. L. （2009）. "Corporate compliance systems：Could they make any difference? . " *Administration & Society*, 41 （1）, 3-37.

Huq M. , & Wheeler D. （1993）. "Pollution reduction without formal regulation：evidence from Bangladesh." *World Bank Policy Research Working Paper*, 39.

Brooks S. (1997). "The Distribution of Pollution：Community Characteristics and Exposure to Air Toxics." *Journal of Environmental Economics and Management*, （2）：233-250 .

Florida Davison . （2001）. "Gaining from green management：Environment Management Systems inside and outside the Factory . " *California Management Review*, （3）：64.

Kagan R. A. , Thornton D. , Gunningham N. （2003）. "Explaining Corporate Environmental Performance：How Does Regulation Matter?" *Law & Society Review*, 37 （1）：51-90 .

Pargal S, Wheeler D. （1996）. "Informal regulation of industrial pollution in developing countries ：Evidence from Indonesia." *Journal of Political Economy*, 104 （6）：1314-1327 .

Lepoutre J , Heene A . （2006）. "Investigating the impact of firm size on small business social responsibility：A critical review." *Journal of Business Ethics*, 67 （3）：257-273 .

Hussey D. M. , Eagan P. D. （2007）. "using structural equation modeling to Test environmental performance in small and medium-sized manufacturers ：Can SEM Help SMES ." *Journal of Cleaner Production*, 15 （4）：303-312 .

Ozen S. , Kusku F. . （2009）. "Corporate environment al citizenship variation in developing countries：An institutional framework." *Journal of Business*

Ethics, 89 (2)：297-313.

关劲峤、黄贤金、刘晓磊、刘红明、陈雯，2005，《太湖流域印染业企业环境行为分析》，《湖泊科学》第 4 期，第 351~355 页。

Earnhart D.，Lubomir L..（2002）."Effects of ownership and financial status on corporate environmental performance." *William Davidson Working Paper*, 492.

Blanco E.，Rey-Maquieira J.，Lozano.（2009）."The economic impacts of voluntary environment performance of firms：A critical review ." *Journal of Economics Surveys*, 23（3）：462-502.

Andersson L.M.，Bateman T.S.（2000）．"Individual environment al Initiative：championing natural environmental issues in US business organizations." *Academy of Management Journal*,（43）：548-570 .

Waldman D.A.，Siegel D.（2008）．"Defining the socially responsible leader." *Leadership Quarterly*, 19（1）：117-131 .

Smith C.A.，Organ D.W.（1983）．"Near organizational citizenship behavior：its nature and antecedents." *Journal of Applied Psychology*, 68（4）：653-663.

Organ D.W.（1988）．"organizational citizenship behavior：The good soldier Syndrome." *Chicago：Lexinglun Books*, 65.

Organ D.W.（1988）．Organizational citizenship behavior：The good soldier syndromeM. Lexington Books/DC Heath and Com.

Podsakoff P.M.，MacKenzie S.B.，Moorman R.H.，et al.（1990）."Transformational leader behaviors and their effects on followers' trust in leader satisfaction and organizational citizenship behaviors." *The leadership quarterly*, 1（2）：107-142.

Farh. L.，Zhong C.B.，Organ D.W.（2004）."Organizational citizenship behavior in the People's Republic of China." *Organization Science*, 15（2）：241-253.

傅永刚、张健东，2007，《IT 行业员工组织承诺与组织公民行为关系研究》，《管理评论》第 10 期，第 39~44、66 页。

严鸣、邬金涛、王海波，2018，《认同视角下新员工组织社会化的结构及其作用机制》，《管理评论》第 6 期，第 149~162 页。

Nahumshani I. , Somech A. (2011) . "Leadership, OCB and individual differences: Idiocentrism and allocentrism as moderators of the relationship between transformational and transactional leadership and OCB." *Leadership Quarterly*, 22 (2): 353-366.

Decoster S. , Stouten J. , Camps J. , et al. (2014), "The role of employees' OCB and leaders' hindrance stress in the emergence of self-serving leadership." *Leadership Quarterly*, 25 (4): 647-659.

Belschak F. D. , Hartog D. N. D. , Hoogh A. H. B. D. (2018) . "Angels and demons: The effect of ethical leadership on machiavellian employees' work behaviors." *Frontiers in Psychology*, 9: 1082.

杨春江、蔡迎春、侯红旭，2015，《心理授权与工作嵌入视角下的变革型领导对下属组织公民行为的影响研究》，《管理学报》第 2 期，第 231~239 页。

郎艺、王辉，2016，《授权赋能领导行为与组织公民行为：员工的领导认同感和组织心理所有权的作用》，《心理科学》第 5 期，第 1229~1235 页。

Hudson N. W. , Roberts B. W. , Lodi-Smith J. (2012) . "Personality trait development and social investment in work." *Journal of Research in Personality*, 46 (3): 334-344.

Luthans F. , Youssef C. M. , Avolio B. "Psychological capital" New York: Oxford University Press, 2007.

林正琴、林憬汝，2005，《五大人格特质、心理契约实践与组织公民行为关联性探》，第九届科际整合管理研讨会。

Krishnakumar S. , Neck C. P. (2002) . "The 'what', 'why' and 'how' of spirituality in the workplace." *Journal of managerial psychology*, 17 (3): 153-164.

Karakas F. (2010) . "Spirituality and performance in organizations: A literature review." *Journal of business ethics*, 94 (1): 89-106.

Duchon D. & D. A. Plowman. (2005) . "Nurturing the spirit at work: impact on unit performance ." *The Leadership Quarterly*, 16 (5): 807-834.

Milliman, John, Andrew, Czaplewski, & Jeffery Ferguson (2003) .

"Workplace spirituality and employee work attitudes: An exploratory empirical assessment." *Journal of Organizational Change Management*, 16 (4), 426-447.

Rego A. & Cunha M. P. (2008). "Workplace spirituality and organizational commitment: an empirical study." *Journal of Organizational Change Management*, 21 (1): 53-75.

柯江林、孙健敏、王娟，2014，《职场精神力量表的开发及信效度检验》，《中国临床心理学杂志》第 5 期，第 826~830 页。

Jurkiewicz C. L., Giacalone R. A. (2004). "A values framework for measuring the impact of workplace spirituality on organizational performance." *Journal of business ethics*, 49 (2): 129-142.

Dent E. B., Higgins M. E., Wharff D. M. (2005). "Spirituality and leadership: An empirical review of definitions, distinctions, and embedded assumptions." *The leadership quarterl*, 16 (5): 625-653.

Daniel L. (2010). "The effect of workplace spirituality on team effectiveness." *Journal of Management Development*, 29 (5): 442-456.

Garcia-Zamor, J. C. (2003). "Workplace spirituality and organizational performance." *Public administration review*, 63 (3), 355-363.

Lee K., Alan N. G. (2001). "Organizational citizenship behavior and workplace deviance: The role of affect and cognitions." *Journal of Applied Psychology*, 87: 131-142.

李俊达、黄朝盟，2010，《组织精神力与工作绩效之关系之研究》，《东吴政治学报》（中国台湾）第 3 期，第 187~233 页。

Churchill G. A. (1979). "A paradigm for developing better measures of marketing constructs." *Journal of Marketing Research (JMR)*, 16 (1).

Johnstone N. (2007). Environmental policy and corporate behavior Edward Elgar Publishing.

Stafford S., (2002). "The effect of punishment on firm compliance with hazardous waste regulations." *Environ Econ Manag*, 44: 290e308.

Leal G. G., Fa M. C., Pasola J. V. (2003). "Using environmental management systems to increase firms' competitiveness." *Corporate Social Responsibility and Environmental Management*, 10 (2): 101-110.

Kusku F.（2007）."From necessity to responsibility: Evidence for corporate environmental citizenship activities from a developing countries perspective ." *Corporate Social Responsibility and Environmental Management* , 14（2）: 74-87.

Becker R. A.（2004）. "Pollution abatement manufacture by US manufacturing plants: do community characteristics matter?" *Contributions to Economic Analysis and Policy*, 3（2）: 1-23.

Clark M.（2005）. "Corporate environmental behaviour research: Informing environmental policy." *Structural Change and Economic Dynamics*.

Child J.，Tsai T.（2005）. "The dynamic between firms' environmental strategies and institutional constraints in emerging economies: Evidence from China and Taiwan." *Journal of Management Studies*, 42（1）: 95-125.

Chen X. R.，Liu L. W.，Yu R. X.（2014）. "Research on driving factors on corporate positive environmental behavior-based on the empirical analysis of panel data model." *Soft Sci* , 28: 6-60.

He Z. X.，Xu S. C.，Shen W. X.，Long R. Y.，& Chen H.（2016）. "Factors that influence corporate environmental behavior: Empirical analysis based on panel data in China." *Journal of Cleaner Production*, 133, 531-543.

Morhardt J. E.，Baird S.，Freeman K.（2002）. "Scoring corporate environmental and sustainability reports using GRI 2000, ISO 14031 and other criteria." *Corporate Social Responsibility and Environmental Management*, 9（4）: 215-233.

Scipioni A.，Mazzi A.，Zuliani F.，et al.（2008）. "The ISO 14031 standard to guide the urban sustainability measurement process: An Italian experience." *Journal of Cleaner Production*, 16（12）: 1247-1257.

周曙东，2012，《"两型社会"建设中企业环境行为及其激励机理研究》，中南大学。

Gray R.，Owen D.，Adams C. A.（1996）. "Accounting and accountability: changes and challenges in corporate social and environmental reporting." *Chartered Accountants Journal of New Zealand*,（8）: 61-61.

Donaldson T.（2000）. "Adding corporate ethics to the bottom line." *Financial Times*, 13.

Slack R. E., Corlett S., Morris R. (2015). "Exploring employee engagement with (corporate) social responsibility: A social exchange perspective on organisational participation." *Journal of Business Ethics*, 127 (3): 537-548.

Boiral O., Talbot D., Paillé P. (2015). "Leading by example: A model of organizational citizenship behavior for the environment." *Business Strategy and the Environment*, 24 (6): 532-550.

何显富、蒲云、薛英，2011，《企业社会责任对员工组织公民行为的影响——员工组织认同感和工作投入的中介作用》，《西南交通大学学报》（社会科学版）第 5 期，第 61~67 页。

王文彬、刘凤军、李辉，2012，《互惠理论视角下企业社会责任行为对组织公民行为的影响研究》，《当代经济管理》第 11 期，第 24~33 页。

何显富、陈宇、张微微，2011，《企业履行对员工的社会责任影响员工组织公民行为的实证研究——基于社会交换理论的分析》，《社会科学研究》第 5 期，第 115~119 页。

Lin C. P., Lyau N. M., Tsai Y. H., et al. (2010). "Modeling corporate citizenship and its relationship with organizational citizenship behaviors." *Journal of Business Ethics*, 95 (3): 357-372.

Carmeli A., Gilat G., Weisberg (2006). "Perceived external prestige, organizational identification and affective commitment: A stakeholder approach." *Corporate Reputation Review*, 9 (2): 92-104.

John K. J., Olaleke O. O., Omotayo A. O. (2014). "Organizational citizenship behaviour, hospital corporate image and performance." *Journal of competitiveness*, 6 (1).

Milliman J., Czaplewski A. J., & Ferguson J. (2003). "Workplace spirituality and employee work attitudes: An exploratory empirical assessment." *Journal of Organizational Change Management*, 16 (4), 426-447.

Belwalkar S., Vohra V. (2016). "Workplace spirituality," *Job Satisfaction and Organizational Citizenship Behaviors: A Theoretical Model*. 11 (8): 256.

Wang R., Wijen F., & Heugens P. P. (2018). "Government's green grip: Multifaceted state influence on corporate environmental actions in China." *Strategic Management Journal*, 39 (2), 403-428.

Islam M. , & Managi S. （2019） . "Green growth and pro-environmental behavior: Sustainable resource management using natural capital accounting in India. " *Resources, Conservation and Recycling*, 145, 126-138.

Kim J. , Kim H. R. , Lacey R. , & Suh J. （2018） . "How CSR impact meaning of work and dysfunctional customer behavior. " *Journal of Service Theory and Practice*, 28 （4）, 507-523.

Zhao X. , Zhao Y. , Zeng S. , & Zhang S. （2015） . "Corporate behavior and competitiveness: Impact of environmental regulation on Chinese firms. " *Journal of Cleaner Production*, 86, 311-322.

Ahmadi S. , Nami Y. , & Barvarz R. （2014） . "The relationship between spirituality in the workplace and organizational citizenship behavior. " *Procedia-Social and Behavioral Sciences*, 114, 262-264.

Kazemipour F. , Amin S. M. , & Pourseidi B. （2012） . "Relationship between workplace spirituality and organizational citizenship behavior among nurses through mediation of affective organizational commitment. " *Journal of Nursing Scholarship*, 44 （3）, 302-310.

Hansen S. D. , Dunford B. B. , Boss A. D. , Boss R. W. , & Angermeier I. （2011） . "Corporate social responsibility and the benefits of employee trust: A cross-disciplinary perspective?" *Journal of Business Ethics*, 102 （1）, 29-45.

Su L. , & Swanson S. R. （2019） . "Perceived corporate social responsibility's impact on the well-being and supportive green behaviors of hotel employees: The mediating role of the employee-corporate relationship. " *Tourism Management*, 72, 437-450.

Genty K. I. , Fapohunda T. M. , Jayeoba F. I. , & Azeez R. O. （2017） . "Workplace spirituality and organizational citizenship behaviour among Nigerian academics: The mediating role of normative organizational commitment. " *Journal of Human Resource Management*, 20 （2）, 48-62.

Rezapouraghdam H. , Alipour H. , & Darvishmotevali M. （2018） . "Employee workplace spirituality and pro-environmental behavior in the hotel industry. " *Journal of Sustainable Tourism*, 26 （5）, 740-758.

Joelle M. , & Coelho A. M. （2019） . "The impact of spirituality at work on workers' attitudes and individual performance. " *The International Journal of Human Resource Management*, 30 (7), 1111-1135.

温忠麟、侯杰泰、马什赫伯特，2004，《结构方程模型检验：拟和指数与卡方准则》，《心理学报》第 2 期。

方杰、张敏强、邱浩政，2010，《基于阶层线性理论的多层级中介效应》，《心理科学进展》第 8 期，第 1329~1338 页。

Dillman D. A. , Rosa E. A. , Dillman J. J. (1983). "Lifestyle and home energy conservation in the United States：The poor accept lifestyle cutbacks while the wealthy invest in conservation. "*Journal of Economic Psychology*, 3 (3-4), 299-315.

Sia A. P. , Hungerford H. R. , Tomera A. N. (1985). " Selected predictors of responsible environmental behavior：An analysis. " *The Journal of Environmental Education*, 17 (2)：31-40.

Hines J. M. , Hungerford H. R. , Tomera A. N. (1987). "Analysis and synthesis of research on responsible environmental behavior：A meta-analysis. "*The Journal of Environmental Education*, 18 (2), 1-8.

Sivek D. J. , Hungerford H. R. (1990). " Predictors of responsible behavior in members of three wisconsin conservation organizations. " *The Journal of Environmental Education*, 21 (2), 35-40.

Berger I. E. (1997). "The demographics of recycling and the structure of environmental behavior. " *Environment and Behavior*, 29 (4), 515-531.

Stern P. C. (2000). "Towards a coherent theory of environmentally significant behavior," *Journal of Social Issues*, 56 (3)：407-424.

Kollmuss A. , Agyeman J. (2002). "Mind the gap：Why do people act environmentally and what are the barriers to pro-environmental behavior？. " "*Environmental Education Research*, 8 (3)：239-260.

Steg L. , Vlek C. (2009). "Encouraging pro-environmental behaviour：An integrative review and research agenda. " *Journal of Environmental Psychology*, 29 (3)：309-317.

Reid L. , Sutton P. , Hunter C. (2010). "Theorizing the meso level：The household as a crucible of pro-environmental behaviour. " *Progress in Human*

Geography, 34（3）：309-327.

Osman A., Jusoh M. S., Amlus M. H., et al.（2014）."Exploring the relationship between environmental knowledge and environmental attitude towards pro-environmental behaviour：Undergraduate business students perspective." *American-Eurasian Journal of Sustainable Agriculture*, 8（8）：1-4.

Khashe S., Heydarian A., Gerber D., et al.（2015）."Influence of LEED branding on building occupants' pro-environmental behavior." *Building and Environment*,（94）：477-488.

刘辉，2005，《环境友好行为：基于分类基础上的几点思考》，《黑河学刊》第 4 期，第 123~125 页。

徐峰、申荷永，2005，《环境保护心理学：环保行为与环境价值》，《学术研究》第 2 期，第 55~57 页。

武春友、孙岩，2006，《环境态度与环境行为及其关系研究的进展》，《预测》第 4 期，第 61~65 页。

龚文娟，2008，《中国城市居民环境友好行为之性别差异分析》，《妇女研究论丛》第 6 期，第 11~17 页。

王琪延、侯鹏，2010，《北京城市居民环境行为意愿研究》，《中国人口·资源与环境》第 10 期，第 61~67 页。

李金兵、唐方方、白晨，2014，《城市居民环境行为模型构建——基于北京城市居民的调研数据分析》，《技术经济与管理研究》第 2 期，第 107~113 页。

彭远春，2015，《城市居民环境认知对环境行为的影响分析》，《中南大学学报》（社会科学版）第 3 期，第 168~174 页。

王建明、吴龙昌，2015，《亲环境行为研究中情感的类别、维度及其作用机理》，《心理科学进展》第 12 期，第 2153~2166 页。

Sia A. P., Hungerford H. R., Tomera A. N.（1986）."Selected predictors of responsible environmental behavior：An analysis." *The Journal of Environmental Education*, 17（2），31-40.

Smith-Sebasto N. J., D'costa A.（1995）."Designing a Likerl-type scale to predict environmentally responsible behavior in undergraduate students：A multislep process." *The Journal of Environmental Education*, 27（1）：14-20.

Larson L. R. , Stedman R. C. , Cooper C. B. , Decker D. J. （2015） . "Understanding the multi-dimensional structure of pro-environmental behavior. " *Journal of Environmental Psychology*, 43, 112-124.

孙岩、宋金波、宋丹荣, 2012,《城市居民环境行为影响因素的实证研究》,《管理学报》第 1 期, 第 144 页。

Lavelle M. J. , Rau H. , & Fahy F. （2015） . "Different shades of green? Unpacking habitual and occasional pro-environmental behavior. " *Global Environmental Change*, 35, 368-378.

Huang H. （2015） . "Mediause, environmental beliefs, self-efficacy and pro-environmental behavior. " *Journal of Business Research*, 69 （6）: 2206-2212.

Oskamp S. , Harrington M. J. , Edwards T. C. , Sherwood D. L. , Okuda S. M. , & Swanson D. C. （1991） . "Factors influencing household recycling behavior. " *Environment and Behavior*, 23 （4）, 494-519.

Haron S. A. , Paim L. , & Yahaya N. （2005） . "Towards sustainable consumption: An examination of environmental knowledge among Malaysians. " *International Journal of Consumer Studies*, 29 （5）, 426-436.

Bedford T. , Collingwood P. , Darnton A. , Evans D. , Gatersleben B. , Abrahamse W. , & Jackson T. （2008） . Motivations for pro-environmental behaviour: A report to the department for environment. In Food and Rural Affairs. Defra Resolve, London.

Kassirer J. Tools of change workbook. Available online: http: // www. toolsofchange. com/en/toolsof-change/ （accessed on 19 April 2014） .

Martinsson J. , & Lundqvist L. J. （2010） . "Ecological citizenship: coming out ' clean ' without turning ' green ' ?" *Environmental Politics*, 19 （4）: 518 -537.

Evans L. , Maio G. R. , Corner A. , Hodgetts C. J. , Ahmed S. , & Hahn U. （2013） . "Self-interest and pro-environmental behaviour. " *Nature Climate Change*, 3 （2）: 122.

Asensio O. I. , & Delmas M. A. （2015） . "Nonprice incentives and energy conservation. " *Proceedings of the National Academy of Sciences*, 112 （6）, E510-E515.

Bolderdijk J. W. , Steg L. , Geller E. S. , Lehman P. K. , & Postmes T. (2013) . "Comparing the effectiveness of monetary versus moral motives in environmental campaigning. " *Nature Climate Change*, 3 (4): 413.

Schwartz D. , Bruine de Bruin W. , Fischhoff B. , & Lave L. (2015) . "Advertising energy saving programs: The potential environmental cost of emphasizing monetary savings. " *Journal of Experimental Psychology: Applied*, 21 (2) , 158.

Steel B. S. (1996) . "Thinking globally and acting locally? Environmental attitudes, behaviour and activism. " *Journal of Environmental Management*, 47 (1) , 27-36.

Dietz T. , Fitzgerald A. , Shwom R. (2005) . Envionmental values. annu. rev. environ. resour. , 30, 335-372.

Kennedy E. H. , Beckley T. M. , Mcfarlane B. L. , Nadeau S. (2009) . "Why we don't 'walk the talk': Understanding the environmental values/ behaviour gap in canada. " *Human Ecology Review*, 16 (16): 151-160。

Wynveen C. J. , & Sutton S. G. (2015) . " Engaging the public in climate change-related pro-environmental behaviors to protect coral reefs: The role of public trust in the management agency. " *Marine Policy*, 53, 131-140.

Schultz P. W. (2001) . " The structure of environmental concern: Concern for self, other people, and the biosphere. " *Journal of Environmental Psychology*, 21 (4): 327-339.

Robertson J. L. , Barling J. (2013) . "Greening organizations through leaders' influence on employees' pro-environmental behaviors. " *Journal of Organizational Behavior*, 34 (2) , 176-194.

Lülfs R. , Hahn R. (2013) . " Corporate greening beyond formal programs, initiatives, and systems: A conceptual model for voluntary pro-environmental behavior of employees. " *European Management Review*, 10 (2) , 83-98.

Rhead R. , Elliot M. , Upham P. (2015) . "Assessing the structure of UK environmental concern and its association with pro-environmental behaviour. " *Journal of Environmental Psychology*, 43, 175-183.

Afsar B., Badir Y., Kiani U. S. (2016). "Linking spiritual leadership and employee pro-environmental behavior: The influence of workplace spirituality, intrinsic motivation, and environmental passion." *Journal of Environmental Psychology*, 45, 79-88.

Culiberg B., & Elgaaied-Gambier L. (2016). "Going green to fit in-understanding the impact of social norms on pro-environmental behaviour, a cross-cultural approach." *International Journal of Consumer Studies*, 40 (2): 179-185.

Knapp S. D. (1993). The contemporary thesaurus of social science terms and synonyms: A guide for natural language computer searching. The Oryx Press, 4041 N. Central at Indian School Rd., Phoenix, AZ85012-3397.

Corsini R. J. (1994). Encyclopedia of psychology. John Wiley & Sorts Inc, 287.

Dubois N. (Ed.). (2004). A sociocognitive approach to social norms. Routledge.

Dwyer P. C., Maki A., Rothman A. J. (2015). "Promoting energy conservation behavior in public settings: The influence of social norms and personal responsibility." *Journal of Environmental Psychology*, 41, 30-34.

叶闻慎、周长城，2016，《从观念到行为：教育、生态价值观与环保行为》，《黑龙江社会科学》第 1 期，第 80~84 页。

Black J. S., Stern P. C., Elworth J. T. (1985). "Personal and contextual influences on household energy adaptations." *Journal of Applied Psychology*, 70 (1): 3-21.

王琴，2001，《利用情感需求提高顾客转移的心理成本》，《外国经济与管理》第 9 期，第 37~40 页。

汪秀英，2006，《中国社会现行消费模式的规范途径》，《北京工商大学学报》（社会科学版）第 1 期，第 100~103 页。

田志龙、杨文、龙晓枫，2011，《影响中国消费行为的社会规范及消费者的感知——对消费者规范理性的探索性研究》，《经济管理》第 1 期，第 101~111 页。

Paladino A., Ng S. (2013). "An examination of the influences on 'green' mobile phone purchases among young business students: An empirical analysis. " *Environmental Education Research*, 19（1）: 118-145.

Falzer P. R. , Garman D. M. （2010）. "Contextual decision making and the implementation of clinical guidelines: An example from mental health. " *Academic Medicine*, 85, 548-555.

Pagliaro S. , Ellemers N. , Barreto M. , Leach C. W. （2010）. "Individual vs. Collective identity management strategies: The role of group norms and personal gain. " *Psicologia Social*, 3, 387-402.

吴波、李东进、王财玉, 2016,《绿色还是享乐? 参与环保活动对消费行为的影响》,《心理学报》第 12 期, 第 1574~1588 页。

Van Vugt M. （2009）. "Averting the tragedy of the commons: Using social psychological science to protect the environment. " *Current Directions in Psychological Science*, 18（3）: 169-173.

Sussman R. , Lavallee L. F. , & Gifford R. （2016）. "Ro-environmental values matter in competitive but not cooperative commons dilemmas. " *The Journal of Social Psychology*, 156（1）: 43-55.

Schwartz S. H. （1992）. "Universals in the content and structure of values: Theoretical advances and empirical tests in 20 countries. " *Advances in Experimental Social Psychology*, 25（1）: 1-65.

Schwartz S. H. （1994）. "Are there universal aspects in the structure and contents of human values?" *Journal of Social Issues*, 50（4）: 19-45.

Vining J. , & Ebreo A. （1992）. "Predicting recycling behavior from global and specific environmental attitudes and changes in recycling opportunities 1. " *Journal of Applied Social Psychology*, 22（20）: 1580-1607.

Stern P. C. , Dietz T. （1994）. "The value basis of environmental concern. " *Journal of Social Issues*, 50（3）: 65-84.

Dunlap R. E. , Van Liere K. D. （1978）. "The ' new environmental paradigm ' . " *The Journal of Environmental Education*, 9（4）: 10-19.

Dunlap R. E. , Van Liere K. D. , Mertig A. G. , et al. （2000）. "New trends in measuring environmental attitudes: measuring endorsement of the new ecological paradigm: A revised NEP scale. " *Journal of Social Issues*, 56（3）: 425-442.

Fujii S.（2006）. "Environmental concern attitude toward frugality and ease of behavior as determinants of pro-environmental behavior intentions." *Journal of Environmental Psychology*, 26（4）: 262-268.

Kempton, Willett, James S. Boster and Jennifer A., Hartley.（1995）. "Environmental values in american culture." Cambridge, Massachusetts: MIT Press.

洪大用，2006，《环境关心的测量：NEP 量表在中国的应用评估》，《社会》第 5 期，第 71~92 页。

洪大用、卢春天，2011，《公众环境关心的多层分析》，《社会学研究》第 6 期，第 154~170 页。

洪大用、范叶超、肖晨阳，2014，《检验环境关心量表的中国版（CNEP）——基于 CGSS 2010 数据的再分析》，《社会学研究》第 4 期，第 49~72 页。

芦慧、刘霞、陈红等，2016，《组织亲环境价值观结构与现状：宣称与执行的视角》，《经济管理》第 8 期，第 186~199 页。

Dief M.E., Font X.（2012）. "Determinants of environmental management in the Red Sea Hotels: Personal and organizational values and contextual variables." *Journal of Hospitality & Tourism Research*, 36（1）: 115-137.

Howes Y., Gifford R.（2009）. "Stable or dynamic value importance? The interaction between value endorsement level and situational differences on decision-making in environmental issues." *Environment and Behavior*, 41, 549-582.

Schultz P.W., Zelezny L.（1999）. "Values as predictors of environmental attitudes: Evidence for consistency across 14 countries." *Journal of Environmental Psychology*, 19（3）: 255-265.

Nordlund A.M., Garvill J.（2002）. "Value structures behind pro-environmental behaviour." *Environment and Behaviour*, 34, 740e756.

Gärling T., Fujii S., Gärling A., Jakobsson C.（2003）. "Moderating effects of social value orientation on determinants of proenvironmental behaviour intention." *Journal of Environmental Psychology*, 23, 1e9.

Honkanen P., Verplanken B.（2004）. "Understanding attitudes towards genetically modified food: The role ofvalues and attitude strength. " *Journal of Consumer Policy*, 27, 401e420.

Milfont T. L., Gouveia V. V. (2006) . "Time perspective and values: An exploratory study of their relations toenvironmental attitudes. " *Journal of Environmental Psychology*, 26, 72e82.

Gatersleben B., Murtagh N., Abrahamse W. (2014) . "Values, identity and pro-environmental behaviour. " *Contemporary Social Science*, 9 (4): 374 -392.

王国猛、黎建新、廖水香等，2010，《环境价值观与消费者绿色购买行为——环境态度的中介作用研究》，《大连理工大学学报》（社会科学版）第 4 期，第 37~42 页。

刘贤伟、吴建平，2013，《大学生环境价值观与亲环境行为：环境关心的中介作用》，《心理与行为研究》第 6 期，第 780~785 页。

吴丽敏，2015，《文化古镇旅游地居民"情感—行为"特征及其形成机理》，南京师范大学。

休谟，2011，《道德原则研究》，商务印书馆。

郭景萍，2008，《情感社会学：理论·历史·现实》，上海三联书店。

乔纳森·特纳，2009，《人类情感——社会学的理论》，孙俊才、文军译，东方出版社，2009。

王建明，2015，《环境情感的维度结构及其对消费碳减排行为的影响——情感—行为的双因素理论假说及其验证》，《管理世界》第 12 期，第 82~95 页。

孟昭兰，2005，《情绪心理学》，北京大学出版社。

Fridrickson B. L. (2001) . "The role of positive emotion in positive psychology: The broaden-and-build theory of positive emotion. " *American Psychologist*, 56: 218-226.

曾建平，2004，《寻归绿色——环境道德教育》，人民出版社。

Wang J., Yam R. C. M., Tang E. P. Y. (2013) . "Ecologically conscious behaviour of urban Chinese consumers: The implications to public policy in China. " *Journal of Environmental Planning and Management*, 56 (7): 982-1001.

Triandis H. C. (1979) . "Values, attitudes, and interpersonal behavior, nebraska symposium on motivation. ” University of Nebraska Press.

Westbrook R. A. , Oliver R. L. （1991）. “ The dimensionality of consumption emotion patterns and consumer satisfaction. ” *Journal of Consumer Research*, 18 （1）: 84-91.

Frijda N. H. （1993）. “The place of appraisal in emotion. ” *Cognition & Emotion*, 7 （3-4）: 357-387.

Loomes G. , Sugden R. （1982）. “Regret theory: An alternative theory of rational choice under uncertainty. ” *The Economic Journal*, 92 （368）: 805-824.

Loomes G. , Sugden R. （1986）. “Disappointment and dynamic consistency in choice under uncertainty. ” *The Review of Economic Studies*, 53 （2）: 271-282.

Blader S. L. , Tyler T. R. （2009）. “ Testing and extending the group engagement model: Linkages between social identity, procedural justice, economic outcomes, and extrarole behavior. ” *Journal of Applied psychology*, 94 （2）: 445-464.

Edwards, J. R. , Cable, D. M. （2009）. “The value of value congruence. ” *Journal of Applied Psychology*, 94 （3）: 654-677.

Walter F. , Bruch H. （2008）. “ The positive group affect spiral: A dynamic model of the emergence of positive affective similarity in work groups. ” *Journal of Organizational Behavior*, 29 （2）: 239-261.

Spector P. E. , Fox S. （2010）. “Theorizing about the deviant citizen: An attributional explanation of the interplay of organizational citizenship and counterproductive work behavior. ” *Human Resource Management Review*, 20 （2）: 132-143.

Bower G. H. （1981）. “ Mood and memory. ” *American Psychologist* （*S0003-066X*）, 36 （1）: 129-148.

Weiss H. M. , & Cropanzano R. , （1996）. Affective events theory: A theoretical discussion of the Structure, causes and consequences of affective experiences at work. *Research in Organizational Behavior*, （18）, 1-74.

Weiss H. M. （2002）. “ Deconstructing job satisfaction. separating evaluations, beliefs and affective experiences. ” *Human Resource Management Review*, （12）, 173-194.

Pooley J. A., O'Connor M. （2000）. "Environmental education and attitudes: emotions and beliefs are what is needed." *Environment and Behavior*, 32 （5）: 711-723.

Kals E., Schumacher D., Montada L. （1999）. "Emotional affinity toward nature as a motivational basis to protect nature." *Environment and Behavior*, 31 （2）: 178-202.

Chan R. Y. K., Lau L. B. Y. （2000）. "Antecedents of green purchases: A survey in China." *Journal of Consumer Marketing*, 17 （4）: 338-357.

Elgaaied L. （2012）. "Exploring the role of anticipated guilt on pro-environmental behavior-A suggested typology of residents in france based on their recycling patterns." *Journal of Consumer Marketing*, 29 （5）: 369-377.

汪兴东、景奉杰，2012，《城市居民低碳购买行为模型研究——基于五个城市的调研数据》，《中国人口·资源与环境》第 2 期，第 47~55 页。

Meneses G. D. （2010）. "Refuting fear in heuristics and in recycling promotion." *Journal of Business Research*, 63 （2）: 104~110.

王丹丹，2013，《消费者绿色购买行为影响机理实证研究》，《统计与决策》第 9 期，第 116~118 页。

Marques C. P., Almeida D. （2013）. "A path model of attitudinal antecedents of green purchase behaviour." *Economics & Sociology*, 6 （2）: 135-144.

Zhao H., Gao Q., Wu Y., et al. （2014）. "What affects green consumer behavior in China? A case study from Qingdao." *Journal of Cleaner Production*, （63）: 143-151.

Gadenne D., Sharma B., Kerr D., et al. （2011）. "The influence of consumers' environmental beliefs and attitudes on energy saving behaviours." *Energy Policy*, 39 （12）: 7684-7694.

Lee H. J., Goudeau C. （2014）. "Consumers' beliefs, attitudes, and loyalty in purchasing organic foods: The standard learning hierarchy Approach." *British Food Journal*, 116 （6）: 918-930.

王建明、吴龙昌，2015，《多维度绿色购买情感对绿色购买行为的影响》，《城市问题》第 10 期，第 94~103 页。

Carrus G. , Passafaro P. , Bonnes M. （2008）. "Emotions, habits and rational choices in ecological behaviours: The case of recycling and use of public transportation. "*Journal of Environmental Psychology*, 28（1）: 51-62.

Onwezen M. C. , Antonides G. , Bartels J. （2013）. "The norm activation model: An exploration of the functions of anticipated pride and guilt in pro-environmental behaviour. "*Journal of Economic Psychology*, （39）: 141-153.

Tracy J. L. , Robins R. W. （2007）. The Nature of Pride. In J. L. Tracy, R. W. Robins, & J. P. Tangney（Eds. ）, *The Self-conscious Emotions: Theory and Research*（pp. 263-282）. New York, NY: The Guilford Press.

Kugler K. , Jones W. H. （1992）. "On conceptualizing and assessing guilt. "*Journal of Personality & Social Psychology*, 62（62）: 318-327.

Harth N. S. , Leach C. W. , Kessler T. （2013）. "Guilt, anger, and pride about in-group environmental behaviour: Different emotions predict distinct intentions. "*Journal of Environmental Psychology*, （34）: 18-26.

Ferguson M. A. , Branscombe N. R. （2010）. "Collective guilt mediates the effect of beliefs about global warming on willingness to engage in mitigation behavior. " *Journal of Environmental Psychology*, 30（2）: 135-142.

Harth N. S. , Hornsey M. J. , Barlow F. K. （2011）. "Emotional responses to rejection of gestures of intergroup reconciliation. " *Personality & Social Psychology Bulletin*, 37（6）: 815-829.

Harth N. S. , Kessler T. , Leach C. W. （2008）. "Advantaged Group' s emotional reactions to intergroup inequality: The dynamics of pride, guilt, and sympathy. " *Personality & Social Psychology Bulletin*, 34（1）: 115-129.

Onwezen M. C. , Bartels J. , （2014）. "Antonides G. environmentally friendly consumer choices: Cultural differences in the self-regulatory function of anticipated pride and guilt. " *Journal of Environmental Psychology*, （40）: 239-248.

Holbrook M. B. , Batra R. （1987）. "Assessing the role of emotions as mediators of consumer responses to advertising. " *Journal of Consumer Research*, 14（3）: 404-420.

Marschall D. , Sanftner J. , Tangney J. P. （1994）. The state shame and guilt scale. Fairfax, VA: George Mason University.

Rezvani Z. , Jansson J. （2016）. "Cause I' ll feel good! The influence of anticipated emotions on consumer pro-environmental behavior. Rediscovering the essentiality of marketing." *Springer, Cham*, 117-125.

Schuitema G. , Anable J. , Skippon S. , et al. （2013）. "The role of instrumental, hedonic and symbolic attributes in the intention to adopt electric vehicles." *Transportation Research Part A: Policy and Practice*, （48）: 39-49.

Bissola R. , Imperatori B. （2016）. "Worker engagement: Relying on the organizational values and social meaningfulness of work, academy of management proceedings." *Academy of Management*, （1）: 12973.

Liedtka J. （1991）. "Organizational value contention and managerial mindsets." *Journal of Business Ethics*, 10 （7）: 543-557.

Andersson L. , Shivarajan S. , Blau G. （2005）. "enacting ecological sustainability in the MNC: A test of an adapted value-belief-norm framework." *Journal of Business Ethics*, 59 （3）: 295-305.

图书在版编目（CIP）数据

中国企业环境治理的价值逻辑：边界、情感与行为 /
芦慧，陈红著 . --北京：社会科学文献出版社，
2019.12
　　ISBN 978-7-5201-4968-6

　　Ⅰ.①中… 　Ⅱ.①芦… ②陈… 　Ⅲ.①企业环境管理
-研究-中国 　Ⅳ.①X322.2

中国版本图书馆 CIP 数据核字（2019）第 301432 号

中国企业环境治理的价值逻辑：边界、情感与行为

著　　者 / 芦 慧 陈 红

出 版 人 / 谢寿光
组稿编辑 / 任文武
责任编辑 / 杨 雪

出　　版 / 社会科学文献出版社 · 城市和绿色发展分社（010）59367143
　　　　　 地址：北京市北三环中路甲 29 号院华龙大厦　邮编：100029
　　　　　 网址：www. ssap. com. cn
发　　行 / 市场营销中心（010）59367081　59367083
印　　装 / 三河市东方印刷有限公司

规　　格 / 开 本：787mm × 1092mm　1/16
　　　　　 印 张：22　字 数：357 千字
版　　次 / 2019 年 12 月第 1 版　2019 年 12 月第 1 次印刷
书　　号 / ISBN 978-7-5201-4968-6
定　　价 / 88.00 元

本书如有印装质量问题，请与读者服务中心（010-59367028）联系